안전문화

당신의 뇌를 깨워라

이상택 · 이철희 공저

박영사

CEO에게 드리는 안전문화 메시지

"당신이 바뀌면, 조직의 안전이 다시 깨어납니다."

당신은 사고 소식을 들을 때마다 "또 왜?"라는 말을 반복합니다. 매뉴얼은 있었고, 교육도 했고, 관리 감독도 철저했습니다. 그런데 왜 또다시? 이 책은 그 물음에 대한 대답입니다. **"문제는 시스템이 아니라, 뇌의 설계입니다."** 사람은 이성보다 감정으로 움직이고, 지시보다 의미에 반응합니다. 우리의 뇌는 주의력이 쉽게 분산되고, 통제에 저항하며, 스트레스로 판단을 왜곡하고, 반복된 지시에 무감각해집니다. 당신이 아무리 외쳐도 바뀌지 않는 이유는, 구성원의 뇌가 반응하지 않기 때문입니다. 당신이 매일 강조하는 "지켜라"라는 말이, 구성원에게는 '외면하라'는 신호가 되는 아이러니는 '사람의 뇌를 모르는 리더십' 때문입니다. 조직원들의 뇌를 깨우기 위해, **먼저 바뀌어야 하는 것은 바로 당신의 뇌입니다.**

이 책은 단지 안전만을 말하지 않습니다. **'안전'을 넘어 당신의 리더십을 뇌과학 기반으로 재설계하라고 말합니다.** 최신 뇌과학과 심리학을 통해 도파민 보상회로, 전전두엽의 접근 경로, 안전코칭과 마음챙김의 안전 메커니즘이 어떻게 변화하는가를 탁월하게 풀어냅니다. 지금 당신에게 필요한 건 더 많은 통제나 처벌이 아닙니다. 왜 지켜야 하는가를 스스로 각성하게 만드는 뇌 신경언어의 이해와 실천입니다. 그 설계는 매뉴얼이 아니라 뇌과학 기반의 **관점, 반응, 공감, 신뢰**에서 시작됩니다. **각성된 리더 한 명이 조직 전체의 안전문화를 바꿉니다.** 바로 **'당신'**입니다.

『안전문화, 당신의 뇌를 깨워라』는 지금까지의 안전 책과는 완전히 다른 구성입니다. 단 한 권으로, 리더의 사고방식이 달라지고, 조직의 문화가 깨어납니다. **“기술과 매뉴얼”이 아닌 “사람과 뇌과학”으로 접근합니다**. 마인드셋, 감정의 폭력, 주의력, 동기, 사회적 동조, 도파민 보상회로에 대한 이야기입니다. 단순한 심리 이론이 아니라, 지금 당신의 리더십을 재설계할 수 있는 전략서입니다. 이 책을 읽은 뒤, 당신은 이전처럼 회의를 주재할 수 없을 것입니다. 보고받는 방식, 질문하는 언어, 직원의 표정을 읽는 눈빛까지 **모든 게 달라집니다**. “계속 이렇게 가도 괜찮을까?” 불안한 오늘을 반복할 것인지, 뇌의 언어로 **다음 시대를 설계할 것인지는 온전히 당신의 선택입니다**. 이 책은 **리더와 구성원의 뇌를 각성시키는 최초의 ‘안전문화 실천서’입니다**.

추천사

나는 저자와 오래전부터 인연을 이어 오고 있다. 그는 기술 분야에서 오랜 경력을 쌓아온 공학도였고, 누구보다 현장을 잘 아는 실천가였다. 그는 특별한 사람이다. 기술로 세상을 설계하던 사람이 어느 날 '사람의 마음'을 공부하겠다고 돌아섰기 때문이다. 그는 심리학을 통해 인간을 이해하려 했고, 뇌과학을 통해 행동의 구조를 꿰뚫어보려 했다. 그런 그가 써낸 이 책, 『안전문화, 당신의 뇌를 깨워라』는 단지 '한 권의 책'이 아니라, 기술과 인간, 이성과 감성, 시스템과 문화가 교차하는 지점에서 태어난 지적·실천적 결과물이다.

이 책은 우리가 '안전'이라는 단어에 붙여 놓은 고정관념을 철저히 무너뜨린다. 안전은 더 이상 외부의 통제나 법적 의무의 대상이 아니다. 저자는 안전이란 '행복과 성장의 전제 조건'이며, '의무가 아닌 선택'으로 전환되어야 한다고 단호하게 말한다. 심리학자라면 누구나 알고 있다. 인간은 그 자체로 불안정하고, 불안한 존재이며, 우리를 둘러싼 환경은 예측 불가능한 것들로 가득하다는 사실을. 이 책은 그러한 근본적 무력감과 체념을 뇌과학적 통찰과 심리적 전략으로 정면 돌파한다.

이 책의 가장 큰 미덕은, 안전을 심리와 신경과학의 언어로 번역했다는 데 있다. 우리 한국인은 왜 위험에 도전하는가? 안전을 희생해서라도 성과를 택해 왔는가? 이 책은 이 질문들에 대한 한국의 사회문화적 해석뿐 아니라, 그 선택이 우리에게 남긴 심리적 부채와 그것을 회복하는 방법까지 안내한다. "뇌가 바뀌면 행동이 바뀌고, 행동이 바뀌면 문화가 바뀐다." 이 책은 그 단순하지만 위대한 진실을 우리 모두의 삶에 실현 가능하도록 이끌어준다. 가정에서, 일터에서, 조직의 리더로서, 또 한 사람의 인간으로서 행복하게 살고 싶다면 반드시 읽어야 할 책이다.

하정희(한양대학교 교수)

추천사

우리 사회는 오랫동안 '안전불감증'과 '위험의 일상화'라는 구조적인 문제에 익숙해져 왔다. 현장에서 늘 '안전 제일'을 외치고 있음에도 불구하고, 사고는 반복되고 있으며, 실질적인 변화의 속도는 여전히 느리다. 그 이유는 명확하다. 아무리 안전을 강조하고 외쳐도, 인간의 뇌가 그것을 진정으로 받아들이지 않으면 실제 행동은 바뀌지 않기 때문이다. 『안전문화, 당신의 뇌를 깨워라』는 우리 사회에 깊이 뿌리내린 '안전 무시'와 '위험에 대한 무감각'이 인간의 뇌 구조와 심리 메커니즘, 그리고 생물학적 반응 패턴의 결과임을 과학적으로 설명하고 있다.

관리감독자 여러분은 누구보다도 현장에서 실제적 위험과 매일 마주하는 분들이다. '안전은 늘 강조되지만 왜 실천되지 않는가'라는 질문 앞에 수없이 고민해보셨을 것이다. 이 책은 그 질문에 대한 근본적인 해답을 제공하며, 그 해답은 외부의 통제가 아니라 내면의 이해와 각성에 있다는 통찰을 준다. 우리가 매일 현장에서 마주하는 무의식적 부주의, 반복되는 실수, 그리고 위험을 과소평가하는 습관들이 왜 형성되는지, 그리고 어떻게 바뀔 수 있는지를 뇌과학과 심리학의 관점에서 세밀하고 정교하게 해석하고 있다.

정부가 추진하고 있는 자율안전관리 체계, 행동 기반 안전문화, 심리 기반 안전문화 접근법을 가장 현실적이고도 실효성 있게 현장에 적용할 수 있는 지식과 방법의 정수가 바로 이 책에 담겨 있다. 공동주택은 하나의 작은 사회이며, 그 사회에서 안전관리자와 관리감독자는 곧 '안전문화의 리더'이다. 이 책은 바로 그 리더들이 반드시 갖추어야 할 새로운 관점과 실천 도구들을 담은 필독서이다. 이 책을 통해 우리의 뇌가 바뀌고, 우리의 문화가 바뀌며, 결국에는 모두가 바라는 '안전한 일상'이 현실이 되기를 간절히 기대한다.

윤권일(대한주택관리사협회 교육·안전문화센터장)

추천사

35년간 국내외 산업현장에서 생산과 안전을 책임졌던 저자는, 상담심리학 박사과정을 통해 '안전은 기술의 문제가 아니라 사람의 문제'라는 본질을 깨닫고, 인간심리에 기반한 무사고의 일상을 실현하기 위한 사명을 실천하고 있다. "안전은 웰빙과 행복의 본질이며, 올바른 안전문화의 신념이 뇌의 신경회로에 만들어져야 한다"는 메시지는 '코칭으로 우리의 행복한 삶에 기여한다'는 한국코치협회의 미션과 맞닿아 있다.

이 책은 우리가 코칭 현장에서 탐구해 온 '인간 변화의 본질'을 안전이라는 주제에 적용하고, 이를 뇌과학과 심리학의 시각으로 풀어낸 탁월한 저작이다. 인간의 무의식적 행동, 감정 반응, 습관의 고착, 사고의 오류가 왜 발생하는지 설명하고, 이를 해체하고 재구성하는 코칭적 행동 전환 기법을 소개한다. 코칭은 고객이 자기 삶의 주도권을 회복하고 무의식의 반복 패턴에서 깨어나도록 돕는다. 이 책은 묻는다. "진짜 변화가 일어나려면, 뇌는 어떻게 반응해야 하는가?" 그리고 그 질문에 과학적으로 정교한 답을 제시한다. 이 책에서 다루는 행동기반 이론, REBT, 보상 시스템, 신경가소성, 마인드풀니스 등은 오늘날 전문 코치들이 익혀야 할 '뇌 기반 변화 기술'의 핵심이다. 고객의 무의식을 구조화하고 회피와 저항을 이해하며 지속 가능한 행동변화를 실현하는 실질적인 도구다.

이 책은 코칭이 왜 이 시대에 꼭 필요한 변화 기술인지, 왜 뇌를 이해하지 않고는 행동의 전환이 불가능한지를 명확히 설명한다. 조직문화의 변화, 리더십의 전환, 그리고 '진짜 안전'의 실현을 바라는 모든 리더와 코치들에게 이 책은 등불이 될 것이다. '질문하는 코치'에서 나아가 '뇌를 움직이는 코치'로 성장하고자 하는 모든 분들께 추천한다.

김영헌(제9대 (사)한국코치협회 회장,
경희대 경영대학원 코칭사이언스 주임교수)

들어가며

왜 우리는 똑같은 일을 하면서도, 영국보다 10배나 많은 사람이 죽어야 하는가? 이 단순하지만 불편한 질문이, 이 책의 출발점이자 집필의 동기다. 영국 역시 우리처럼 수많은 대형사고를 겪었다. 선박 침몰, 지하철 화재, 해상 플랫폼 폭발, 군중 압사 사고 등… 그러나 그들은 달랐다. 정부와 기업, 노동계가 함께 '자율규제 기반의 안전관리 시스템'을 만들었고 지금은 세계에서 가장 안전한 나라 중 하나가 되었다. 그 변화의 역사와 철학을 학문적으로 분석하고, 우리는 왜 실패를 반복하고 있는지, 어떻게 바꿔야 하는지를 이 책에 담았다.

안전은 뇌에서 시작된다

많은 사람들은 "사람은 교육하면 변화한다"고 믿는다. 그러나 저자는 산업 현장에서 이를 거듭 부정당했다. 사람은 단순한 지시나 반복 교육으로 바뀌지 않는다. 변화는 '행동'을 통해서만 가능하며, 그 행동의 뿌리는 '뇌'에 있다. 안전문화란 결국 '당신의 뇌에 안전 DNA를 구축하는 것'이다. 이 책은 공학, 물리학, 심리학, 뇌과학을 아우르며, 인간의 본성과 무의식에 접근한다. 단지 시스템이나 교육 커리큘럼을 넘어, 왜 우리가 때때로 위험을 선택하는가라는 깊은 질문에 답하고자 한다.

저자의 이야기 - 불타버린 마음에서 시작된 여정

저자는 수십 년간 산업현장을 지휘하며 생산과 안전의 끊임없는 갈등 속에 있었다. 프로젝트가 끝나갈 즈음, 어느 날 무심코 메모에 이렇게 썼다.

"Mentally, physically, totally burnt out"

지치고 소진된 상태. 나는 자신을 회복시켜야 한다는 사명감을 느꼈고, 왜 인간은 위험을 인식하면서도 위험한 선택을 하는지 스스로에게 질문했다. 이 질문이 나를 심리학과 뇌과학으로 이끌었다. 공학의 관점에서 사고는 '불안전한 행동'이다. 심리학의 관점에서는 '뇌의 착각'이다. 안전은 공학의 영역을 넘어 인간의 본성과 의식을 이해하는 과학으로 접근해야 하는 이유이다. 저자가 던지는 본질적 질문이다.

이 책이 특별한 이유

본서는 단순한 이론서가 아니다. 저자는 안전의 106년 역사, 안전문화의 47년, 안전 성숙도 모델의 30년을 모두 꿰뚫고 연구하여, 진정으로 효과적인 안전문화를 찾고자 했다. 그 여정을 다음과 같이 정리하였다.

이 책의 구성 - 4개의 Part, 8개의 Chapter

Part 1: **'안전 강국 영국'의 역사에서 배운다**

- Chapter 1 | **안전의 길을 묻다**

  저자가 영국 기업과 함께 일하면서 직접 체험한 사례에서 얻은 질문을 학술적으로 연구했다. 영국이 어떻게 안전문화의 모범국가가 되었는지, 그 역사적 배경과 제도적 특징을 분석한다. '기업살인법'이라는 충격적인 제도 도입의 배경, 로벤스 철학, 기업의 열정, 안전 학자들과 전문가들의 헌신, 정부의 대응 등을 통해 우리에게 필요한 조건들을 짚는다.

Part 2: **안전문화 실천**

- Chapter 2 | **행동기반 자율안전관리체계 구축(안전문화 1)**
  행동을 바꾸는 전략에 집중한다. 자율안전관리체계 구축, 위험성 평가 수행, 중대재해 대응 관리 등을 중심으로 정부 정책과 기업의 실행 전략이 어떻게 연결되는지를 구체적으로 제시한다.
- Chapter 3 | **심리기반 안전문화 구축(안전문화 2)**
  안전은 결국 사람의 신념, 정체성, 핵심가치에서 비롯된다. '마음이 바뀌어야 행동이 바뀐다'는 원칙 아래, 안전문화의 성숙도를 높이는 심리적 기반을 과학적으로 설계한다.

Part 3: **안전문화**

- Chapter 4 | **안전 발달 106년** ~ Chapter 5 | **안전문화 발달 47년**
  세계적 안전문화 모델들을 연대기 순으로 분석하고, 그 진화 과정을 통해 장단점, 실용성, 적용 가능성을 평가한다. 지금까지 국내 현장에서 도입된 모델들의 효과성도 냉철하게 검토한다.
- Chapter 6 | **안전문화 측정 평가**
  안전문화 측정 도구와 분석 방법에 대해 다룬다. 측정의 오염 가능성과 과도한 수치화의 함정을 지적하며, 정책결정에 도움이 되는 올바른 사용법을 제시한다.

Part 4: **한국형 안전문화**

- Chapter 7 | **안전의 역설과 착각**
  안전제일의 역설, 착각, 과신, 오류로 인한 한국인의 안전불감증과 안전무의식 문화의 심리적 현상을 분석하고 미국 NASA의 사례를 통하여 예방 전략을 제시한다.
- Chapter 8 | **한국형 안전문화의 실천 전략**
  한국인의 정서와 문화적 특성을 기반으로 가장 적합한 안전문화 모델을 제안한다. 한국의 문화적 원인, 편향, 제도의 한계, 뇌의 오판 메커니즘까지 과학적 근거와 실천 방안을 명쾌하게 풀어낸다.

결국, 안전은 행복과 웰빙의 본질이다

이 책은 '안전제일'이라는 구호만으로는 결코 도달할 수 없는, 진정한 인간 중심의 안전문화 실천 로드맵이다. 리더에겐 방향을 제시하는 전략서이고 안전 전문가에겐 현장을 움직이는 실행서다. 진짜 변화는 '의식자립'에서 시작된다. 진정한 행복이 당신의 뇌에 구축될 때 비로소 안전은 지식이나 기술이 아니라 삶의 기본값이 된다. 이 책이 당신의 뇌에 '행복과 웰빙의 안전 DNA'를 심는 출발점이 되기를 바란다. 그 여정 끝에서, 당신은 더 이상 위험에 흔들리지 않는 새로운 존재로 거듭날 것이다. 이것이 저자의 사명감이자, 이 책이 세상에 던지는 바람이다.

목차

PART

01

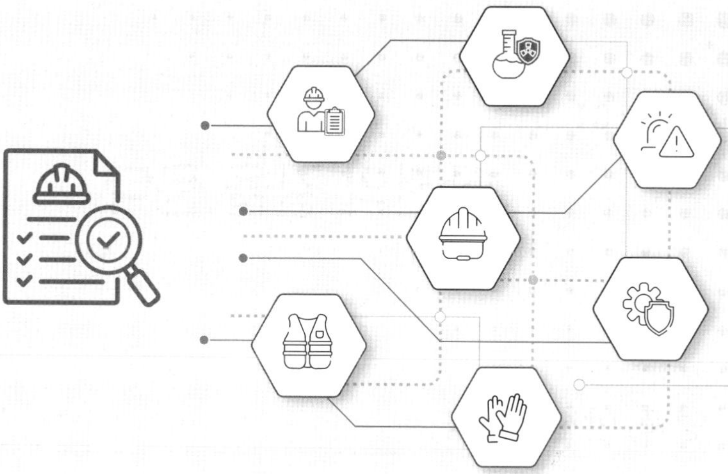

'안전 강국 영국'의 역사에서 배운다

CHAPTER 01

안전의 길을 묻다

영국, 안전선진국

런던에서 국내선 비행기를 타고 맨체스터시로 향했다. 하늘에서 바라본 시의 풍경은 아름답고 여유로웠다. 엑슨 모빌(Exxon Mobile)에서 발주하는 정유공장 프로젝트의 설계부분 컨소시엄 수행 협의 차 제이콥스 엔지니어링(Jacobs Engineering)과의 회의 참석이었다. 현관을 들어서니 안전담당 이사님이 우리 일행을 반갑게 맞아 주셨다. 회의 기간 3일 동안 지켜야 할 안전수칙을 설명하기 위해서였다. 기술 파트 논의 중에서 가장 중요한 주제가 안전이지만 현관에서 안전브리핑을 하는 회사는 처음이다. 비상대피로와 소화기 위치의 설명은 물론 계단 손잡이를 잡고 2층 회의실로 올라가는 시범까지 보여주셨다. 계단을 바라보는 관점의 차이에서 우리와 영국인들의 안전수준이 다르다는 것을 느꼈다.

이 짧은 순간이 회의하는 3일 동안 나를 안전에 깨어 있게 했다. 각 층을 이동할 때는 교육받은 대로 계단의 안전 난간을 꼭 잡고 다녔다. 프로젝트에 함께했던 대부분의 영국인들은 안전 절차가 요구하는 그 이상을 실천했다. 안전이 생활 그 자체였고 습관화되어 있었다. 안전문화 내면화 단계이다. 한국은 누군가의 지시나 감독에 의해서 안전 난간을 잡게 하는 강제 관리 수준이다. 우리나라 산업재해 사고사망만인율은 0.39 ~ 0.43‱로 OECD 최하위 그룹이다. 정부의 목표는 2026년까지 OECD 평균인 사고사망만인율 0.29‱이다.

위험성평가 기반 자기규율 예방체계 구축이 1차 목표이고 안전문화의 내면화가 최종 목표이다. 이를 어떻게 이룰 수 있는가? 대한민국 안전의 길, 영국에서 그 지혜를 찾고자 한다.

영국은 어떻게 세계 최고의 안전선진국이 될 수 있었는가? 첫 번째로 가장 쉽게 떠올리는 것이 2007년 제정된 기업과실치사 및 기업살인법이다. 사고발생 기업과 경영진에게 세계 최초로 형사 책임을 부과한 강제법이다. 둘째는 1974년 발표한 로벤스 보고서로 보는 의견이다. 정치인, 기업인, 노동계, 모두의 지지를 받아 발표된 안전사회를 위한 합의서이다. 안전철학의 방향을 제시한 세계적 보고서로 평가받고 있다.

영국의 안전 성과를 논할 때 상기의 두 가지는 항상 인용하는 사례이다. 로벤스 보고서 발표는 1972년이다. 기업살인법 제정은 2007년이다. 영국보건안전청(HSE)은 매년 1981년을 기준으로 안전보건의 통계적 추이를 발표한다.[1]

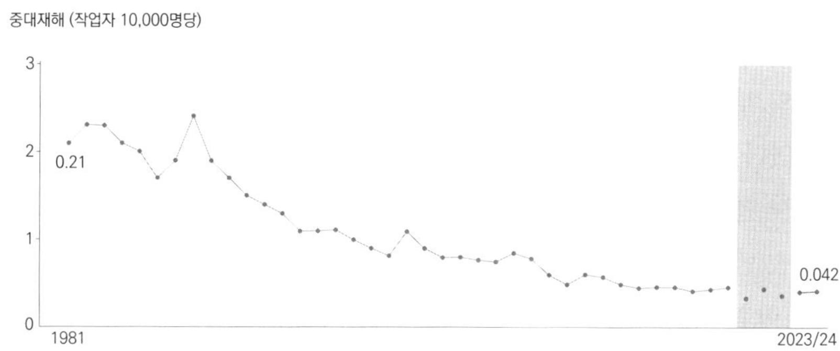

영국보건안전청 (HSE, 2024)

2024년 자료를 분석하면 재해감소의 추세는 1972년이 아니다. 또한 2007년도 아니다. 1980년대 후반부터 재해가 감소하고 있다는 사실을 확실하게 볼 수 있다. 사망사고 감소 추세를 감안하면 기업살인법의 효과는 미미하다는 것이 연구자들의 공통된 의견이다. 1980년대 중반 이후 대형

재난이 다발적으로 발생하였고 개별 기업들은 대책을 마련해야 했다. 사고 원인을 분석하고 연구하기 위해 사내 안전 연구 부서를 구성하였고 학자들은 기업의 자율적 안전관리체계 구축을 주장하였던 시기였다. 영국이 안전선진국으로 도약한 가장 핵심적 동력의 마지막 요인으로 기업들 스스로 성취한 안전 연구와 실천 노력에 주목하고자 하는 이유이다. 기업들은 자율안전체계 구축 및 운영 방법을 구체화하고 안전의 가치를 창출했던 실제적인 당사자였기 때문이다.

기업과실치사 및 기업살인법

영국의 안전을 논할 때 2007년 제정된 기업과실치사 및 기업살인법의 제정 배경과 그 효과성에 대한 논쟁은 필수적이다. 그 당시 시대 상황을 이해함으로써 한국의 중대재해처벌법에 대한 성찰을 얻고자 한다.

1987년 3월 6일 벨기에 지브뤼게에서 영국 도버항으로 출항하던 헤럴드 오브 프리 엔터프라이즈(Herald of Free Enterprise)호가 침몰했다. 승무원들의 부주의로 램프도어를 닫지 않고 항해하다가 좌초한 최악의 해양사고였다. 193명이 사망하였지만 책임지는 사람은 실무자인 부갑판장과 항해사 단 2명이었다.

1987년 11월 18일 영국 런던 킹스 크로스(King's Cross) 세인트 판크라스 지하철역에서 화재가 발생했다. 에스컬레이터에 버려진 담뱃불 성냥에 의한 발화였다. 이 사고로 31명이 사망하였으며 60명 이상의 사람들이 화상과 질식으로 치료를 받았다. 에스컬레이터 발판은 목재로 이루어진 심하게 노후된 시설이었다. 수년 전 옥스포드 서커스 역 화재 이후 런던 지하철의 고심도 노선에서는 금연이었다. 지켜지지 않았고 지하철 당국의 관리도 없었다.

초동 대처를 잘 했으면 인명피해 없이 화재를 진화할 수 있었지만 직원들의 대응은 무기력했다. 지하철을 계속 운행하여 공기를 공급함으로써 불은 더 확산되었다. 에스컬레이터를 가동하여 상하로 불길이 옮기면서 가연범위를 확대시켰다. 화재가 퍼지는 상황에서도 역사에 승객들을 하차시키는 어처구니없는 행동으로 참사를 키웠다. 희생자의 얼굴을 알아볼 수 없을 정도로 참혹했던 재해였지만 그 누구도 형사 소추를 당하지 않았다.

1988년 북해 해양플랜트 Piper Alpha의 폭발도 영국인들의 기억에 각인된 대형 사고이다. 작업팀은 당일 펌프 보수작업을 마치지 못했다. 설비의 안전장치는 제거되었고 배관은 느슨하게 조여진 상태로 임시 마무리하였다. 불행스럽게도 기존의 운전 펌프에서 비상벨이 울렸다. 야간 운전팀은 수리중인 펌프로 교체 가동해야 했다.

정보를 알지 못했던 교대 운전원이 보수 작업중인 펌프를 가동하자 가스가 누출되었다. 대폭발이 발생하였고 167명이 사망하였다. 비참한 광경에 영국 전체는 충격의 도가니에 휩싸였다. Piper Alpha 해양 플랜트 폭파사고도 기업의 형사책임을 묻지 못했다. 기업을 살인죄로 처벌하기 위해서는 경영진이 사고의 직접적인 원인이라는 실증적 증거가 있어야 했다. 대규모 인명사고를 일으킨 기업에 대해 형사책임을 묻는 것은 불가능하였다. 동일성이론이라는 영국의 법리에 따른 결과였다.

산업재해와 시민재해로 수백 명이 사망했지만 죄를 물을 수 없다는 것에 영국인들은 분노했다. 대형사고에 대해서는 공공기관이나 기업에 죄를 부과하고 형사처벌해야 한다는 함성이 높아졌다. 영국에서 2007년 기업살인법(Corporate Manslaughter and Corporate Homicide Act 2007)이 제정되었다. 기업 과실이나 공공재해로 인한 사망에 대해 형사책임을 물을 수 있게 되었다. 하지만 현재까지 진행된 판결로 보면 이 법은 제대로 작동하지 못하고 있다. 경영자에 대한 과실추궁보다는 기업에 대한 책임만을 묻고 있다.

정책을 정하고 경영의 우선순위에 영향을 행사하는 것이 사고의 원인이라는 사실 규명에 대한 한계성이다. 대기업은 구조의 복잡성으로 인하여 상급관리자가 담당하는 여러 책임과 의무의 경계가 모호하다. 이러한 이유로 처벌을 받은 기업들이 1인기업이나 중소기업이었다. 이들의 기소율도 높지 않다. 영세기업에는 적용하기 쉽고 대기업에는 적용이 어렵다는 비판에 직면해 있다. 법 자체가 산재 사망사고 감소 효과가 있다고 단정하기에는 부족하다.

결국 기업살인법은 경영자와 법인이 관심을 가지도록 강제하는 메시지 전달 수준으로 전락하고 말았다. 이것이 영국만의 비판인가? 한국도 중대재해처벌법 시행 이후 2024년 11월 기준 기소가 63건이고 1심 판결이 약 30건 선고되었다. 3년의 기간 동안 재해 사망자가 2,000명이 넘는다는 점을 고려하면 많지 않은 숫자이다. 재해 사망자 수 대비 기소율이 낮은 것은 기업들이 중대재해처벌법 규정을 잘 지킨 이유인가?

로벤스 보고서[2)]

위원회 태동배경

로벤스 보고서는 매년 약 1,000명이 재해로 사망하고 부상자가 50만명이라는 비판으로 시작한다. 1967년, 업무상 재해와 질병으로 인한 연간 근로 손실이 연인원 2,300만 명이었다. 이는 공식 및 비공식 파업으로 인한 손실 건수의 10배였고 2억 파운드 이상의 경제적 손실이었다. 단순 소비자물가지수(CPI)만 반영한 현재의 가치는 약 50억 파운드이며 실질적 가치는 거의 100억 파운드 수준으로 예상된다. 산업혁명 이후 100년 동안 세계 최강국이던 영국이 서독과 미국에 경제적으로 역전되는 시기이기도 했다. 세계 무역에서 차지하는 비중이 1955년 20%에서 1970년에는 13%로 감소했다. 무역 적자가 증가하였고 1967년 11월 영국은 파운드화 가치를 평가 절하해야 했다. 산업 재해와 질병으로 인한 결근, 질병 및 부상 비용의 논쟁은 더 격화되었다.

1970년대 사고와 사망자 수는 용납할 수 없을 정도로 증가하였지만 안전예방 시스템은 작동하지 않았다. 변화를 촉진시킨 여러 사건 중 하나는 1966년 10월 21일에 발생한 애버판 참사이다. 144명의 사람들, 그 중 116명의 어린이들이 사우스 웨일즈 마을로 미끄러져 넘어온 석탄 쓰레기 파편에 의해 목숨을 잃었다. 노동운동은 격화되었고 폭등 수준에 근접하였다. 위기를 느낀 노동당 정부는 산업재해 예방과 생산성 향상이 절실했고 이 끔찍한 고통과 낭비를 막기 위해 정부의 결단이 필요했다.

화학 공장과 같은 일부 작업장은 여러 개의 상충되는 법으로 혼란스러운 환경이었다. 병원과 학교 등은 법적 적용 대상에서 완전히 제외되었다. 전체 노동 인구의 3분의 1인 약 800만 명의 노동자들이 법적 보호를 받지 못하고 있었다.

산업혁명때 만들어진 법적 템플릿을 따랐기 때문이다. 100년전의 산업상황에서 만들어진 법령들은 절망적일 정도로 낡았고 현재의 상황과는 전혀 맞지 않았다. 개정을 추진하였지만 야당인 보수당과 노사 모두로부터 극렬한 반대에 직면하였다. 산업재해를 예방하기 위한 혁신적인 돌파구를 만들어야 했다. 1959년 공포된 공장법을 폐기하고 현실에 맞는 새로운 노동법 제정의 필요성이 대두되었다. 위원회의 태생 배경이다. 위원장으로 알프레드 로벤스(Alfred Robens) 경이 임명되었다.

로벤스 보고서는 1970년 독립위원회로 설립된 일터 안전보건위원회 위원장 로벤스의 이름을 딴 별칭이다. 원래 제목은 일터에서의 안전보건(Safety and health at work: Report of the Committee)이다. 로벤스 경은 노동자 출신으로 노동조합 간부, 시의원, 노동당 하원의원, 노동부 장관, 국영석탄공사 이사장의 경력자로서 노동단체, 경영자 협회, 보수당과 노동당 정치인들로부터 신뢰가 높았다. 안전보건의 갈등을 조율하고 모두가 합의할 수 있는 대안 도출에 적임자였다. 위원회는 산업재해가 증가하는 이유를 우선적으로 검토하였다.

이들은 무관심을 사고의 핵심 원인으로 지목하였다. 더 강력한 법을 만들어 집행하면 문제가 해결되지 않을까? 놀랍게도 보고서의 답은 "아니다"였다.

사고가 터질 때마다 즉흥적으로 만들어진 법이 너무 많고 복잡하게 얽혀 있다. 지킬 수 없거나 효과적이지 못한 시대에 뒤떨어진 법들이 사태를 더 혼란스럽게 했다. 과도하거나 지나치게 상세한 규제는 기업과 근로자들이 자신의 책임을 포기하도록 장려했다. 안전과 보건이 정부의 문제로 생각하게 길들여 졌다. 기업이나 개인의 자율적 역량과 노력의 가치를 간과하면서 이들이 가진 자원은 사장되고 있었다. 이를 해결하고 더 나은 표준을 만드는 것이 위원회의 목적이었다.

위원회는 시스템이 실제로 어떻게 작동하는지 보기 위해 여러 작업장을 직접 조사했다. 1970년과 1972년 사이에 정부 부처, 노동조합, 기업가 협회 및 보험사를 포함하여 안전 보건과 관련된 200개 이상의 개인 및 단체로부터 증거를 수집했다. 외국 시스템에 익숙해지기 위해 1971년 3월과 9월 사이에 스웨덴, 서독, 캐나다 및 미국을 방문했다. 로벤스 경은 영국의 산업재해를 분석한 후 안전의 기본을 논의했다. 산업재해 가운데 법규 위반으로 발생한 사례는 20% 이하였다. 대부분은 작업 습관, 작업환경, 생산우선 심리, 현장 정리 정돈 상태, 개인의 실수나 착오 등에 기인했다. 사고는 회사의 더 광범위한 관리 또는 조직적 실패가 실질적인 원인이었다. 5대 주요 재해를 분석한 결과가 이를 입증하고 있었다. 법을 아무리 강화하여도 이를 피하는 데 관심을 두기 때문에 예방에 효과적이지 않았다. 로벤스는 입법의 통제보다 자율적 촉진 정책을 권고했다. 보건 및 안전법에 따른 대부분의 범죄에 대해 기소를 최소화하도록 요청했다. 산업안전재해를 관리해야 할 일차적인 책임은 위험을 발생시키는 사람과 위험을 안고 일하는 사람들이다. 국가의 역할은 모범 사례를 촉진하고 자발적인 노력과 자율 규제가 번창할 수 있도록 지원하는 것이다. 국가에 의한 규제와 감독, 사업의 자율규제, 자조(self-help)의 3축 정책이다. 기업주와 근로자에 의한 자발적인 노력, 즉 '자율 규제'가 사고 예방의 핵심이다.

로벤스 위원회는 최종적으로 세 가지 수행 원칙을 강조했다. 하나, 처벌이나 규범적 강제보다 예방에 기반을 둔 접근을 우선한다. 둘, 위험을 만드는 사람이 위험 예방의 책임을 지는 정책을 펼친다. 셋, 위험 예방에 노동자도 참여해야 하며 이를 위해 노사가 협력한다. 첫 번째 원칙은 기업 측의 주장을 수용한 것이다. 정부의 지시, 규제, 처벌적 관리는 기업으로 하여금 더 심각한 문제에 덜 주목하게 했다. 안전확보의 방법으로 기업의 자율 시스템 구축 지원에 집중하도록 정부에 권고했다. 두번째는 위험이 있는 모든 곳에 이 원칙이 적용된다는 선언이다. 안전보건 문제를 사업현장, 학교와 교도소, 가정과 일상의 재해 문제까지 포괄적 개념으로 확장시켰다. 노동자뿐 아니라 시민의 이해 관계까지 충분히 고려하였다. 세번째는 기업의 자율 규제 시스템에 노동자의 참여를 강제하도록 하였다. 기업의 책임과 노동자 참여 규범을 법적 효력으로 인정했다. 협의와 참여, 책임과 자율이 양립하는 건설적 성격의 규제가 현장에서 작동하는 것이다. 로벤스는 이를 의무적 공동 협의라고 표현했다.

우리나라도 중대재해처벌법에 로벤스 보고서에서 강조하는 세 가지 원칙을 반영하였다. 첫 번째 원칙은 규제와 처벌 중심에서 자율적 안전보건관리체계 구축을 의무화한 조항이다. 두 번째 원칙은 산업재해와 시민재해까지 법의 적용을 확대하였다. 세 번째 원칙은 근로자 참여를 의무화하였다. 목표설정, 위험성평가, 안전절차 수립, 안전점검 등의 순환체계 구축이다.

영국의 규제 체계는 로벤스 위원회 이전과 이후로 그 개념이 완전히 바뀌었다. 이전에는 '성인-자녀' 관계였다면 이후는 규제 당국과 기업이지만 '성인-성인' 관계이다. 자율규제는 결국 위험을 만들고 관리하는 사람들이 성인의 책임을 다하기 위해 나서는 것이다. 기업대표인 영국산업협회(CBI: Confederation of British Industry)와 영국노동조합회의(Trades Union Congress, TUC) 모두 로벤스 보고서를 환영했다. 산업협회는 법규와 지시, 처벌 중심의 기존 안전규제 시스템에 비해 발전된 내용으로 평가했다. 노동조합 위원장 빅터 페더(Victor Fader)는 "역사는 이 보고서의 발간을 기억해야 할 것"이라고 큰 의미를 부여했다. 야당이었던 노동당도 환영에 동참했다. 효율적인 자율 규제 시스템이 필요하다는 위원회의 주장에 따라 새로운 안전보건체제가 탄생되었다. 1974년 7월 '직장 보건 안전 등에 관한 법률(HSWA: Health and Safety at Work etc Act 1974)'이 제정되었다. 자율 규제에 대한 안전 철학의 제도적 도입이다.

정부의 역할도 변하였다. 국가의 역할은 좋은 관행을 촉진하고 자립 체계를 강화하는 것이다. 법률의 집행을 주관하는 보건안전청(Health and Safety Executive, HSE)과 노사정 대표의 협의 기구인 안전보건위원회(HSC: Health and Safety Commission)를 설립했다. 두 개의 조직은 2008년 보건안전청(HSE)으로 통합되었다.

로벤스 위원회에 의해 전파된 자율 규제 철학은 기업과 근로자의 관점을 바꾸었고 국가의 역할에 대한 개념적 틀을 제공했다. 직장 보건 및 안전 등에 관한 법(HSWA)이 통과된 지 50년이 넘었지만 오늘날까지도 영국의 기본 가치로 계승되고 있다. 로벤스 보고서의 의의는 사람이 다치지 않아야 하며 자율로 이룰 수 있다는 철학을 제시했다는 데 있다. 기업의 안전보건은 노사 모두 책임이라는 것을 확실히 하였다. 산재 사고를 획기적으로 줄이고 안전하고 건강한 일터를 실현할 수 있는 안전선진국의 발판이 되었다. 여러 나라에서 안전보건 법제와 행정 체계 재편을 논의할 때마다 늘 인용되는 전설적 보고서이다. 한국에서도 전문가들과 핵심 이해당사자인 노사 모두가 보건안전의 미래를 논할 때 강조하는 철학 기반이다. 2018년 산업안전법 전부개정과 2021년 중대재해법 제정 과정에서 가장 많이 언급된 보고서이기로 하다.

로벤스 보고서의 철학

로벤스 보고서에 비판적인 사람들도 있다. 대표적인 인물이 『작업의 위험과 싸우는 법(Hazards of Work: How to Fight Them)』으로 베스트셀러 저자가 된 패트릭(Patrick Kinnersly)이다. 그는 대부분의 사고는 부주의로 인해 발생하므로 모든 사람이 함께하면 제거될 수 있다는 로벤스의 가정은 허구이며 위험한 신화라고 비판했다. 영국 상원의원이며 노동당의 후원자인 닐(Neil Kinnock)은 우리에게 법이 적으면 더 안전할 것이라는 로벤스의 철학은 비웃음거리라고 했다. 영국의 가디언지(The Guardian)도 자율 규제를 강조하는 것은 인간본성을 믿는 위험이라고 말했다. 노사가 평등하게 협력할 수 있다는 것은 비현실적 노사 협조주의이며 사고의 책임을 노동자의 무관심 탓으로 정당화하기 위한 속임수라는 것이다. 노사가 협력하면 사고와 재해가 사라진다는 것은 신화 같은 이야기라며 비판했다.

그럼에도 로벤스 보고서가 많은 사람들로부터 지지를 받은 이유가 존재한다. 최소한 죽지 않고 다치지 않고 병들지 않고 일할 수 있어야 한다는 철학 때문이다. 이것이 모두의 통치 의제로 이루어야 할 최선의 가치라는 데는 이견이 없다. 기업의 문화로 자리 잡아야 한다는 문제의식에 대한 신선한 메시지이기 때문이다.

안전에 대한 영국식 접근은 독일과 스웨덴 등 유럽연합의 안전정책에 영향을 주었고 호주와 싱가포르는 로벤스 방식을 보건안전의 기본개념으로 채택하고 있다. 호주는 로벤스의 위험 기반 접근법을 채택하여 2011년 단일 작업 건강 및 안전법을 개발했다. 호주보다 더 적극적인 나라가 싱가포르이다. 싱가포르의 안전관리 시스템은 1961년 영국 공장법에 근거한 직업안전보건법(OSH) 체제였다. 1973년에 도입된 명문 입법은 공장으로 정의된 사업장만이 대상이었다. 2004년 고속도로 사고로 4명의 사망자가 발생한 후 노동부는 로벤스 보고서에 근거한 작업장 안전 보건법을 제정했다. 2004년 도입 당시 싱가포르의 치명적인 사고율은 10만 명당 4.9명이었다. 10년이 지난 2015년에는 이 비율이 10만 명당 2.5명으로 줄었다. 2019년에는 1.1명으로 감소하였다. 사망사고 만인율로 변환하면

0.11로 우리나라 사고율의 약 25% 수준이다.

2022년 11월 30일 대한민국에 새로운 개념의 '중대재해 감축로드맵'이 발표되었다. 처벌 위주의 법령과 정책에 대한 한계를 인정하고 새로운 대안을 선언한 것이다. 지적과 처벌로는 재해율이 감소하지 않고 기업의 자율적 안전을 오히려 침해하고 있다. 당장의 처벌을 피하기 위한 법률적 대응과 서류작업에만 몰두한다. 정부는 이것이 우리나라 안전보건의 현실이라고 진단했다. 문제 해결 전략을 '자기규율 예방체계'와 '위험성평가'의 의무화로 전환한 근거이다. 로벤스보고서의 철학을 한국에 본격적으로 도입하겠다는 선언이다. 노동계에서는 자율규제는 규제 완화이며 인간의 선의에 대한 지나친 기대라고 해석했다. 경영계에서는 무늬만 자율이지 규제의 추가가 아닌지 의심했다. 노동계와 경영계, 모두에게서 환영받지 못하는 분위기였다.

하지만 이들도 로벤스보고서의 원칙을 한국사회에서 적용하는 것에 대해서는 찬성하고 있다. 한국도 자율이라는 철학을 정책에 반영하고 기업은 이를 적극적으로 실천해야 한다. 안전선진국으로 진입하기 위한 최소한의 노력이다. 정부와 기업이 로벤스 보고서의 문제의식을 수용한 것은 옳은 방향이라고 생각한다. 위험성 평가 기반 자율규제 시스템의 도입으로 우리나라도 안전보건의 선진국이 되었으면 한다. 모든 노동자들이 안전하게 집에 돌아갈 수 있어야 한다는 핵심적 원칙과 철학을 구현하는 것이다. 로벤스는 규제 해제를 말하지 않았다. 잘못된 해석은 경계해야 한다. 강제 대신 자율적 안전확보를 강조한 것이다. 정부, 기업, 근로자 모두에게 부여되는 책임이다.

안전의 태동

인류는 언제나 생존이 우선이었고 살기 위해 위험에 도전해야 했다. 안전을 자각하고 초보적인 위험의 개념을 생각한 것이 불과 200년 전이다. 1760년경 첫 번째 산업혁명이 일어나기 전까지 사회기술 체계는 단순했다. 길드는 사업과 제품의 품질을 규제했고 장인은 설계, 제조, 감독 및 지도를 담당했다.

산업혁명이 도래하면서 길드는 쇠퇴했고 상점은 공장으로 대체되었다. 장인은 생산 감독자가 되었으며 교육을 받지 않은 여성과 어린이들은 노동자가 되었다. 새로운 직업은 돈을 버는 기회를 제공했지만 노동 조건은 안전하지 않았고 위험은 당연했다. 규칙이나 기준이 거의 없었고 아주 어린 아이들도 기계를 고치는 것을 도와야 했다. 그들은 종종 죽거나 심각한 부상을 입었다.

1802년 영국 의회에서 여성과 아동의 노동시간을 규제하는 공장법이 제정되었다. 장시간 노동에 혹사당하는 것을 예방하기 위한 노동시간 규제법이었다. 공기를 순환시킬 수 있는 충분한 창문 설치와 작업장 바닥 청소의 횟수 등을 규정하였다. 매우 기본적인 것이었지만 그 당시에는 획기적이었다. 지금은 상상하기 어렵지만 산업혁명 초기에는 위험과 사고는 흔한 일상이었다. 아무런 보호 없이 독성 화학물질을 만져야 했고 안전장치 없는 위험한 기계에서 노동했다.

영국이 안전법을 최초로 법제화하였지만 체계 구축은 미국에서 먼저 시작되었다. 매사추세츠주가 1877년 안전 규정에 대한 최초의 국가 안전법을 제정하였다. 1934년 노동기준국을 설립하고 1938년 공정근로기준법(Fair Labor Standards Act, FLSA)이 제정되었다. 이 법을 기초하여 안전정책의 선언, 최저임금, 근로시간, 금지행위, 아동근로조항, 근로자보호 등에 관한 내용을 담은 산업안전보건법이 1970년 공포되었다. 연방정부가 근로자에 대한 안전 및 건강 기준을 수립하고 시행할 수 있는 권한을 가지게 되면서 기업은 법, 규정, 정부의 통제를 준수하면서 생산성을 높여야 했다. 이 통제가 오히려 2차 산업 혁명을 촉진하였고 두 가지의 혁명적인 변화를 만들었다. 첫 번째는 1911년 테일러(F. W. Taylor)가 제시한 표준화 기능의 과학 경영(Scientific Management)이다. 두 번째는 1913년 심리학자 존 왓슨(John Watson)의 행동주의(Behaviorism) 경영이다. 보상과 제재의 방법으로 생산성과 효율성을 관리하는 경영이다. 이 두가지 이론은 주어진 환경과 규칙을 준수하면서 기업 활동을 할 수 있는 실무적 기반을 제공했다.

'테일러 주의'는 노동생산성 증진 및 경제적 효율성에 대한 최초의 과학적 관리이다. 작업을 표준화하고 이를 교육과 인센티브 제공의 방법으로 효율성을 높이는 경영 기법이다. 노동자들의 자율성과 창의성은 무시한 채 효율성의 논리만을 강조했다는 비판도 있지만, 현대 경영학의 기본으로 성장하였다. 도제 방식을 탈피하고 과학적 관리와 공평한 이익 배분을 통해 생산성과 효율성을 향상하는 것이 기업과 노동자 모두가 성장할 수 있는 길이라는 테일러의 사상에 모두가 공감하였다. 생산에 보상과 연계되면서 높은 임금을 실현할 수 있다는 노동자의 인식은 생산성 폭발로 이어졌다. 행동주의는 보상과 처벌의 방법으로 사람들을 관리하고 생산성을 높일 수 있다는 경영 이론이다. 이 이론은 기업의 효율적인 생산성 관리를 위해 제안되었지만 안전분야에서 더 활발하게 활용되었다. 행동기반 안전관리의 기반이 되었으며 현재까지도 영향력을 행사하고 있다.

두 차례의 세계 대전을 전후하여 설비는 발전하였고 사회 기술 시스템의 복잡성은 크게 증가하였다. 상업적 압력과 규제 불일치의 환경이 안전 문제를 발생시키기 시작했다. 사고에 대한 관점이 변해야 했다.

재난의 문화적 원인을 제기하였고 안전문화라는 단어를 최초로 사용한 연구는 터너(Turner)가 1978년 발표한 『인적 재난』이다. 그는 이 저서에서 인적 재난에서의 사고가 사회 속에서 잠재해서 배양되다가 폭발한 것으로 규정하였다. 이는 사고 자체보다 이를 야기하는 사회적인 상황에 대하여 사전적 관심을 기울여야 함을 의미한다. Reason이 스위스 치즈 모델과 인간 오류 다이아그램을 창안한 배경에는 안전문화를 사회학적으로 접근한 터너(Turner)의 영향을 간과할 수 없다. 터너(Turner)가 개발한 잠복기의 개념을 상주하는 병원균으로 대체하였고 Charles Perrow의 정상사고 논문에서 깊이 개념을 방어에 구멍을 정렬하는 문제로 바꿨다.

리즌(James Reason)의 이론이 발표되면서 재난을 인간 기계의 상호작용과 조직적 차원으로 접근하는 연구들이 증가했고 2세대 사고 분석법을 탄생시켰다. 상주 병원체는 의료 영역의 아이디어이고 심층 방어는 공학적 접근이며 스위스 치즈는 식품의 은유이다. 복잡한 아이디어를 쉽게 이해할 수 있도록 은유적 이미지를 제공하여 많은 활동 부문에서 조직 사고 패러다임을 촉진하는 데 크게 기여했다. 그림으로 전하는 메시지는 천 마디 말보다 강력했다.

리즌은 무관심과 오류와 같은 인적 요인과 잠재 요인의 결합으로 발생하는 조직 사고를 개념화할 수 있는 스위스 치즈 이론을 탄생시킨 안전 문화 심리의 세계 최고 권위자이다. 하지만 리즌은 특별히 안전 과학자가 될 운명은 아니었다. 의학을 2년간 공부한 후 감각 상실과 멀미에 호기심을 가지고 심리학 쪽으로 진로를 바꾸었다. 그가 감각을 통해 인간의 뇌를 속일 수 있다는 지식을 얻었던 배경이다.

인간 오류의 학문적 창의력도 심리학자에게 떠오른 일상의 경험에서 시작되었다. 1970년대 초 어느 날 오후 그는 차 주전자를 끓이고 있었다. 그 순간 매우 시끄러운 버마 산 고양이가 울부짖으며 부엌 문 앞에 나타났다. 리즌은 고양이 사료 통을 열고 숟가락에 담아서 고양이 밥통이 아닌 그가 끓이는 차 주전자에 넣었다. 이 경험이 사고의 근본 원인은 이미 환경에 거주하고 있다는 생각을 하게 된 계기였다. 착각과 오류는 잠재해 있던 실패 환경을 촉발하는 단지 트리거라는 개념의 탄생이다. 1979년 스리마일섬 핵 사고 조사, 항공기, 원자력 등의 사고에서 인간 기계의 상호 작용 분석이 그의 연구 분야가 되었다.

허드슨(P. Hudson)은 쉘 인터내셔널 기업의 안전 프로그램 프로젝트 리더 연구원이었다. 안전문화 성숙도 모델을 사다리로 비유하여 발달 현상을 쉽게 설명한 학자이다. 보잉, 에어버스, 영국항공, KLM, 에어프랑스, 루프트한자, 콴타스, 안셋, CHC, 브리스토우스, 싱가포르항공, 말레이시아, 에미레이트 항공에 대해 안전 자문을 했다. 세계 최대 민사 프로세스인 BP 딥워터 호라이즌 사건의 안전문화와 공정 안전 전문가로 참여하였고 유럽연합 연구용 원자로의 국제 전문가 안전팀의 일원으로 활동하면서 많은 공헌을 하였다.

이와 같이 재난의 고통을 넘어 영국이 안전선진국으로 발전할 수 있었던 배경에는 기업들의 노력과 학자들의 선지적 지성이 함께했다. 그렇기에 자율 안전이라는 로벤스 철학을 실천할 수 있었다.

영국 기업자율과 안전문화

안전 자율관리 시스템의 태동

영국이 안전선진국이 될 수 있었던 핵심요인은 기업들의 주체적 참여와 안전 실천이었다. 대부분의 학자들과 전문가들은 로벤스 보고서라고 단정하고 있지만 이것은 안전의 방향성에 대한 원론적인 대안이다. 실질적 수행은 각 기업들의 작품이다. 이들이 재난을 예방하기 위해 얼마나 치열하게 노력했는지 그 속살을 들쳐 보아야 영국의 진정한 안전문화 여정을 알 수 있다. 이것이 우리나라 기업들이 실행할 수 있는 가장 적합한 안내서이다.

1974년 6월 영국 플릭스버러의 니프로공장(Nypro Ltd)에서 폭발사고가 발생하였다. 1km 내에 있던 1,821채의 집과 167채의 상가, 공장들이 파손되었다. 28명이 사망하고 76명이 부상했다. 부상자 중 53명은 인근 지역 주민이었고 경상을 입은 사람까지 합치면 수백 명이었다.

1987년 영국의 북해유전지역 파이퍼 알파(Piper Alpha) 해양 플랫폼에 폭발사고가 터졌다. 167명이 사망했다. 사고의 근본적인 원인은 보수작업의 진행에 대한 인수인계의 부실이었다. 구명보트 6개, 구명정 13개, 구명조끼 500개, 구명부표 31개의 비상장비가 있었다. 바닷물을 그대로 빨아올려 뿌리는 화재 방지 시스템도 있었다. 준비된 안전시스템들 중 어떤 것도 작동하지 않았다. 전달의 미흡, 부족한 비상구, 소화펌프의 부실설계, 취약한 방호벽 등 총체적인 문제였다. 사업주인 옥시덴털 페트롤리움사(OPCAL: Occidental Petroleum)는 증거 불충분으로 어떤 법적 처벌도 받지 않았다. 유족들에게 일부 보상을 했을 뿐이다. 제2차 세계 대전 이후 영국에서 일어난 화재 중 가장 많은 목숨을 앗아간 사건이다. Cullen 경은 180일간의 사고 조사를 마치고 106개 항의 제안서를 담은 보고서를 발간했다. 핵심은 목표 설정 접근 방식의 실질적 실천을 강조한 것이다. 정부는 위험을 보유한 사람들에게 통제력을 돌려주어야 한다. 기업은 자신에게 가장 적합한 방식으로 위험을 관리해야 한다. 기업 스스로 목표를 세우고 이를 수행하라는 의무이다.

1970년 이후 석유화학 기업에서 반복적인 사고가 발생하였으며 많은 사람이 희생되었다. 기업들에게 쏟아지는 사회적 지탄은 매우 혹독했다. Piper Alpha 사고는 더 큰 비난과 마주해야 했다. 이는 기업과 근로자들이 스스로의 안전의식을 돌아보는 계기였다. 안전분야 최고의 석학들을 모시고 백서를 작성하기 시작한 시기가 이 사고 이후이다. 사고분석, 재해예방, 안전행동, 안전문화 연구에 기업들이 자발적으로 나섰다.

Piper Alpha의 재난 원인을 연구하고 예방대책을 적극적으로 추진한 기업은 사고 당사자인 옥시덴털 페트롤리움사가 아니었다. 석유메이저 기업인 Shell International이었다. 이 기업은 5단계 안전문화 성숙수준을 개발한 허드슨(Patrick Hudson) 교수를 영입하여 연구팀을 구성하였다. 안전관리 시스템, 위험성평가, 안전문화 발전 모델, 조직 변화 모델 등을 연구하였다. 이렇게 축적된 성과들이 안전학문의 기초가 되었다. 현재 기업에서 실질적으로 활용하고 있는 안전관리의 유용한 도구들이다.[3)]

셸 연구팀은 Piper Alpha 사고 당시의 안전상황을 우선적으로 분석하였다. 기업 스스로 안전을 확보하는 자율 시스템 기능이 없었다는 것에 주목했다. 자율적 안전문화의 개념이 태동하게 된 계기이다. 연구팀은

Piper Alpha 운영상태를 기준으로 안전수준 단계를 평가하였다. 안전관심 이전, 안전강제, 시스템 구축, 안전보건환경 통합, 안전문화의 5단계로 가정하였다. Piper Alpha의 안전을 정부에 의한 하향식 관리 수준으로 평가했다. 안전 조직이 없거나 조직이 있어도 법이 강제하는 지시와 처방에 반응하는 안전강제 단계이다. 쉘 연구팀은 안전 확보의 조처로 시스템의 구축과 안전문화 개선이라는 2가지의 핵심전략을 제안했다. 우리나라가 안전선진국으로 도약하기 위해 실천해야 할 이정표가 이 백서이다.

자율시스템 수행의 기본 개념은 위험성평가와 개선이다. 사고분석법, 브레인 스토밍, 직접관찰 조사 등의 위험성평가 방법을 활용했다. 위험가능성 분석 매트릭스는 빈도 강도법을 적용하였다. 평가 방법은 ALARP(As low as reasonably practicable)이다. 예방과 감소 대책은 설계적, 공학적, 관리적 방어가 가능한 Bow-Tie 접근법이다. 시스템의 작동 여부에 대한 측정 및 평가는 감사와 관리자 검사이다. 초기의 유혹 중 하나는 시스템을 상세하게 구축하고 모든 것을 통제하려는 시도이다. 안전관리가 지나치게 어렵고 비용이 많이 드는 것으로 오해하는 이유이다. 경험은 훨씬 낮은 비용으로 효과적인 시스템이 가능하다는 것을 가르쳐주었다. 문서에 모든 것을 명시할 필요가 없다. 중요한 것은 세부 사항이 아니라 전체 구도이다.

일부 회사는 안전관리의 기본이 ISO45001 유형이므로 이 시스템으로 관리하는 것이 최선이라고 결정한다. 당연한 기대일 수 있으나 초기 시스템으로는 과대 포장이 아닌지 의심해야 한다. 허드슨 연구팀은 안전관리 시스템 구성이 생각했던 것보다 훨씬 쉽다는 것을 증명하고 있다. 기업의 현실에 맞게 작은 구조로 단순 시스템부터 구축하고 운영을 시작하라는 것이다. 방대한 세부 정보가 중요한 것이 아니라 시작이 우선이다. 진행하면서 필요한 것은 보완이 가능하다. 우리나라도 중대재해처벌법 대응 시스템 구축이 어렵다고 많은 기업들이 하소연하고 있다. 전체 시스템을 초기에 획일적으로 구축하는 것은 중소기업에게 어려운 도전이다. 작은 조직으로 관련법에서 요구하는 기본 시스템을 구축하고 운영을 시작하라는 조언을 주고 싶다. 우리나라의 현실을 고려할 때 그 울림이 강렬하다. 많은 기업들이 어렵다고 시작 자체를 안 하는 것에 대한 허드슨의 경고이다.

허드슨의 안전성숙도

안전 관리 시스템은 서류로 정의할 수 있고 감사로 객관적인 평가가 가능하다. 지적이고 이성적인 발명이지만 이것이 만능이 아니다. 목표와 의도에 격차가 발생해도 이를 만회하여 안전을 유지할 수 있는 기능이 부재하다. 안전 확보는 시스템으로 정의할 수 없는 열정, 보살핌, 믿음과 같은 특성적 요인들이다. 이것이 안전문화이며 높은 문화 수준을 강조하는 이유이다. 문화는 우리가 가고 싶은 곳을 정의하고 변화 모델은 우리가 그곳에 어떻게 도달하는지를 안내한다.

허드슨은 안전문화 성숙도를 5단계로 구분하였다. 능동적이고 자율적인 접근 방식의 안전문화 발전 모델이다. 병리적 1단계는 안전은 직원들의 문제이며 조직은 안전에 신경을 쓰지 않는다. 반응적 2단계는 사고가 발생한 후에만 문제가 되며 책임과 처벌을 피하는 수준의 관리이다. 계산적 3단계는 체계적인 시스템과 절차가 있으나 편하기 때문에 움직이지 않는다. 관료주의의 고착이다. 기업도 규제 당국도 안전이 잘 수행되고 있다는 착각 속에 서로가 만족하는 위험한 조직이다. 안전문화 발달 과정에서 이 단계에서 많은 조직이 실패하고 있다. 조직과 구성원을 특징짓는 신념과 관행의 저항으로 인한 장벽이다. 잘못된 판단, 생산 문화, 규제에 대한 순응, 안전철학의 부재, 비용에 대한 두려움, 소통 부재 등이다. 경영진이 의도적 또는 비의식적으로 정책의 우선순위를 바꾸는 것은 치명적인 장벽이다. 비용은 안전문화가 넘어야 할 장벽의 마지막 허들이다. 많은 비용을 투자해야만 안전관리를 할 수 있는 것은 아니다. 난순하고 체계적인 관리로 이를 해결할 수 있다는 사실을 허드슨이 사례로 검증하였다. 안전문화가 정체되고 비용이 많이 발생한다면 기본을 다시 생각해야 한다.

심리적 안전문화에 더 집중함으로써 이를 이룰 수 있다. 의사 소통 실패는 경영진이 안전문화의 비전을 제시하지 못하는 것과 같은 장벽이다. Top-Down과 Bottom-Up Leadership은 좋은 대안이 될 수 있다. 행동관리를 넘어 신념을 변화시키는 인지적 접근법이다. 장벽을 극복하고 비용을 현저히 줄일 수 있는 방법이 보일 것이다.

사전 예방적 4단계는 안전을 조직의 핵심 가치로 여기며 직원 참여를 통한 지속적인 개선을 추구한다. 생성적 5단계는 안전과 경영의 신념이 통합된 올바른 안전문화를 가진 조직이다. 잠재적 위험까지도 빠르게 대처할 수 있는 역량이 있다.

영국도 우리나라 못지않게 반복적으로 발생했던 수많은 대형재난에 분노했던 시간이 있었다. 쉽지 않은 여정을 극복하여 영국은 지금 안전선진국이다. 우리나라와의 차이점이라면, 영국은 정부, 사회, 기업이 치열하게 노력하여 결과를 만들었고 지금의 산업 현장에서 제대로 작동하고 있다는 것이다. 로벤스 보고서는 선언적 의미가 더 강하지만 일터에서 죽지 말아야 한다는 철학이 있었다. 모든 사람들에게 울림을 주었고 안전의 중요성을 인식하는 계기를 제공했다. 안전보건 분야의 법과 규범을 자율적으로 준수하겠다는 사회적 공감대이다. 기업과 근로자들은 이를 지키려고 노력하였고 그 성과가 지금의 영국이다.

영국은 4, 5단계의 안전성숙도로 진입할 수 있었기 때문에 안전선진국이 될 수 있었다. 참여를 통한 자율적 관리와 올바른 안전문화이다. 본서에서 제안하는 심리적 안전문화는 이를 이룰 수 있는 방법이다.

문화는 그립과 자세를 바꿈으로써 새로운 골프 스윙을 배우는 것에 비유할 수 있다. 처음에는 새로운 자세가 아프고 예전의 그립이 훨씬 더 편하다. 새로운 자세로 인한 고통이 심하면 심할수록 예전으로 돌아가려는 욕구는 더 강하다. 실현되기까지 시간이 걸린다는 것을 받아들여야 한다. 코치를 믿고 새로운 그립과 변화된 자세의 이점을 이해함으로써 이를 극복할 수 있다. 더 나은 스코어를 상상하며 지속적으로 인내하고 노력할 때 그 열매에 도달한다. 안전문화는 해야 하는 것을 의무적으로 수행하는 것이 아니다. 그들이 원하기 때문에 안전에 필요한 예방조처를 발견하는 것이고 이를 실천하는 자율적 과정이다. 안전문화는 경영진의 하향식 헌신과 작업자들의 상향식 안전의식이 결합될 때 싹을 틔운다. 근로자의 참여가 의미 있는 동시에 필요성을 느끼는 바로 그 지점이다.

허드슨(Hudson)은 Piper Alpha 백서를 기초하여 Hudson Ladder 5단계 모형을 2001년 확정 발표하였다. Shell International 그룹의 안전문화 프로그램 모태이다. Dupont에 Bradley 커브가 있다면 Shell에는 하트 앤 마인드(Hearts & Minds)가 있다. Shell 기업의 핵심 가치로 계승되고 있다. 이 기업은 1980년 이후 약 2천만 파운드를 투자하였고 현재도 진행형이다. 에너지 연구소(Energy Institute)를 비영리 단체로 운영하면서 안전문화 프로그램의 개발과 보급에 현재도 진정성을 보이고 있다. 우리에게도 안전에서 이렇게 위대한 기업이 탄생되기를 기대한다. 기업 주도의 진실된 자율 안전관리 시스템 구축이 이루어질 때 안전문화가 태동하는 신호탄이 될 것이다.

안전의 길, 왜 영국인가

영국도 20세기에 진입하면서 수많은 대형사고가 발생하였고 한때는 사고 공화국이었다. Piper Alpha 해양 플랫폼 폭발 167명, herald of free Enterprise호 침몰 193명, Dan-Air 비행기 추락 146명, Windscale 핵 폭발사고 240명, Grenfell 타워 화재 72명, 댐즈강 선박 충돌 51명, Hillsborough 스타디움 군중 밀집 97명, 영국 런던 킹스 크로스 세인트 판크라스 지하철역 참사 31명, Bradford City stadium 화재 56명, Stardust 나이트 클럽 화재 48명, Ibrox Park 축구장 밀집사고 66명, Harrow and Wealdstone 열차충돌 112명, Aberfan 탄광 적재물 유출 사망 144명 사망 등 사고의 연속이었다.

우리나라에서 발생했던 사고들과 원인이나 유형이 유사하다. 기업살인법을 최초로 만든 나라가 영국이라는 사실을 상기하면 그 심각성은 충분히 이해할 수 있다. 현재 영국은 ILO 산업재해 사망 만인율 통계에 따르면 0.04 수준으로 세계 최고의 안전국가이다. 우리나라의 산업재해 사망 만인율은 2023년 기준 0.39이다. 영국의 1970년대 수준이다. 똑 같은 일을 하면서 우리가 최소 10배나 많은 인원이 산업재해로 사망한다. 우리가 빨리 안전선진국이 되어야 하는 이유이며 올바른 방향을 선택하고 노력한다면 이룰 수 있다.

영국이 안전선진국이 될 수 있었던 원천은 무엇인가? 대부분은 기업살인법이나 로벤슨 보고서의 안전철학이라고 이해하고 있다. 어느정도 역할은 하였지만 이것이 전부라고 말하는 것은 과대 포장이다. 핵심 에너지는 안전문화이고 그 이면에는 영국 기업들의 자발적 참여와 학자들의 학문적 노력이 있었다. 학자들은 로벤슨의 철학을 제공했고 기업과 시민을 깨어나게 했다. 기업이 자발적 참여하도록 인도하였고 이를 실천할 수 있는 이론적 틀을 제공했다.

영국 안전의 강점은 수많은 사고를 경험하면서 대안을 스스로 만들었고 이를 극복한 국가라는 점이다. 우리가 가야 할 그 경로를 그들은 경험으로 축척하였다. 안전 오명국에서 안전선진국으로의 도약은 자발적 극복의 과정이었다. 그들의 안전 역사는 영국이 어떻게 안전 강국이 되었는지를 말하고 있다.

영국의 연구 이론들을 가장 먼저 받아들이고 실천한 유럽 국가들도 안전선진국이다. 영국이 안전선진국으로 도약하였던 과정은 한국이 안전선진국으로 도약하기 위한 안내서가 될 수 있다. 안전 철학의 합의, 기업의 자율적 참여, 학자들의 연구 노력 등의 총합이다.

열악한 노동조건들로 발생한 사회적 문제들을 정치적으로 대응한 최초의 국가도 영국이다. 1833년 아이들과 1844년 여성들을 위한 노동 규제법은 노동시간의 제한, 기계 등급제 운영, 안전 관리 및 검사 기록 보관 등의 몇 가지 기본적인 보호를 확립했다. 유럽과 미국 등의 국가에서 근로자 보호 규정을 제정하는 선도 국가 역할을 하였다.

1893년에는 이미 노동자 보호에 관심을 가졌고 작업장 안전행동에 초점을 맞춘 연구를 시작하였다. 과도한 작업 스트레스와 육체적 탈진으로 인한 사고의 증가, 사고 비용과 근로자 효율성 관계였다. 영국 맨체스터에 있는 한 제철소(Salford Ironworks)의 근로 표준시간을 주당 48시간, 53시간, 54시간으로 구분 비교하는 연구였다. 근무 시간이 적은 주의 생산성이 높다는 결과를 얻었고 근무 시간을 유연하게 운영하는 동기를 제공했다. 1차 세계 대전 이후 1918년에서 1947년 사이에 산업 피로 연구 위원회(Industrial Fatigue Research Board)는 근로자의 피로와 사고 발생 관계에 대한 연구를 했다. 과학적 관리법의 시작이었으며 경영 관행을 단순화하는 획기적인 변화를 이루었다. 작업환경에 따른 사고의 인과성에 대한 연구들이 영국에서 진행되면서 그 결과가 미국으로 이전되었다. 안전과 생산의 역사에 큰 공헌을 하게 되는 두가지의 이론이다. 과학경영을 태동시킨 테일러리즘(Taylorism)과 근로자의 선발과 관리에 인간 심리학을 활용한 것이다.[4) 5)]

사고 원인 모델의 창시자라면 당연히 미국의 하인리히(Herbert William Heinrich)를 떠올린다. 그는 1931년 『산업재해 예방: 과학적 접근(Industrial Accident Prevention: A Scientific Approach』이라는 책에서 연속성 법칙이라는 도미노 이론과 사고 삼각형을 발표했다. 이보다 앞서 1917년 영국의 그린우드와 우즈(Greenwood, M., & Woods, H. H)는 작업 조건과 개인적 요인의 통제 연구에서 수천 명의 근로자에 대한 사고 기록을 조사 발표하였다. 《산업재해가 개인에게 미치는 영향: 다중사고에 대한 특별한 언급(The incidence of industrial accidents upon individuals: With special reference to multiple accidents)》이다. 사고는 개인의 성격과 관련성이 있다는 그의 발표는 사고와 인간의 감정, 성향, 심리 간의 상호성 연구의 기폭제가 되었다. 인간의 행동을 사고의 원인으로 규정하는 많은 이론들이 연속적으로 발표되었다. 하인리히, 위버(Dream Weaver), 애덤스(Edward Adams), 버드와 로프터스(Bird and Loftus)의 이론들이다. Green Wood와 Woods의 연구자료는 현재까지도 학자들의 연구자료로 300회 이상 꾸준히 인용하고 있다. 안전기후와 안전문화 연구 대가인 Dov Zohar 교수도 《산업안전 100년 연구(100 Years of Occupational Safety Research)》에서 Green Wood의 연구물을 2017년 미국의 응용심리학회에 투고하면서 인용하였다. 이 연구 논문은 현재 400회 이상 인용되고 있다. Zohar는 작업 조건과 개인적 요인의 통제와 관련하여 수천 명의 근로자에 대한 사고 기록을 분석하였고 Green Wood와 Woods의 결론인 "다중 사고의 발생은 성격의 문제이다"라는 주장에 적극 동의하고 있다.[6]

대다수의 일반인들은 안전문화의 문제점을 최초로 제기했던 사건을 체르노빌로 보고 있다. 이 또한 영국을 잘 모르는 사람들의 이야기이다. 안전문화에 대한 사회적 메시지는 체르노빌 백서보다 10년 빠르게 1976년 터너가 저서로 발표하였다. 영국의 이스트 앵글리아 대학(University of East Anglia)의 환경 심리학 교수이며 위험 연구가인 Nick Pidgeon과 Mary O'Leary는 인적재난, 기술과 조직이 실패하는 이유(Man-made disasters: why technology and organizations fail)라는 주제로 터너 교수가 주장한 안전문화에 대해 특별 연구를 발표했다. 현재 이 연구는 800회 이상, 터너의 원문은 1,500회가 넘는 인용을 기록 중이다.[7]

이 연구는 기술적 사고와 재난에 대한 조직의 전제 조건, 특히 터너 교수가 제안한 '인적 사고 모델'에 대한 시스템 관점의 재검증이다. 체르노빌, 챌린저호 그리고 보팔 재난과 같은 사건들은 기술과 조직 실패 사이의 상호 작용이 원인이었다. 조직 사고는 조직 지능의 집단적인 실패를 동반하며 문화적으로 당연시되는 것과 상충되는 잠재적인 오류와 사건들의 잠복이다. 조직은 과거의 사고와 실수로부터 완전한 교훈을 얻는 데 매우 저항한다. 잠재적 위험에 대한 지속적인 경고에도 불구하고 효과적인 학습이 이루어 지지 못하는 이유이다. 정보의 어려움이 발생하고 정치는 비난에 몰두한다. 사고가 날 때마다 그 결과에 대한 학습보다 서로를 비난하기에 바쁜 우리의 사회상과 똑같다. 100년 전에 영국인들은 이러한 문제를 이미 정확하게 지적하였다. 조직의 잠재적 취약성에 대한 최초의 이론서인 터너의 '인적 재난' 모델의 선견적 혜안이 놀랍다.

영국이 안전선진국으로 자리할 수 있었던 수많은 이유들이 존재한다. 기업은 비용을 투자하고 조직을 구성하고 자발적으로 안전 연구를 하였고 이를 문화로 발전시켰다. 기업의 노력에 학자들은 이론적 틀을 선지적으로 제공하였다. 정치인들은 치열하게 비난하고 투쟁했지만 결국은 국민들의 기대를 저버리지 않았다. 모두가 안전하게 집으로 퇴근해야 한다는 하나의 철학에 기꺼이 동의하고 힘을 합쳤다.

영국의 재난 역사를 돌아보면 처절하리만큼 우리와 닮아 있다. 영국은 성과를 얻었고 우리는 아직도 가야 할 길이 멀다. 의지의 한국인, 안전에서도 성과를 낼 수 있는 날이 곧 올 것으로 믿고 싶다. 우리가 가야 하는 길, 자율안전체계 구축과 안전문화 운영에 영국의 경험은 안내자가 될 수 있다. 영국이 걸었던 안전의 길에서 대한민국이 가야 할 안전의 길을 찾고자 하는 이유이다.

PART
02

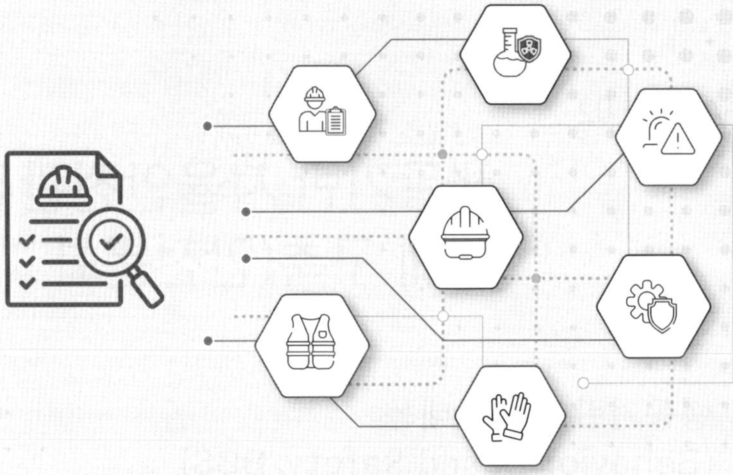

안전문화 실천

CHAPTER 02

행동기반 자율안전관리 체계 구축(안전문화 1)

행동기반안전의 태동 (Behavior Based Safety, BBS)

"나에게 건강한 아기 12명을 주어라. 잘 만들어진 나의 특별한 세계에서 그들을 키우고, 그들의 재능, 기질, 성향, 능력, 적성, 인종에 관계없이 내가 선택한 의사, 변호사, 예술가, 상인, 대통령, 심지어 거지나 도둑이라 할지라도 이 중 하나가 되도록 훈련시킬 것을 약속한다."

행동주의 아버지 왓슨(John B. Watson)이 집필한 그의 책 『행동주의(Behaviorism)』의 일부이다. 행동주의 심리학자들이 그들의 이론에 얼마나 강력한 신념을 가졌는지 알 수 있는 대목이다. 20세기 초 철학은 경험주의 논리의 세계였다. 심리학도 인간의 무의식에 집중했던 프로이트의 정신분석을 비판하며 과학적 접근이 강조되었다. 선험명제나 추상적인 내용은 과학의 대상이 될 수 없다. 인지, 감정, 기분의 내적 요인은 너무 주관적이다. 유전이나 개인의 특성은 고려대상이 아니다. 인간이나 동물의 행동을 예측하고 객관적으로 개념화할 수 있는 유일한 방법은 관찰이다. 보상과 처벌의 자극으로 인간의 부적응 행동을 개선하고 의도된 목표대로 학습이 가능하다.

행동주의의 고전적 조건화는 파블로프(Ivan Pavlov)가 개를 대상으로 한 실험이다. 개에게 먹이를 줄 때마다 종을 울렸다. 먹이를 주지 않고 종만 울렸을 때도 개는 침을 흘렸다. 음식에 대한 반응은 당연하다. 무조건적이다. 종소리에 대한 반응은 학습된 조건적 반응이다. 스키너(B.F skinner)의 행동주의는 조작적 조건화이다. 흰 쥐가 막대를 누르면 먹이를 얻는다. 더 많은 먹이를 얻기 위해 막대를 자주 누른다. 보상이 행동을 강화할 수 있다. 행동의 결과에 따라 처벌을 받는다면 그 행동은 멈춘다. 보상과 처벌을 조작하여 행동을 훈련할 수 있다는 이론이다.

반두라(Albert Bandura)는 행동을 인지의 영역까지 확대시켰다. 강화나 처벌없이 다른 사람들을 관찰하는 것만으로도 새로운 행동을 배울 수 있다는 사회학습이론이다. 반복하기 위해서 반드시 강화가 필요한 것도 아니다. 인간의 내면에서 일어나는 인지적 과정만으로도 가능하다. 아이들이 청소를 함으로써 용돈을 받는다면 청소하는 행동은 강화된다. 술을 마실 때 메스꺼움을 느끼게 하는 약은 술을 끊게 하는 소멸의 처방이다. 사람들에게 올바른 자극을 준다면 반응을 할 것이고 행동은 개선된다. 반두라는 행동과 결과 사이에 개인의 인지가 개입되므로 인간에게 능동적 정보 처리가 가능하다고 보았다. 안전관리의 측면에서는 환경과 개인의 인지적 요인까지 포함하는 것이다. 사람들의 내면까지 살펴야 불안전행동에 대한 근원적인 해결이 가능하다.

행동기반안전은 두 가지 융합이론에 근거하고 있다. 산업재해의 약 88%가 근로자의 불안전행동에 의해 발생한다는 하인리히의 피라미드 이론과 행동주의 학자 스키너가 주장하는 선행-행동-결과 모델(ABC Model)이다.

1세대 이론은 1970년대 초반에서 1980년대에 구현된 순수 행동주의 모델이다. 근로자의 작업행동을 직접 관리하는 톱다운 방식이다. 모든 인과적 책임이 근로자에게 부과되어 노동조합으로부터 끊임없는 비판이 제기되었던 모델이다. 2세대 이론은 행동인지 모델이다. 교육, 훈련, 지시적 관리라는 인지적 요인과 이를 실천하기 위한 피드백, 칭찬, 보상, 처벌의 행동주의 이론이 통합된 모델이다. 3세대는 2000년도 이후에 태동한 행동인지에 상황요인을 반영한 반두라의 상호작용 이론을 근거하고 있다. 행동에 영향을 미치는 의사 결정, 시설, 장비, 제도 등의 상황적 요인이 반영된 안전문화의 기초모델이다.

행동기반 안전관리 프로그램이 산업체에서 환영을 받고 있는 강점은 무엇인가? 기계 방호장치가 있음에도 불구하고 작업자들은 이를 제거하여 사고를 당한다. 안전 장치들을 무시하고 불안전하게 행동할 수 있는 능력이 사람들에게 있다. 종종 불안전한 행동이 생산성으로 상환된다고 생각한다. 잠깐이면 수리가 가능하여 전원을 차단하지 않고 작업하다 끼임 사고로 사망한다. 공학적 관리만으로 해결할 수 있는 안전예방은 여전히 신뢰할 수 없는 이유이다. 산업이 발달하면서 사고는 비례하여 더 폭발적으로 증가하였다. 어떻게 하면 안전사고를 예방할 수 있을까? 전체 사고의 80-97%는 공정이나 작업 환경에 존재하는 잠재적 위험요인과 상호 작용하는 불안전행동이다. 사람들의 불안전행동을 관리하면 가능할 것이라고 가정하였다. 행동기반 안전관리 시스템의 탄생배경이다.

하인리히의 피라미드 모델을 BBS 프로그램의 시조로 명명하기는 부족하다. 그의 사고조사는 행동결과의 분석이지 개선을 위한 것이 아니기 때문이다. 행동기반 안전관리를 작업장에 처음 적용한 사람은 응용심리학자 주디 코마키(Judi Komaki)이다. 그는 1978년 식품공장 근로자의 안전행동을 강화하는 연구 방법으로 행동 관찰을 하였다. 행동기반안전관리의 시발점으로 볼 수 있다. 행동기반안전관리라는 용어를 처음 사용한 사람은 프록터와 갬블(Proctor and Gamble)회사의 안전관리자였던 진 어니스트(Gene Earnest)와 짐 팔머(Jim Palmer)이다. 이들은 1979년 사내용 안전관리 프로그램을 만들었으며 이를 행동기반 안전관리 프로그램이라고 명명하였다.[1)]

심리학자 톰(Tom Krause)과 정신과 의사 존(John Hidley)은 석유 시추 제조업체의 안전 연구 프로젝트에 행동 분석기법의 안전관리 프로그램을 적용했다. 겔러(Scott Geller) 교수는 포드 자동차에서 수행한 안전 벨트 착용 연구에 참여하여 행동관찰을 적용했다. BBS의 이론을 확립하고 현재의 체계로 발전시킨 사람이 겔러 교수이다. 그는 행동기반 안전관리 전문 컨설팅 회사를 설립하여 이 프로그램이 산업체는 물론 실험실 및 병원의 중환자실에까지 활용의 범위를 확장하는 데 많은 공헌을 하였다. 이러한 노력으로 BBS가 안전관리의 가장 핵심이론으로 정착될 수 있었다.

행동기반 안전관리 이론을 다양한 산업분야로 확산시킨 공로가 겔러 교수에게 있다면 이를 안전문화로 계승 발전시킨 학자는 안전심리학자 쿠퍼(Domino Cooper)교수이다. 쿠퍼는 247명의 근로자들을 대상으로 행동기반 안전관리의 적응성과 효과성을 조사했다.[2] 인터뷰에 응한 근로자의 96.5%가 이 시스템을 운영하는 기업에서 일하는 것을 더 선호하였다. 수행 과정에서 누락된 안전 경험의 54%가 모니터링되었으며 안전의식을 자각하는 기회가 되었다. 행동과학 연구회 토마스 회장(Thomas R. Krause)은 행동 기반 안전을 적용하는 229개 기업을 모니터링하여 73개 기업에서 5년간의 사고 데이터를 얻었고 이를 분석하였다.[3] 기준치 대비 평균 감소율이 첫해에 26%였으며 다섯 번째 해에는 69%였다. 경영진과 작업자 간의 의사소통이 원활해지면서 안전참여가 확대되었고 안전분위기가 개선되었다. 효과적인 안전문화가 형성되었고 결과적으로 사고가 감소하였다. 대규모로 장기간 연구하였으며 안전문화로 이어지는 확장성과 효과성을 검증하였다.

행동분석 심리학자 베스(Beth Sulzer-Azaroff)박사와 동료는 BBS관련 33개의 연구논문을 메타분석하였다.[4] 약 만 명 이상의 작업자를 분석했다. 불안전행동의 정도, 사고비율, 사고로 인한 결근율, 치료비용, 보험료, 안전행동 횟수, 근로자 참여 및 안전문화 개선 정도를 측정하여 행동기반 안전관리의 효과성을 검증하였다. 다양한 국가와 산업에서 BBS의 성공 사례는 놀라운 수준이었다. 개선도가 대부분 20% 이상이었고 85%의 개선 기록도 있었다.

안전 수행과 관리에 40년을 지배하면서 행동기반은 안전의 만병통치약

이 되었지만 프로그램 운영에 실패한 기업들도 다수이다. 행동기반 안전수행이 항상 효과적일 것이라는 믿음만으로는 성공이 보장되지 않는다.

일부는 초기 정착과정에서 어려움을 겪으면서 이를 유지하지 못하는 경우도 있다. BBS 운영을 성공하기 위해서는 실패했던 원인과 함정들을 간과해서는 안된다. 생산압력, 불충분한 인력배치, 부적절한 작업절차 등 행동 외적 요인을 충분히 고려하지 못했다. 행동의 비난이나 집단사고와 같은 편견이 행동에 어떤 영향을 미치는지에 대한 사전 연구가 불충분했다. 부실하거나 불완전하게 구현된 BBS 프로그램 자체의 문제도 있었다.

이 프로그램이 성공하기 위해 연구 학자들이 공통적으로 제안하는 것들이 있다. 안전행동 관리와 조직의 시스템이 명시적으로 강하게 연결되어야 한다. 관리자와 작업자 간의 강력한 파트너십이 형성되어야 한다. 행동기반 안전관리 프로그램을 이해하고 활용할 수 있는 관리감독자의 수준 높은 역량은 필수적이다.

행동기반 안전지식과 실천역량이 부족한 사람들은 작업장을 순찰하고 관찰 가능한 것만 지적하게 된다. 이것이 BBS의 전부라는 오해를 낳고 안전예방에 전혀 기여를 못하고 있다. BBS가 오히려 비판의 대상이 되고 있다.

중대재해 감축 로드맵

2022년 1월 27일은 중대재해처벌법이 시행된 날이다. 대한민국 안전의 역사적 분기점이다. 중대재해처벌법은 사업 또는 사업장, 공중이용시설 및 공중교통수단을 운영하거나 인체에 해로운 원료나 제조물을 취급하면서 안전 · 보건 조치의무를 위반하여 인명피해를 발생하게 한 사업주, 경영책임자, 공무원 및 법인의 처벌 등을 규정하고 있다. 시민과 종사자의 생명과 신체의 안전 확보이다. 중대재해처벌법은 2016년 5월 구의역 스크린도어 사망 사고와 2018년 12월 태안화력발전소 컨베이어벨트 끼임 사고 등으로 젊은 근로자들이 사망하면서 공론화되었다. 2021년 1월 26일 제정 공포하였으나 부칙에 따라 2022년 1월 27일부터 시행되었다. 개인사업자 또는 상시 근로자가 50명 미만인 사업 또는 사업장에는 2024년 1월 27일부터 적용되고 있다. 위반의 판단 기준이 되는 법 제4조가 핵심이다. 법 제2조가 정하는 중대산업재해나 중대시민재해가 발생했더라도 법 제4조의 안전보건확보의무 위반과 중대재해 사이에 인과관계가 있어야 제6조로 형사 처벌할 수 있다.

산업안전보건법은 절차법이고 중대재해처벌법은 인과법이다. 산업안전보건법은 작업이나 시설물, 장비 등의 운영 및 사용의 책임과 의무가 구체적으로 기술되어 있다. 중대재해처벌법은 안전을 스스로 확보할 수 있는 절차에 대한 내용으로 추상적이다. '종사자의 의견을 듣는 절차를 마련해라', '관리감독자의 업무수행을 평가하는 절차를 마련해라' 등으로 구체적이지 못하다. 내용이 모호해서 사고와 인과성이 있다고 단정하기에는 그 연결성이 쉽지 않다. 경영계는 실시가 불가능한 규정들로 포장하고 있어 지키기 어렵다고 법 개정을 요구하고 있다. 국민적 공분을 불러일으키는 사고가 발생하면 과실과 정도의 유무에 무관하게 처벌될 수 있다는 우려이다. 더 이상 범법자를 양산하지 말라는 중소기업 경영자들의 호소도 이어지고 있다. 노동계는 솜방망이 처벌이라고 비판하고 있다. 직접적인 당사자인 경영자나 노동자 단체 모두가 불만을 표출하는 상황이다. 노사 모두가 공감하는 안전 예방 정책은 무엇인가? 우리에게 안전의 길은 이렇게 험난한가? 안전문화에 길이 있을 것이라는 생각에 지금 이 순간에도 책임감이 몰려온다.

우리나라는 기술 발전, 정책적 지원, 안전의식 캠페인 등의 노력으로 2001년 사고사망만인율 1.23 대비 2023년 0.39로 감축되었다. 20년 만에 1/3로 낮아 졌다. 하지만 아직도 갈 길이 멀다. 이 수준은 영국의 1970년대, 독일과 일본의 1990년대 수준이며 2021년 산업재해 사고사망자 828명은 만인율 0.43으로 OECD 38개국 중 34위이다. 중대재해는 사람이 생명을 잃는 것이고 가족의 행복이 파괴된다. 인류의 소중한 가치가 생명이라는 관점에서도 중대재해는 반드시 감소되어야 할 공동체의 신성한 의무이다. 안전선진국이 되기 위해서는 법만으로 해결될 수 없다는 사실을 우리 스스로가 인정해야 한다. 정부의 혁신적인 정책 구상과 산업에 종사하는 모든 관련자들의 의식 개혁 운동이 수반되어야 한다.

이에 정부는 중대재해처벌법이 시행 이후 제기되고 있는 문제점들을 분석하여 관계부처 합동으로 2022년 11월 30일 중대재해 감축 로드맵을 발표했다.

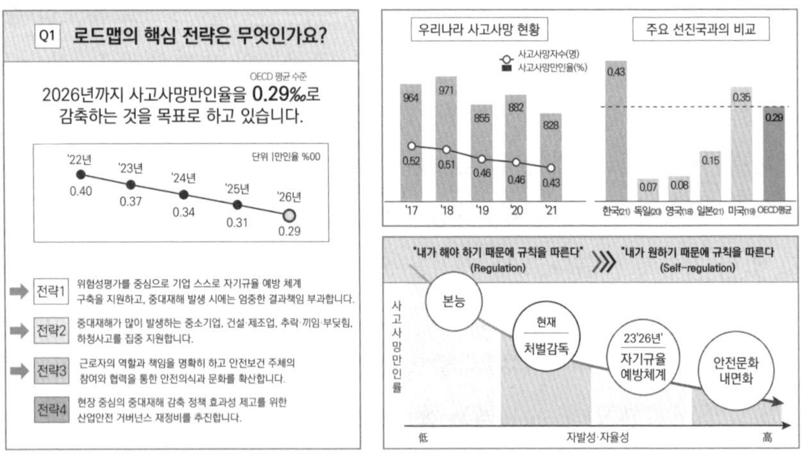

고용노동부 2022년 11월 30일 보도자료[5)]

정부는 핵심진단을 근거하여 기업의 자기규율 예방체계 지원을 위한 4대 전략과 14개 핵심과제를 선정했다. **첫째, 위험성평가 중심의 자기규율 예방체계의 확립이다.** 산업안전 감독 및 행정관리를 규제와 지적에서 위험성평가와 예방중심으로 전환한다. 위험성평가 운영에 적합하도록 산업안전보건 법령과 기준을 정비한다. **둘째, 중소기업 등 중대재해 취약분**

야를 집중 지원하는 5대 실천과제를 정했다. 중소기업의 안전관리 역량 향상에 집중 지원한다. 건설, 제조업에 스마트 기술 및 장비 사용을 중점 지원한다. 추락, 끼임, 부딪힘의 3대 사고유형과 8대 요인을 특별 관리한다. 원청과 하청이 상생할 수 있는 안전 협력 체계를 강화한다. 산업구조 및 기후 변화 등의 새로운 위험요인에 대비한다. **셋째, 참여와 협력을 통한 안전의식 및 문화를 확산시킨다.** 근로자의 안전보건 책임을 규정하고 참여를 확대한다. 안전문화를 확산시키기 위한 범국민 캠페인을 실시한다. 안전보건교육 내용 및 체계를 정비한다. **넷째, 산업안전 거버넌스를 재정비한다.** 산재예방 전문기관 기능을 재조정한다. 응급시나 중대재해에 신속히 공유하고 대처할 수 있도록 비상 대응 및 상황 공유 체계를 정비한다. 중앙과 지역 간 협업 거버넌스를 구축한다.

이를 종합하면 행동관리와 의식변화가 중대재해 예방을 위한 2가지 핵심 전략이다. 2026년까지 선진국 안전사망 만인율 평균 .29 수준이 목표이다. 행동의 관점에서는 위험성평가의 구축과 실천이다. 의식의 관점에서는 선진국수준의 안전문화 실현이다.

자율안전관리체계 구축

자율적 안전보건관리체계 구축을 위해 준수해야 할 핵심 법령은 **중대재해처벌법(이하 중대법) 제4조 사업주와 경영책임자 등의 안전 및 보건 확보의무, 제5조 도급, 용역, 위탁 등 관계에서의 안전 및 보건 확보의무, 제8조 안전보건교육의 수강이다. 세부 실천사항은 동 법에 연결된 시행령 제4조 안전보건관리체계의 구축 및 이행조치와 제5조 안전보건관계 법령의 의무이행에 필요한 관리상의 조치이다.**

자율안전관리체계 구축의 핵심은 7가지이다.

첫째, 경영자 리더십 실천이다.

1. 안전보건 목표와 개선의지를 담은 경영방침을 수립하고 널리 알린다. 이행 목표는 측정 가능해야 한다.

1) **중대법 제4조 제1항 및 시행령 제4조 제1항**에 따라 안전보건 목표와 경영방침을 설정하고 의지를 공포한다.

2) **산업안전보건법(이하 산안법) 제14조**에 따라 대표이사는 매년 안전보건계획을 수립하여 이사회에 보고·승인을 받고 이행한다. 경영방침, 관리조직의 구성·인원 및 역할, 예산 및 시설 현황, 전년도 실적 및 다음 연도 활동 계획 등을 포함한다.

2. 위험요인의 제거·대체 및 통제의 업무 수행이 가능하도록 기업의 재정적, 기술적 여건을 고려하여 안전보건에 필요한 인력·시설·장비 등의 자원을 배정한다.

1) **중대법 제4조 제1항 및 시행령 제4조 제4호**에 따라 매년 안전보건 관련 인력·시설·장비 등을 갖출 수 있는 적정 예산을 편성하고 집행·관리체계를 마련한다.

2) 일정 규모 이상 기업은 **중대법 제4조 제1항 및 시행령 제4조 제5호**에 따라 안전보건 업무를 전담하는 조직을 확보하여야 한다. 상시근로자 수가 500명 이상인 사업이나 사업장 또는 시공능력 200위 이내 건설회사를 말한다.

3. 안전보건 인력을 충분히 확보하고 구성원의 권한과 책임을 정한다. 적극적인 수행이 가능하도록 참여 시간을 보장하고 인센티브를 제공한다.

1) **중대법 제4조 제1항 및 시행령 제4조 제6호**에 따라 안전관리자·보건관리자·안전보건관리담당자·산업보건의를 배치하고, 해당 업무 수행을 위한 업무시간을 보장한다. 업종 및 규모에 따라 필요한 배치 인원은 산업안전보건법에 정한 수 이상으로 한다.

2) **산안법 제25조~제28조**에 따라 산재예방 관리체계·책임의 명확화, 기준 확립 등을 위해 안전보건 관리규정을 작성해야 한다. 안전보건 관리조직과 그 직무, 안전보건교육, 작업장 관리, 사고 조사 및 대책 등을 포함한다.

3) **산안법 제2장 제1절**에 따라 안전보건관리책임자·관리감독자·안전관리자·보건관리자·산업 보건의 등을 지정·채용하고 역할을 부여한다.

산업안전보건법에 따른 안전보건관리체제 구축도는 다음과 같다.

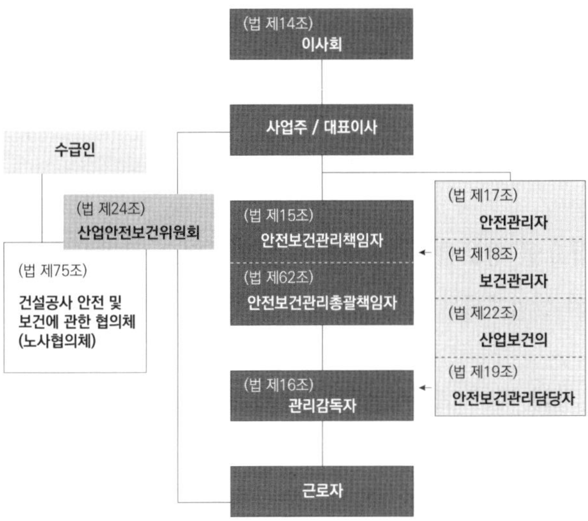

안전보건관리체계 가이드북, 고용노동부, 2021[6)]

둘째, 근로자 참여 절차의 마련이다.

1. 안전보건관리 전반에 관한 정보를 공개한다.

1) 산안법 제34조에 따라 근로자가 볼 수 있는 장소에 산업안전보건 법령 주요 내용을 게시하고 알린다.

2) 산안법 제25조에 따라 안전보건관리규정은 산업안전보건위원회(산보위)의 심의·의결을 거쳐 작성·변경해야 하며, 산보위가 없는 경우에는 근로자대표의 동의를 받아야 한다.

2. 모든 구성원이 참여할 수 있는 공식적인 절차와 각 구성원이 개별적으로 제안할 수 있는 절차를 마련한다. 산보위, TBM, 안전제안 활동 등은 좋은 사례이다.

1) **중대법 제4조 제1항 및 시행령 제4조 제7호**에 따라 안전보건 확보·개선에 대한 종사자의 의견을 반기 1회 이상 청취하고 개선방안을 마련하여 이행해야 한다. 단, **산안법 제24조, 64조, 75조**에 따라 '산보위', '건설공사도급 노사협의체' 구성·운영 등으로 갈음할 수 있다.

2) **산안법 제75조**에 따라 120억 원 이상의 건설공사의 건설공사도급인은 원·하도급 노사가 참여하는 건설공사 안전보건 노사협의체를 구성·운영하여야 한다.

3) **산안법 제23조**에 따라 근로자대표는 사업주 의견을 들어 소속 근로자를 명예산업안전 감독관으로 추천하고 고용노동부장관이 위촉할 수 있다.

셋째, 위험요인 정보를 수집 파악하고 유형별로 정리한다.

1. 과거의 산업재해는 물론 아차사고까지 조사하여 위험요인을 파악한다.
2. 모든 기계·기구·설비의 위험 유무를 파악한다. 산업재해, 아차사고가 발생한 기계는 위험요인으로 분류한다.
3. 화재·폭발·누출의 위험이 있는 화학물질, 물리적 유해 인자 등을 파악하고 화학제품의 경우 반드시 물질안전 보건자료(MSDS)를 확인한다.
4. 위험장소 및 작업형태별 위험요인을 파악하는 작업에는 모든 구성원이 참여하여야 한다. 모든 작업은 반기 1회 점검한다.

넷째, 위험요인의 제거 대체 통제이다. 사람은 실수하고 기계는 고장 날 수 있다.

1. **중대법 시행령 제4조3호와 산안법 제36조**에 따라 위험요인별 위험성을 평가하고 '발생 가능성'과 '중대성'을 예측하여 위험요인별

우선순위를 정한다.

2. 통제방안은 제거-대체-통제-개인보호구 순으로 검토한다. 자체 방안이 어려울 경우는 전문가의 자문을 구한다.
3. 위험요인별 제거·대체 및 통제방안은 산안법에서 규정하는 유해인자와 3대 사고유형 8대 위험요인에 집중하여 종합적 대책을 수립하여 구성원이 공유하고 이행한다.
4. 작업자가 구체적인 위험요인 제거·대체 또는 통제방안을 이해할 수 있도록 회사는 법정 교육을 실시하여야 한다.

다섯째, 중대법 시행령 제4조제8항에 따라 비상조치계획을 수립한다.

1. 중대재해 발생에 대처할 수 있는 비상조치계획을 수립하고 시나리오를 작성하여 주기적으로 반복 훈련한다.
2. 해당 매뉴얼에는 작업 중지, 근로자 대피, 위험요인 제거 등의 대응조치, 중대산업재해를 입은 사람에 대한 구호조치, 추가 피해방지를 위한 조치 등이 포함되어야 하며 수행 여부를 반기 1회 이상 점검한다.

여섯째, 도급 용역 위탁 시의 안전보건 확보이다.

1. 안전보건관리체계는 **중대법 제5조**에 따라 소속 근로자뿐만 아니라, 사업장 내 모든 구성원을 대상으로 구축하고 이행해야 한다.
2. **산안법 제61조**에 의거 안전보건 수준을 평가하여 산업재해 예방 능력을 갖춘 사업주를 선정한다. **중대법 제4조 제1항 및 시행령 제4조 제8호**에 따라 적정 수급인, 안전보건 비용 및 수행기간을 평가한다.
3. 도급인은 **산안법 제69조**에 따라 계약 때 충분한 비용과 기간을 보장해야 한다.
4. **산안법 제62조~제66조**에 따라 도급인은 안전보건총괄책임자 지정, 안전보건 조치, 산업재해 예방조치, 안전보건정보 제공 등의 조치를 해야 한다.
5. 도급 시 지켜야 할 법규는 아래의 **산안법 제5장, 제8장과 같다.**

• 제5장 도급 시 산업재해 예방		
제1절 도급의 제한	제58조	유해작업 도급금지
	제59조	도급의 승인
	제60조	도급의 승인 시 하도급 금지
	제61조	적격 수급인 선정 의무
제2절 도급인의 안전조치 및 보건조치	제62조	안전보건총괄책임자
	제63조	도급인의 안전조치 및 보건조치
	제64조	도급에 따른 산업재해 예방조치
	제65조	도급인의 안전 및 보건에 관한 정보게공 등
	제66조	도급인의 관계수급인에 대한 시정조치
제3절 건설업 등의 산업재해 예방	제67조	기계·기구 등에 대한 건설공사도급인의 안전조치
• 제8장 근로자 보건관리		
제1절 근로환경의 개선	제125조	작업환경측정

일곱째, 평가 및 개선이다.

1. **중대법 제4조 제1항 및 시행령 제5조 제2항**에 따라 안전보건관리체계의 구축·이행 과정을 평가할 수 있는 목표를 설정하고 정기적으로 평가한다.
2. '안전보건관리체계'가 현장에서 계획대로 이행되고 있는지 확인한다. 사고가 발생하면 관리체계의 근원적인 문제에 집중한다.
3. 정기적으로 목표 달성 여부를 평가하며 구성원에게 공개하며 발굴된 문제점은 주기적으로 검토하고 개선한다. 미실시한 경우 예산 확보 등 필요한 조치를 실시해야 한다.
4. 의무이행에 필요한 관리상의 조치 사업주·경영책임자 등은 반기별 1회 이상 안전보건 관계 법령에 따른 의무를 이행하였는지를 점검하도록 하고 그 결과를 보고받아야 한다.

위험성평가

2022년 11월 30일 발표한 중대재해 감축 로드맵의 핵심은 사업주가 노무를 제공하는 종사자들을 위험으로부터 보호해야 한다는 의무의 실천이다. '위험성평가' 중심의 재해 예방체계 구축이다. 위험성평가의 근거는 산안법 제36조 위험성평가의 실시, 제37조 실시내용 및 결과의 기록·보존, 고용노동부 고시 제2023-19호 사업장 위험성평가에 관한 지침이다. 위험성평가의 핵심은 위험성 파악 및 감소대책과 근로자 참여 및 공유이다. 고용노동부장관이 고시한 사업장 위험성평가에 관한 지침이 실질적인 실천 내용이다. 고시는 4장 28개 조항으로 구성되어 있으며 아래표의 제2장 사업장 위험성평가에 관한 11개 조항이 실질적 실천 지침이다.

조항	내용
제5조 (위험성평가 실시주체)	▶ 위험성평가의 실시주체는 사업주 ▶ 도급사업주, 수급사업주는 각각 위험성평가 실시
제5조의2 (위험성평가의 대상)	▶ 업무 중 관련 유해·위험요인이 대상 ▶ 아차사고도 대상에 포함
제6조 (근로자 참여)	▶ 해당 작업에 종사하는 근로자 ▶ 사전준비 단계부터 모든 단계에서 참여
제7조 (위험성평가의 방법)	▶ 안전보건관리체제 역할 부여 ▶ 체크리스트법, 위험성 수준 3단계 판단법 등 방법 추가
제8조 (위험성평가의 절차)	▶ 5인 미만 사전준비 생략 ▶ 위험성 추정과 위험성 결정의 통합
제9조 (사전준비)	▶ 위험성 수준 및 판단 기준 등 사전 확정 ▶ 실시규정 작성 및 안전보건정보의 활용
제10조 (유해·위험요인 파악)	▶ 순회점검에 의한 파악은 반드시 포함 ▶ 상시 제안에 의한 방법 추가
제11조 (위험성 결정)	▶ 사전에 확정한 기준으로 위험성 결정
제12조 (위험성 감소대책 수립 및 실행)	▶ 감소대책 수립에는 우선순위를 둠 ▶ 대책 이행 후 위험성 결정 과정의 반복
제13조 (위험성평가의 공유)	▶ 위험성평가 결과의 게시·주지 의무 ▶ TBM에서의 전파 신설
제14조 (기록 및 보존)	▶ 위험성평가 완료 시 안전보건정보 등 기록 및 보존
제15조 (위험성평가의 실시 시기)	▶ 최초평가는 개시일로부터 1개월 이내 착수 ▶ 정기평가는 위험성 결정부터 재검토 ▶ 매월, 매주, 매일 상시 이행하는 상시평가

2023 새로운 위험성평가 안내서 고용노동부 안전보건공단[7]

위험성평가를 갈음하는 규정이 있다. 고시 제7조이다. 산안법 제47조에 따라 위험성평가 방법을 적용한 안전 · 보건진단, 산안법 제44조에 따른 공정안전보고서, 안전보건규칙 제657조부터 제662조까지의 규정에 따른 근골격계부담작업 유해요인조사를 수행했다면 위험성평가를 실시한 것으로 볼 수 있다.

위험성평가의 시기는 최초평가, 수시평가, 정기평가로 규정되어 있으나 최초평가와 상시평가로 이를 대체할 수 있다. 상시 위험성평가를 활용하는 경우에는 처음 실시하는 위험성평가는 사업장이 성립된 날로부터 1개월 이내에 착수하여야 한다. 최초평가 시에는 사업장의 전체 공정·작업별 유해·위험요인을 빠짐없이 실시해야 한다. 매월 1회 이상 작업을 수행하는 근로자들을 포함시켜 사업장 순회점검을 실시한다. 평소에 근로자 상시 제안제도 및 아차사고를 발굴하고, 이를 통해 새로 생기거나 변화된 요인을 찾아내어 이에 대한 위험성평가를 실시하고 위험성이 높은 요인에 대해서는 위험성 감소대책을 마련한다. 매주, 안전보건관리책임자, 안전관리자, 보건관리자, 관리감독자 등을 중심으로 최초평가 및 상시평가의 결과를 공유하고 위험을 줄이기 위해 지켜야 할 사항들을 논

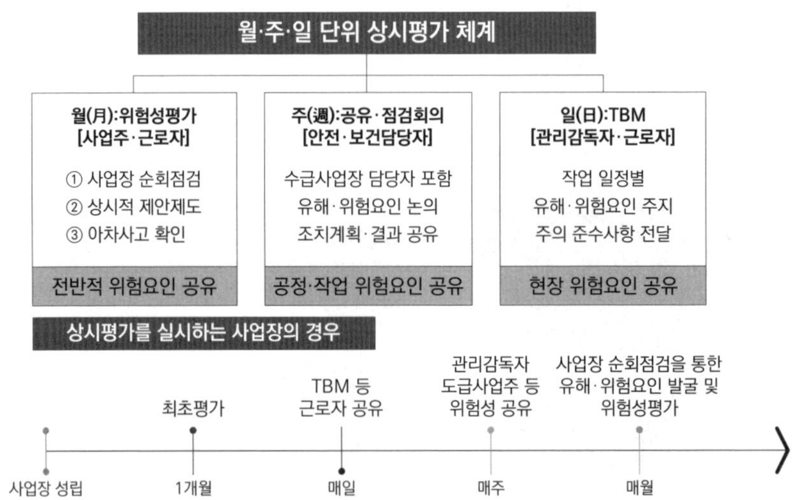

2023 새로운 위험성평가 안내서 고용노동부 안전보건공단

의한다. 이때 위험을 줄이기 위한 조치사항과 기한, 진행상황 등을 점검하고 공유한다. 매일 작업 전 안전점검회의(TBM) 등을 활용하여 위험성 감소대책 및 근로자들이 주의하거나 준수하여야 할 사항을 공유한다. 상시평가 운영 체계도는 아래와 같다.

위험성평가 절차는 5단계로 구성되어 있다.

절차 및 주요항목은 평가대상의 선정 등 사전준비, 유해 위험 요인의 파악, 유해 위험 요인의 위험성 추정, 위험성 허용 가능성 여부의 결정, 감소대책의 수립 및 실행, 실시내용 및 결과의 기록이다.

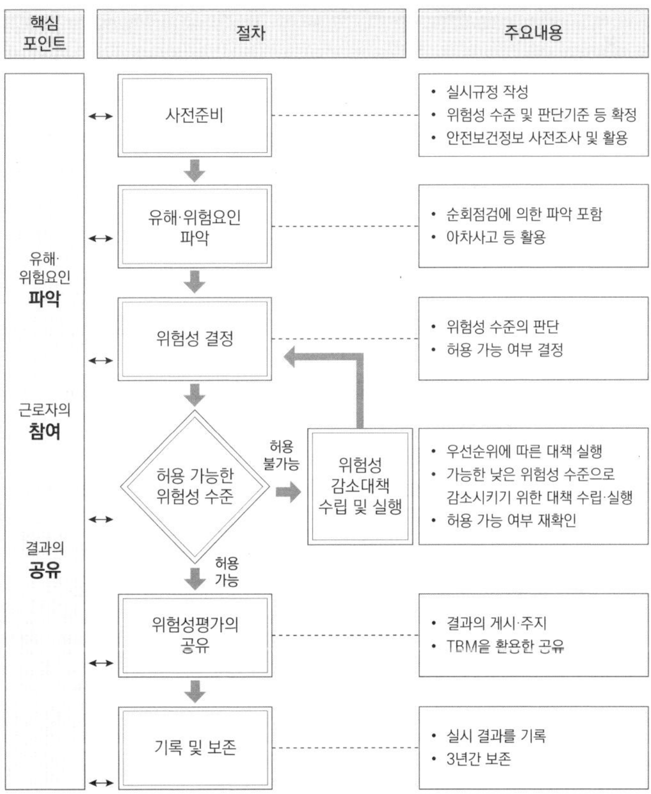

2023 새로운 위험성평가 안내서 고용노동부 안전보건공단

1단계는 사전준비이다.

목적 및 방법, 조직 구성, 담당자 및 책임자의 역할, 연간계획 및 시기, 주의사항, 규정 작성, 담당자 교육, 평가수준과 판단기준 설정, 유해 위험요인의 자료 수집 방법을 정한다. 실시 규정은 안전보건방침 및 추진목표의 설정, 조직의 구성과 책임, 평가대상, 시기, 방법 및 추진 절차, 유의사항 등의 내용이다. 활용 가능한 안전보건정보를 조사하기 위해 준비해야 할 자료를 목록화 한다. 작업표준 및 절차, 기계 기구 설비 등의 사양서, 유해물질 안전보건자료(MSDS), 재해사례 및 재해통계, 작업환경측정결과 및 근로자 건강진단결과, 작업 중 유해 위험요인에 의한 부상 또는 질병의 발생이 예상되는 내용, 그 밖에 위험성평가에 필요한 정보를 포함한다. 사업의 일부 또는 전부가 도급 작업일 경우 혼재 작업의 위험성 등의 정보가 추가된다.

2단계는 유해 위험요인 파악 방법의 선정이다.

노사합동 순회점검, 상시적 제안, 청취조사, 설문 인터뷰, 안전보건자료 정보, 아차사고 분석 자료, 그 밖에 사업장의 특성에 필요한 자료 등이 있다. 4M 유해 위험요인의 평가기법은 위험성결정 단계보다는 파악단계에서 검토하는 것이 더 타당하다. Machine(기계), Media(물질·환경), Man(인적), Management(관리) 등의 요인에 대한 유해 위험 파악이다. 기계적 요인은 기계 설비의 결함, 방호장치 불량 등이다. 인적요인은 불안전행동, 인지오류, 잘못된 판단, 동작의 결함 등이다. 물질, 환경적 요인은 작업공간, 가스, 증기, 분진, 산소결핍, 유해가스, 소음, 물질관리 미비 등이다. 관리적 요인은 관리감독의 부족, 교육 훈련 미비, 규정 절차 등의 불량, 표지판 미게시 등이다.

3단계는 위험성 결정이다.

5가지 방법을 활용하여 추정된 위험요인이 허용 가능한 범위인지의 여부를 결정 또는 판단한다. 신규작업이나 복잡한 작업의 경우는 작업자나 감독자가 자의적으로 판단해서는 안 된다. 작업의 위험성을 잘 아는 전문가의 도움을 받거나 고용노동부에서 준비한 각 업종별 유해위험 체크리스트나 재해사례 등의 정보 활용을 추천한다. 유해 위험성의 존재가 확실하지 않을 경우는 최악의 상황을 가정하여 중대성을 판단한다. 기계 기구 설비 작업 등의 특성과 부상 또는 질병의 유형을 고려하여 추정한다. 이에 대한 기준 및 절차를 정하고 이를 교육해야 한다.

4단계는 감소대책 수립이다.

제거, 대체, 공학적 통제, 행정적 통제, 보호구 착용 순서로 검토 순위를 정하고 개선한다. 위험한 작업의 폐지, 변경, 유해 위험 물질 대체 등의 조치를 계획이나 설계 단계에서 우선 검토한다.

5단계는 위험성평가 결과의 공유이다.

평가된 위험성 항목과 개선내용은 "작업 전 안전점검회의"(TBM; Tool Box Meeting)에서 작업자와 공유한다. 상시 전달 및 공유될 수 있도록 월, 주, 일 단위의 3단계 공유체계를 활성화한다. 정부는 이를 적극적으로 운영할 수 있는 모바일 어플리케이션을 개발하여 2025년 1월부터 공급하고 있다. 위험성평가시스템(KRAS)에 접속하여 회원 가입 후 자신의 소속사업장으로 변경하여 사용할 수 있다. 모바일 기능 신설 및 사업장 자가 진단이 가능하도록 구성되어 있다. 기록 및 보존은 노동부 고시 위험성평가 지침에 따라 문서화하여 3년간 보존한다. 기록의 범위는 위험성평가 실시규정, 사전조사한 안전보건정보, 대상의 유해 위험요인, 위험성 결정의 내용, 위험성 결정에 따른 조치의 내용, 그 밖에 사업장에서 필요하다고 정한 사항 등이다.

위험성평가 전달을 활성화하기 위해 고용노동부는 '23년 12월부터 TBM을 법정 교육시간으로 인정한다. 산업안전보건법에 따라 사업주는 매년 12~24시간 이상 근로자 안전보건 정기교육을 실시해야 한다. 작업 반장, 직장, 팀장 등 관리감독자 및 안전보건교육규정 별표 1에 따른 강사자격이 있는 자가 수행한다. 내용은 당일 작업 및 향후 활동과 관련된 주제를 선정한다. 작업 절차변경 내용, 새로운 위험의 식별 및 기존 위험 검토, 위험요인 통제방안, 최근 이슈와 사건·사고 사례, 작업 일정, 안전 작업절차 등이다. 주기 및 시간은 1일 단위 10분 내외로 실행하는 것이 효과적이나 공정, 교대 등 사업장 특성을 고려하여 유연하게 실시 가능하다. 고정적인 장소, 인원 등으로 운영되는 TBM은 개인이 아닌 팀 단위로 기록 가능하다. 교육 일지 외 어플리케이션, 동영상, 녹음, 현장 사진, 상시 위험성평가 작성 서류와 같이 다양한 방법의 증빙을 활용할 수 있다. 기록 자료는 사업장별로 보관 관리한다.

위험성평가의 운영이 성공하기 위한 제안이다. 위험성평가의 연구결과를 분석해 보면 도입의 필요성에 대해서는 노사 모두가 적극 환영하지만 중소기업 경영자나 안전 담당자들이 위험성평가를 너무 어렵게 접근하여 시작 자체를 못하고 있는 경우를 많이 목격하고 있다. 참여자의 전문성이 부족하여 유해 위험 요인의 파악, 평가, 위험성 감소 대책 수립의 절차가 복잡하다는 의견이다. 연역적 구상으로 접근하여 산업안전보건법, 중대재해처벌법의 개념부터 정리를 시작하니 난감하다. 고용노동부 누리집의 정책자료실, 안전보건공단 누리집의 통합자료실, 위험성평가 지원시스템 자료실을 방문하면 다양한 종류의 위험성평가 안내서를 볼 수 있다. 이들 자료를 활용하여 위험성평가 수행을 귀납적으로 시작하면 공장설비, 제조공정, 작업내용, 관계법규 등의 필요한 정보가 가시적으로 보이고 지식이 쌓이면서 자연스럽게 전체가 만들어진다. 초기에는 외부 전문가로부터 도움을 받고 내부 평가팀을 훈련하여 장기적으로 대응할 수 있다. 고용노동부 지원 컨설팅이나 교육에 적극 참여하기를 권장한다.

행동기반 안전관리

불안전행동, 안전의 태동 시기부터 사고를 유발하는 원인 제공자이다. 하인리히는 약 75,000건의 사고 내용을 분석했다. 산업재해의 98%가 불안전행동과 불안전상태였다. 글로벌 기업 듀폰(Dupont)은 2009년부터 10년간 사망과 부상의 통계 자료를 검증하였다. 사고 원인의 96%가 안전하지 않은 행동이었다. 전미안전위원회(NSC)의 통계에 따르면 안전하지 않은 행동이 사고 원인의 약 90%였다.

정부의 중대재해 감축 로드맵 핵심 정책이 위험성평가 중심의 자기규율 예방체계 확립이다. 불안전행동과 불안전상태의 사전 검증 및 예방에 집중하는 것은 올바른 방향이다. 제시된 절차가 위험성의 파악, 예방 대책, 실시, 공유만 포함하고 있는 것은 아쉬운 부분이다. 행동기반 안전관리는 목표, 관찰, 개입, 평가 측정의 4단계가 기본 프레임이다. 이를 잘 이해함으로써 계획을 체계적으로 구축하고 올바른 수행을 할 수 있다. BBS 프로그램의 대가이며 응용행동심리학자인 겔러(E. Scott Geller) 교수는 이를 'DOIT'으로 정의하였다.[8] 프로그램의 개입 전과 후의 행동변화를 객관적으로 관찰하고 측정할 수 있는 과학적 관리 방법이다.

'DOIT' 수행은 행동을 측정하기 위한 체크리스트 개발이 시작이다. 동료 관찰, 관리자 관찰, 전문가 관찰 등의 작업현장에 적합한 방식으로 근로자의 행동 관찰방법을 정한다. 근로자들의 작업행동을 정기적으로 관찰 기록한다. 관찰 자료를 근거하여 안전행동의 목표를 설정하고 피드백을 제공하며 목표 대비 진행상황을 측정한다. 목표가 성취되면 축하나 보상을 제공하여 안전행동이 개선되거나 강화 혹은 유지될 수 있도록 한다. 구체적인 설계방법은 다음과 같다.

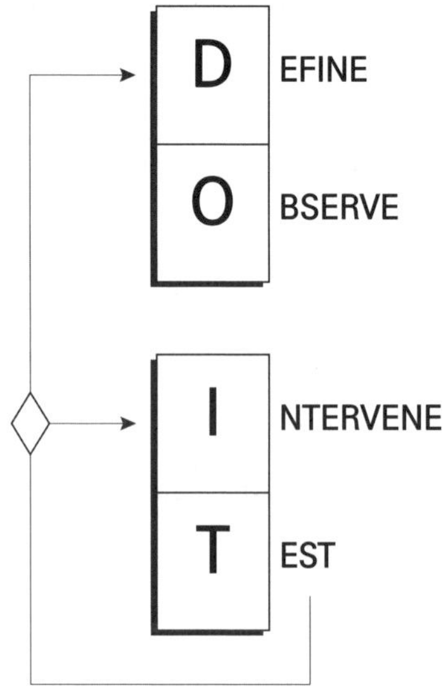

BBS DO IT process (Adapted from Geller, 2001).

D(Define)는 프로그램을 정의하고 개발하는 과정이다.

작업 중 실수와 위반으로 발생하는 안전사고를 정의하고 행동의 관찰 절차를 개발한다. 행동 체크리스트 작성은 일반적으로 5단계로 이루어진다. 관찰항목 선정, 선정 항목의 적정성 분석, 위험성 결정, 관찰항목의 조작적 정의, 관찰체계 구축이다. 첫째는 작업자, 관리자, 안전전문가 그리고 대표자 등이 참여하는 준비팀의 구성이다. 관찰항목과 목표를 정하고 측정 방법을 설계한다. 둘째는 1단계 관찰 목록을 실제로 현장에서 관측하여 적정성을 검토 후 2단계 항목으로 선정한다. 셋째는 2단계에서 선정된 관찰항목들을 준비팀이 재 검토하여 최종 3단계 항목으로 확정한다. 넷째는 관찰할 때 행동과 상황의 안전과 불안전을 판단하는 구체적인 개념을 각 항목별로 조작적 정의한다. 다섯째는 누가, 언제, 어떻게, 횟수의 규정을 정하고 관찰자료의 보관 및 공유, 게시 방법을 확정한다. 관찰 대상은 보호구, 공도구, 장비, 신체위치, 안전절차, 작업허가, 환경, 자재

관리, 작업감독 등이다.

O(Observe)는 관찰이며 행동기반 안전의 핵심이다.

행동 관찰의 방법에는 두가지가 있다. 주제를 정하지 않고 일반적인 전체 내용을 관찰하거나 중대재해나 사고의 우려성이 높은 특정 주제를 정밀하게 관찰한다. 관찰에서 가장 중요한 것이 점검표의 설계이다. 개인보호구 착용 준수율을 각 공종별, 보호구 종류별, 팀별로 구분하여 관찰할 수 있다. 개인보호구를 착용하고 안전행동을 하는 직원의 전체 비율을 파악할 수 있어 맞춤형 개선 대책이 가능하다. 대상별로 정확하고 구체적인 분석이 가능하여 규칙 미준수자의 대상이나 보호구 종류를 세분화할 수 있다. 근로자 개인과 부서에 맞춤형으로 피드백이나 교육, 훈련 등의 효과적인 개입을 실시할 수 있다.

관찰자는 전문적인 훈련을 받은 사람으로 권고한다. 관리 감독자나 작업자를 사전에 교육시킬 수 있다. 관찰은 동료 근로자의 행동을 임의로 관찰하고 지적하는 것이 아니다. 위험을 예방하기 위해 개선해야 할 행동과 조건을 발견하는 사실 찾기 과정이다. 근로자가 직접 안전관찰에 참여하는 것은 매우 효과적인 안전활동이다. 동료를 관찰하는 과정에서 위험한 행동을 했던 자신의 기억이 회상 되며 안전행동을 자각한다. 행동 점검표 작성을 마친 후 느낀점이나 기대하는 행동개선에 대해 의견을 나누는 기회를 제공해야 한다. 스스로의 행동에 대해 자각하고 안전행동의 각오를 다지는 알아차림의 시간이다.

중대재해 예상 항목 등과 같은 특정행동에 대한 점검은 안전 및 위험행동을 구체적으로 정의한다. 고용노동부의 안전 예방 핵심 관리항목인 3대 사고유형의 8대 중대 위험요인 관찰에 적합한 기법이다.

I(Intervene)는 개입이다.

개입은 위험행동을 예방하고 안전행동을 증가시키는 행동의 실질적 개선 단계이다. 개입 방법에 대한 설계는 신중해야 하며 잘못된 개입은 오히려 역효과를 낼 수 있다. 세가지 기본적인 원칙이 있다. 구체적이어야 한다. 동기부여를 일으킬 수 있어야 한다. 긍정적인 결과로 이어져야 한다.

개입의 핵심은 피드백과 인센티브이다. 피드백은 관찰내용, 일시, 빈도, 관찰자 등의 내용이 기본정보이다. 피관찰자가 안전행동, 불안전행동, 사고가 예측되는 상황에 대한 정보를 제공받음으로써 자신의 행동을 스스로 깨우친다.

개입 과정에서 발생하는 감정 상태나 인식의 공감이 중요하다. 인터뷰나 그룹 토론 및 인식조사 방법을 병행하도록 권장한다. 행동 관찰로만 발견할 수 없는 잠재적 병원균을 찾을 수 있다.

부서별, 공정별, 또는 작업자별로 안전행동 대 위험행동의 비율을 공개적으로 게시하는 것은 안전성 향상에 자극을 줄 수 있는 현명한 방법이다. 안전행동 약속 카드, 개인 및 팀 목표설정, 멘토, 감사 카드, 코칭, 인센티브 또는 보상 등의 프로그램을 근로자와 함께하는 방안을 제안한다.

T(Test)는 측정과 평가이다.

행동변화를 위한 개입이나 대책에 필요한 정보를 제공한다. DOIT 프로그램에 참여하는 모두가 안전행동 과학자이다. 인적 요인 문제를 진단하는 능력을 얻고 안전행동과 위험행동을 인식할 수 있다. 위험을 예방하는 효과적인 학습과정이다. 측정 및 평가는 관찰측정법과 자기보고식 측정법을 병행하면 좀 더 객관적인 자료를 얻을 수 있다.

관찰측정의 1단계는 관찰팀을 구성하여 관찰을 실시하고 관찰 기저선을 정하는 것이다. 기저선이 정해졌으면 정량적 관찰 지수 측정이 가능하도록 안전행동 개선목표를 구체적으로 정한다. 전문가와 관찰자의 관찰

오차가 최소화되도록 훈련하고 검증하는 과정이 있어야 한다. 관찰자간 신뢰도는 일치빈도와 불일치빈도의 합계로 나누어 구한다.

신뢰도(%) = 일치빈도 / (일치빈도 + 불일치 빈도)

측정 설계에 중요하게 고려해야 할 조건은 작업자의 참여이다. 기저선 안전지수가 측정되면 이를 참가자들과 공유하고 협의하여 목표를 정한다. 목표 행동이 개선되지 않은 것으로 나타나면 개입을 세분화하거나 전략을 수정한다.

질문 소통법은 상향식 참여를 유도할 수 있어 작업자의 주의 집중에 매우 효과적이다.

목표 설정과 검토 회의에 참석하셨나요?
안전 개선 캠페인, 차트 등에 대해 알고 계십니까?
차트의 위치를 알고 계십니까?
차트가 언제 업데이트되는지 아세요?
차트를 본 적이 있나요? 설정된 목표 수준은 어떻게 되나요?
현재의 수준은 어느 정도인가요?
다른 근로자들과 주간 성과 수준에 대해 논의한 적이 있습니까?
주간 차트의 백분율 점수가 얼마나 정확하다고 생각하십니까?
개입으로 인해 안전에 더 많은 노력을 기울이고 있다는 데 동의하십니까?
동료들이 개입으로 인해 안전에 더 많은 노력을 기울이고 있다고 생각하십니까?

측정에서 중요한 것은 안전관리의 통계 개념을 정하기 위한 관리 지표의 설계이다. 현재 대부분의 작업장에서는 채택하고 있는 안전목표는 위험을 회피하는 자료를 근거하고 있다. 재해율, 사망만인율, 도수율, 연천

인율 등이다. 큰 틀에서는 올바른 방향으로 보일 수 있지만 추상적이다. 근로자 개개인과 팀의 조직원들이 구체적인 목표를 가지기 어려운 구조이다. 부서 단위의 안전관리 지표로 활용하기에는 거의 불가능하다. 안전목표를 측정하여 관리하는 것이 아니라 위험을 회피하는 수단으로 보일 뿐이다. 측정이 쉽고 개인의 참여 목표를 정확히 이해할 수 있는 행동지수 관찰방식을 제안한다.

안전행동지수(%) = 안전행동 관찰개수 / (안전행동 관찰개수 + 위험행동 관찰개수)

안전행동지수(%) 관리법은 안전행동 관찰개수를 안전행동 관찰 수와 위험행동 관찰 수를 합한 전체 관찰개수로 나누어 백분율로 관리하는 기법이다. 목표는 안전 백분율로 표시가 가능하여 개인이나 조직은 구체적이고 측정 가능한 안전목표를 가질 수 있다.

행동개선 전략 ABC Model

행동기반에서 중요한 관점은 위험성평가이지만 관찰, 개입, 측정 관리를 함께 구사할 때 더 큰 효과를 얻을 수 있다. 현재 정부에서 추진하는 위험성 평가는 유해위험요인 파악 및 관리에 한정되어 있다. 중대사고를 집중 관리 예방할 수 있는 안전관리 체계의 구축을 하기 위해서는 DOIT Program과 ABC Model을 병합 운영하여 관찰과 행동 원인 분석을 함께 해야 한다. 위험성평가 수행, 자율안전체계 운영, 중대재해 대응 관리에 대한 완전체의 실천이다.

2023 새로운 위험성평가 안내서 고용노동부 안전보건공단

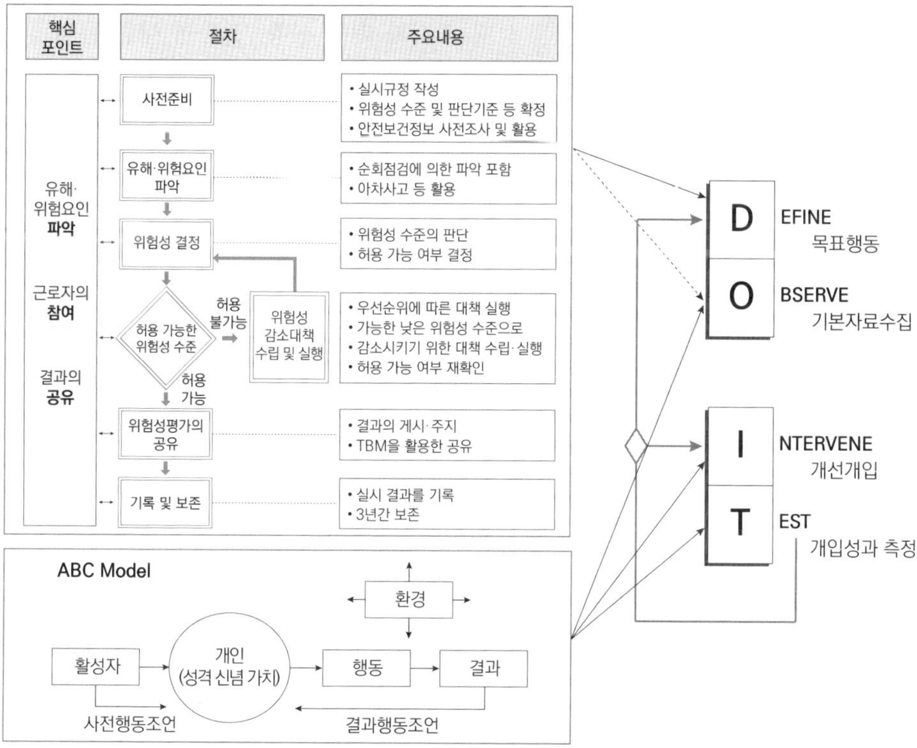

DOIT와 ABC Model 병합 운영 시스템

행동(Behavior)은 선행요인(Antecedent)이나 결과(Consequence)에 영향을 받는다. 외적이나 내적 자극을 주입하여 기대하는 행동으로 개선한다. 자존감, 자기만족, 안전의식 등은 내재적 자극이며 급여, 보너스, 보상 프로그램 등은 외재적 자극이다. 위험성평가를 수행하고 작업자는 이를 학습하였지만 이에 따르지 않고 불안전행동을 하는 사람들이 있다. 성과를 높이거나 편리함 때문에 의도적으로 안전 소치를 무시하거나 지름길을 선택한다. 사고를 경험하지 않으면서 이를 반복한다. 교육을 강화하고 철저한 관리 감독을 시행하지만 효과성에 의문이다.

교육의 강화와 철저한 관리 감독은 무엇을 의미하는가? 결과만 보고

행동을 변화시키려는 의도이다. 보상과 처벌이 유일한 수단이다. 행동의 결정에 영향을 미쳤을 다양한 선행 조건과 배경 상황, 결과에 대한 손익 등의 요인들은 무시된다. 불안전행동이 반복되고 사고는 계속된다.

개인은 일반적으로 자신의 행동을 통제하는 우발상황에 대해 알지 못한다. ABC 모델의 특징은 관찰 가능한 행동과 그것이 발생하는 환경 사이의 관계를 알 수 있다. 개인이 어떤 행동을 했다면 행동의 결과나 반응이 어떻게 불안전행동에 영향을 주는지를 이해할 수 있다. 'A'는 행동에 선행하는 트리거 또는 자극이다. 상사 지시, 시간 압박, 동료 압박 등과 같이 관리 관행, 직원 상호 작용 등의 요인이다. 선행 자극을 일으킨 트리거를 인식하면 행동 개선의 잠재적 영역을 파악할 수 있다. 'B'는 행동 자체이거나 반응으로 행위를 이루는 것이다. 행동을 관찰하고 이해함으로써 패턴을 식별하고 안전에 미치는 영향을 평가할 수 있다. 'C'는 행동에 따르는 결과 또는 반응이다. 현재 또는 과거 행동의 결과는 미래 행동에 강력한 영향을 미친다. 안전한 행동에 대한 인정이나 보상과 같은 긍정적인 결과는 이러한 행동을 계속하도록 장려한다. 안전하지 않은 행동에 적절한 개선 조치를 취한다면 행동을 감소시킬 수 있다.

ABC 모델의 분석 및 개입은 여섯 단계로 접근한다.[9]

1. 분석하고 싶은 행동을 구체적이고 명료한 언어로 정리한다.
2. 행동이 일어나기 직전의 선행 조건이나 배경, 환경, 일어난 일을 정리한다.
3. 선행조건과 행동 자체, 결과의 원인을 차례대로 검증한다.
4. 행동 직후에 나타난 결과를 정리하고 그 상황을 평가 분석한다.
5. ABC의 세 단계에서 선행 조건이나 결과를 변경하여 행동을 개선할 수 있는 개입 방법을 구상한다.
6. 대책을 선행 조건이나 결과에 개입시켜 행동을 변화시킨다.

행동에는 무의식적 위험 행동, 의식적 위험 행동, 의식적 안전 행동, 습관적 안전 행동이 있다. 개입은 동기를 제공하는 행동의 선행요인과 행동 후에 느끼는 결과 부분에서 이루어진다. 지시적 개입, 동기적 개입, 지원적 개입, 유창성 훈련의 네 가지 형태이다. 이러한 분석을 더 구체적으로 하기 위해서는 ABC 모델 워크시트를 사용할 수 있다. 행동 전에 발생하는 작업 내용의 이해, 작업량, 시간, 조건, 시각, 청각 자극 같은 배경 및 환경을 기술한다. 신념, 인식, 감정, 신체 상태, 생각, 기억과 같은 개인 인식을 모니터링하여 행동의 트리거를 적는다. 행동의 결과에 대한 이익과 손실을 기술함으로써 올바르고 잘못된 결과를 자각할 수 있다. 결과로 인해 의도된 행동과 의도되지 않은 행동, 또한 단기적 행동과 장기적 행동의 결과에도 주의를 기울일 수 있어 습관적 행동까지 파악할 수 있다. 자신의 행동과 내면까지 회상하기 때문에 자각을 통한 인지 및 신념 개선에 효과적인 프로그램이다.

안전문화 탑-다운 창출 전략

조직문화는 어떻게 창조되는가? 최고의 위치에서 시작된다. 안전문화도 이와 같다. 직원들은 리더십을 모델로 한 행동을 따르기 때문이다. 안전문화는 리더가 조직에서 창출해야 하는 관행이며 모든 직원들이 책임을 함께한다. 조직 환경으로 인식되는 시스템의 안전 철학과 정책적 구성은 경영자의 책임이다. 안전 시스템은 안전 정책, 절차, 위원회 등 조직의 안전 관리 시스템의 모든 측면을 포함한다. 단순한 문서화가 아니라 운영 관리 절차 및 관행의 실제적 구현이다. 정책, 목표, 대상, 계획, 조직, 운영 관행, 모니터링, 피드백, 감사, 시정 조치, 검토 및 지속적인 개선이다.

강력한 안전문화는 어떤 모습인가? 시스템적으로 조직화되어 있고 근로자의 안녕에 진실로 관심을 갖는 경영자에 의해 이끌어진다. 왜 안전문화가 정상에서 시작되어야 하는가? 회사 리더가 참여하지 않는다면 안전 정책이나 운영 매뉴얼은 가치를 잃으며 실제로 이런 회사는 안전하지 않다.

표준, 감사, 절차 및 정책은 작업장의 안전 도구이지만 안전한 작업 문화를 대체할 수 없었고 안전 담당자 및 안전을 실천하는 많은 관련자들이 있지만 시스템은 살아 숨 쉬지 못했다. 안전은 경영진 차원에서 대화를 시작하고 공유하고 참여함으로써 가치가 부여된다. 비즈니스 세계에서 안전 실패의 근본 원인 중 하나는 자주 발생하지 않을 수 있는 치명적인 사고를 방지하는 값비싼 기능을 제거하여 수익을 극대화하려는 욕구이다. 이를 예방하기 위해 회사의 비전을 설정하고 안전문화를 사전 구축해야 했지만 이것 또한 리더의 선택이다. 경영진이 안전을 충분히 중요하게 생각하는지에 대한 문제이기 때문이다.

직장 내 안전이 얼마나 잘 실천되고 있는지는 고위 관리직이 직원들을 만나는 것만으로도 바로 알 수 있다. 자신의 신변 안전과 동료의 안전을 중심으로 직장문화가 위에서부터 아래로 몰아가기 때문이다. 경영진의 차에 모든 직원들이 탑승할 때 자연스럽게 안전문화의 뿌리가 심어진다.

남성 중심의 기업 문화를 바꾸기 위해 육아 휴가를 남녀의 성별 구분없이 모두에게 장기적으로 제공했다. 남녀가 동등하게 휴가를 받음으로써 육아가 여성의 책임이 아니라 부부 공동의 역할로 생각한다. 기업 구성원의 근본적인 가정이 바뀌었고 사회적으로 새로운 성평등 문화를 창출할 수 있다. 규정이라는 가시적 인공물을 바꾸어서 문화의 심층에 있는 신념과 가치까지 변화시킨 사례이다. 경영진만이 결정을 내릴 수 있는 정책이다.

Schein은 리더십으로 안전문화를 창출하고 발전시킬 수 있다는 것이 그의 결론이다. 리더가 조직을 만들 때 문화와 리더십은 동등한 핵심 가치이다. 문화가 먼저 만들어 진다는 것일 뿐 동전의 양면이다. 리더가 문화를 의식하고 올바른 방향성을 제시하지 않는다면 그 문화들이 리더십을 관리할 것이다. Schein은 문화를 창출하기 위해 행동해야 할 리더십 메커니즘을 두 가지로 제시하였다. 1차는 문화 축척에 대한 리더십 전략이다. 안전문화의 철학, 정책, 비전, 가치, 신조, 조직의 설계, 구조, 절차, 체계적 측정, 중대 사고 및 조직의 위기 대응 철학, 자원 할당, 의도적 역할 모델링, 교육 및 코칭, 보상, 구성원 선발, 승진, 평가에 대한 기준이다. 2차는 구상한 전략의 표현 및 강화이다. 조직의 의례와 의식, 물리적 공간, 외관, 건물의 설계, 사람과 사건에 관한 이야기, 전설, 신화, 신념에 대한 공식적인 진술이다. 이를 이루기 위해 안전문화를 창출하고 전파하는 계층별 안전리더십 프로그램의 올바른 관계도가 매우 중요하다.

본서에서는 안전문화, 안전 풍토, 안전 프로그램과 리더십의 관계성을 아래 그림과 같이 명확하게 제안한다. 조직계층을 경영진, 관리 감독자, 작업자로 구분하여 책임과 인식을 개념화하였다. 경영진은 안전보건의 운영과 관련된 조직의 원칙, 규범, 약속, 가치관에 대한 안전문화를 구축한다. 관리 감독자는 경영진이 창출한 안전문화를 수용하고 세부적 하위 문화를 생산하고 전파한다. 이들에게 형성된 관리 감독자의 안전문화는 안전 프로그램 실현에 영향을 미치는 하위 문화이다. 안전풍토는 작업장 내 반영된 현재의 안전문화이며 근로자들이 공유 인식하는 안전에 대한 태도이다. 이렇게 창출된 안전문화는 안전 관리 시스템에 영향을 미친다. 안전 풍토는 안전 프로그램의 실행에 영향을 미치고 그 효과를 진단하는 데 사용된다.

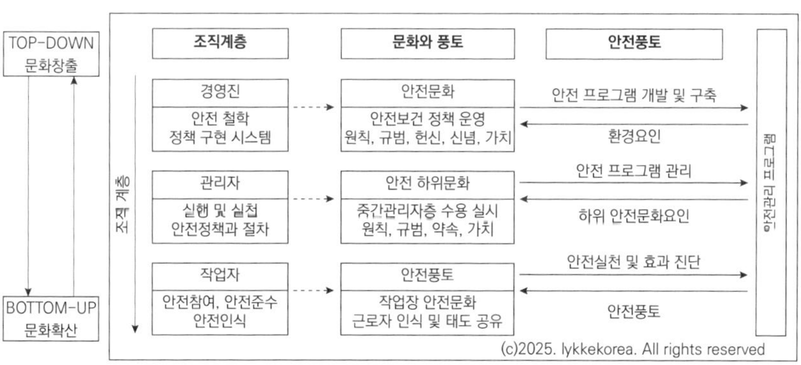

안전문화, 안전풍토, 안전프로그램의 관계도

안전문화를 단기간에 창출하고 전파하는 데 가장 좋은 방법은 현장 안전 리더십이다. 경영자의 헌신을 직원들에게 가시적이고 지속적으로 보여주기 때문에 진정성에 공감한다. 미해결 안전 문제를 해결하는 데 도움이 된다. 관리 감독자에게 좋은 모범 사례를 제공한다. 리더에 대한 신뢰가 높아 진다. 다양한 기회를 직접 체험함으로써 현실성있는 정책이 가능하다. 실질적인 경험을 통하여 리더도 모르는 것을 배우고 수집된 지식을 추가하고 강화할 수 있다. 리더들이 현장을 직접 방문하여 안전을 감시하고 관심 주제에 직원들과 직접 소통하는 것은 컴퓨터에 앉아 통계를 검토하는 것보다 훨씬 효과적이다. 리더십이 안전문화를 발달시키지 않았기 때문에 심각한 부상이나 직원들의 사기 저하에 얼마나 많은 비용이 드는지 고려한다면 현장 직원과의 관계 발전은 유형으로 계산할 수 없는 중요한 성과이다.

안전 최고의 리더들은 문제에 단순히 반응하지 않고 문제가 더 커지기 전에 분별할 수 있는 혜안이 있다. 현장에서 의미 있는 시간을 보내고, 걷고, 모니터링하고, 묻고, 듣고, 예상하는 것이다. 가장 좋은 방법은 안전 리더십 자기관리 체크리스트의 활용이다. 하버드 비즈니스 교수팀인 Garvin과 Robert의 『의사 결정에 당신이 모르는 것(What You Don't Know About Making Decisions)』에서 사례로 보여주는 안전에 열정적인 리더의 모델이다.[10)]

안전 리더십 자가관리 체크리스트(Leadership Self-Management Checklist)이다. 현장을 방문하고 직원들과 안전을 논의한다. 지시된 시정 조치 중 중요 사항은 직접 확인한다. 안전 코칭을 실시하고 촉진한다. 팀과 함께 안전 관련 교육에 참석한다. 직원들을 안전 파트너로 인정한다. 최소한 하나 이상의 긍정적인 안전 피드백을 제공한다. 안전 미팅에서 관찰 데이터와 그 중요성을 검토한다. 안전 활동에 적극적으로 참여한다. 완성된 체크리스트는 일정 기간을 정하여 자료를 정기적으로 검증한다.

체크리스트의 구성 항목은 리더의 정책에 따라 자유롭게 구상할 수 있다. 경영진이 안전문화에 영향을 미치기 위해 수행할 수 있는 역동적인 내용이면 충분하다. 일주일에 한 두시간 정도의 시간으로 수행이 가능하도록 체크리스트는 간단하고 현실적이어야 한다. 핀포인트(Pinpoint)는 단순화하여 3~5개의 행동으로 제한하는 것이 좋다.

Garvin과 Robert는 잘못된 안전문화를 창출할 수 있는 리더의 착각에 대해서도 경고하고 있다. 일부 조직에서는 안전의 초점이 개인의 인적 오류에만 집중되는 경우가 있다. 당연히 시정 조치가 그 수준에서 멈추는 '잘못된 문화'가 형성된다. 인적 오류의 근본 원인이 되는 관리나 시스템에 대한 데이터 수집 및 개선이 제외된다. 사각 지대가 발생함으로써 조직의 안전문화 개념이 왜곡된다. 더 심각한 오류는 안전의 헌신에 대한 리더의 인식이 과대 포장되는 경우이다. 인식 조사에서 경영진이 안전에 전념하고 있다는 직원들의 인식 수준은 30%였지만 경영진이 전념하고 있다는 스스로의 인식은 대부분 90% 수준이었다.

직원들의 인식은 그 조직의 현실이다. 경영자가 올바른 리더십을 발휘하기 위해서는 현실을 정확히 인식하는 것이 무엇보다도 중요하다. 이러한 갭을 치유할 수 있는 사람들이 안전 관리자이다. 안전문화를 향상시키는 일에 대해 지도자의 영향을 받지만 영향을 주는 전문가이기 때문이다. 전문가들이 안전을 체계적으로 관리하지 않으면 리더가 안전 리더십을 연습할 가능성은 더욱 멀어진다. 안전에 절박함을 느끼도록 안전문화를 창출하는 것은 리더의 책임이지만 안전 관리자의 의무이기도 하다.

안전전문가, 당신은 당신의 조직에 빗추하여 구축할 수 있는 안전문화를 아는가? 이를 이루기 위해 리더의 공감을 얻을 수 있는 적극적인 행동을 하는가? 안전전문가들은 스스로가 조직의 구성품이 아니라 안전문화를 구축하는 중요한 파트너라는 자긍심을 가져야 한다.

CHAPTER 03

심리기반 안전문화 구축 (안전문화 2)

인류의 행운 신경가소성

인간은 진화 과정에서 종의 생존과 번식에 필수적인 정밀하고 잘 발달된 신경회로를 장착하였다. 맛있는 음식을 먹으면 도파민 보상을 얻고 해마가 기억하여 그 음식을 다시 찾는다. 뇌는 이것을 중요하게 기억하고 그 활동을 반복한다. 음식, 성, 주거, 양육 활동을 하면 도파민이 넘쳐서 극심한 즐거움을 느낀다. 본능적 욕망의 회로이다. 안전은 이 욕망의 생존 회로에 장착되어 있지 못하고 의식적으로 살펴야 볼 수 있는 이성의 영역이다. 문제는 우리 스스로를 제어할 수 없는 과다한 물질적 도파민을 욕망하고 있다는 것이다. 돈을 위해서 안전을 희생하고 돈이 없으면 심지어 자살을 선택한다. 판단은 왜곡되고 이성의 기능은 상실된다. 안전불감증, 안전무의식, 자살 충동의 위험에 노출되어 있는 자신을 자각하지 못한다.

지금까지 괜찮았는데 '설마 사고가 나겠어' 뇌는 자신에게 편리하게 판단한다. 불안전한 행동을 하면서도 위험에 주의하지 않는다. '안전하다" 거나"선호한다'는 결정을 내린 경험은 재평가를 거의 하지 않기 때문에 더 위험하다. 안전의 길은 뇌의 보상 시스템에 승차하여 도파민을 욕망하는 것이다.

2023년 자살사망자 수는 13,978명으로 세계 최고의 숫자이다. 자살 사망률은 27.3명으로 2022년보다 8.3%높은 1,072명 증가하였다.[1] OECD

회원국의 자살률 평균은 11.1명이며 한국인 자살률이 평균보다 2배 이상 높다. 자살률의 추이를 보면 여러 사회적 이슈에 따라 변동성이 있지만 경제적 문제가 핵심이다. 1998년 외환위기 이후 자살률이 급격히 증가하였다.2003년 카드대란 사태와 2009년 글로벌 금융위기 이후 더욱 증가하여 2011년 31.7명으로 최고치를 기록하였다.

노벨상을 수상한 심리학자 다니엘 카네만(Daniel Kahneman)의 『생각, 빠르고 느리게(Thinking, Fast and Slow)』는 인간의 판단이 어떻게 작동하는지에 대한 이야기이다. 우리에게는 두 가지의 사고 방식이 있으며 이는 각각 두개의 다른 설득 경로이다. 시스템 1은 빠르고 자동적이며 감정을 기반으로 작동하는 원시의 뇌이며 직관적 사고이다. 인상, 느낌, 성향을 초래하는 간단한 정신적 경험 규칙과 사고 편향이 기반이다. 시스템 2는 느리고 신중한 이성적 사고이다. 전두엽 피질에 이 기능이 존재하며 분석적이며 논리적이고 숙고된 평가를 한다. 우리에게 입력되는 자극의 첫 반응은 시스템 1의 변연계가 95%를 결정한다. 빠르고 자동적이며 충동적이며 연상적이고 감정적이며 무의식적인 처리이다. 시스템 1에서 생각의 필요성이 있다고 판단해야 시스템 2의 신피질이 움직인다. 느리고 의식적이며 숙고하고 성찰해야 하는 내용들이며 5% 정도이다. 즐거움의 보상은 시스템 1의 중뇌-변연계 보상회로(mesolimbic rewards pathway) 영역이다.[2] 생존과 번식, 양육이 목적이고 유전자 전파의 기능물이다. 생존을 위해 사회구성원이 되고 돈을 벌어야 하고 좋은 이성을 만나기 위해서 인정받고 우월해야 한다. 위험에 도전하도록 진화되어 왔고 이익, 편안함, 즐거움이 우선되도록 에너지 절약형 자동 모드이다.

긴 하루의 시험을 치르거나 복잡한 문제를 해결하기 위해 몇 시간을 보내면 지친다. 시스템 2를 사용하여 칼로리 소모가 많았기 때문이다. 체스 그랜드 마스터 토너먼트는 약 6,000~7,000 칼로리를 소모한다. 성인 평균 일일 대사량이 2,500 칼로리이다. 시스템 2가 얼마나 많은 에너지를 사용하는지 알 수 있다. 시스템 1이 에너지 절약 패턴을 애용하고 시스템

2가 게을러야 하는 이유이다.

시스템 1이 모든 것을 우선적으로 통제하고 있다는 검증이 스트루프 효과(Stroop effect) 실험이다.[3] 스크린에 나타나는 단어의 의미와 색상을 다르게 보여준다. 단어는 무시하고 색상에 따라 단어를 읽으라고 요청받는다. 단어가 초록색으로 표기되더라도 빨간색 그림이 나타나면 빨강으로 읽어야 한다. 시스템 2는 보이는 색의 이름을 말하기 위해 열심히 노력하지만 자동 시스템 1의 몰입감이 너무 빨라서 단어를 읽을 수 없다. 마음은 위험에 주의하려고 하지만 뇌는 생존 이익에 더 몰두하는 안전 위험 시스템과 같은 현상이다. 즐거움의 보상은 변연계 전체의 영역이고 공포 보상은 편도체가 직접 담당한다. 위험은 즐거움이나 공포 영역, 어느 곳에도 속하지 않기 때문에 보상 자극 자체가 일어나지 않는다. 의식적으로 잘 살펴야 볼 수 있지만 뇌는 게을러서 이 또한 기대가 어렵다. 안전을 담당하는 뇌의 기능은 아주 미약하거나 상실하게 되어 위험을 감수하거나 무시한다. 안전불감증이나 안전무의식을 탓할 수 없다. 인간 생존의 자연스런 현상이다.

고양이의 털과 피부 냄새 자극을 쥐에 공급했다. 쥐는 즉시 방어 행동과 불안행동을 보였다. 불안을 제거하기 위해 안정제를 주입하였으나 효과가 없었다. 털과 냄새가 제거된 후에 감정이 회복되었다. 동일한 방법으로 여우 털과 냄새로 자극을 주었으나 이것에는 반응하지 않았다. 먹이사슬이 아니기 때문이다. 시스템 1이 생존과 관련 있다는 검증이다.[4] 최근에 우리가 경험한 사고들도 시스템 1과 시스템 2가 충돌한 결과이다.[5] 철근누락 아파트, 하부를 먼저 철거해서 넘어진 건물, 서포트를 생략하여 붕괴된 아파트, 채광창을 밟아 추락한 사고, 신호수의 지게차 끼임 사고 등 수많은 사례들이 있다. 한발만 물러서면 알 수 있는 현상들을 못 보는 이유는 무엇인가? 성과에 집착하면서 이성적 판단이 차단되어 시스템 1의 폭력성을 시스템 2가 제어하지 못하기 때문이다.

다행스럽게도 본능적 생존 경로에 추가하여 후천적인 습관화 경로를 생성할 수 있다. 인류의 행운 신경가소성 능력이다. 무의식 체계에 안주하면서 원시 뇌 수준의 기능을 하는 신념과 습관의 자동 사고 영역이다. 가치와 신념이 장착된 반복 경험은 새로운 도파민 경로를 만들고 과거 기억과 연결된다. 즐거움, 인정, 이익이 가치와 신념 체계의 보상이 될 때 그 경험은 반복되고 습관이 되고 뇌에 앵커링(Anchoring)된다. Stroop Test에서 그림에 집중하도록 하면서 뇌를 양전자단층촬영술(PET)과 기능적 자기공명영상법(MRI)으로 관찰하였다. 과제와 관련된 프로세스에 주의를 집중하고 과제와 관련 없는 프로세스를 억제해야 했다. 전방 피질의 활성화되었다. 이 부분은 인지 갈등의 해결에 관여하는 영역이다. 주의를 집중하게 되면 시스템 2가 시스템 1을 억제할 수 있다는 검증이다.[6)]

그 시작점이 기저측편도체(BLA, Basolateral amygdala)이다.[7)] 미래에 특정 상황을 피하거나 반복할지를 결정하는 긍정과 부정감정, 가치의 느낌을 판단하는 부위이다. 변연계 회로를 종합 조절하는 부위이며 편도체의 기능에 핵심적인 역할을 한다. 불안을 조절하고 올바른 행동을 선택하는 기능이다. BLA가 위험의 도전은 부정적으로, 안전은 긍정적으로 인지하면 안전무의식은 예방할 수 있다. 답을 찾은 학자가 노스캐롤라이나 대학 중독연구센터 위원인 Thomas 교수이다.

뇌의 중독과 소멸을 담당하는 분계선조침대핵(BNST; bed nucleus of the stria terminalis)의 발견이다. BNST가 BLA, 전전두엽(PFC), 해마, 편도체 핵과 강력하게 연결되어 있고 이들 전체를 통합, 조절, 관리한다. BNST는 BLA, 편도체 중심핵, 전전두엽, 해마 및 생존 본능 활동인 신경세포, 교감회로, 식욕, 통증, 고립과 감정, 각성, 스트레스를 관장하는 대부분의 영역과 직접 연결되어 있다. 쾌락 도파민, 흥분을 조절하는 글루타메이트(Glutamate), 기분, 수면, 식욕, 기억과 학습을 담당하며 중추신경계와 소화기관의 관리하는 신경전달물질인 세로토닌, 대사활동 및 교감 신경을 조절하는 노르에피네프린(norepinephrine)을 직접 관장하는 부위이다.

보상관련 신경 경로이며 먹이 사냥의 동기부여, 식욕, 중독 등의 생존

행동에 중요한 역할을 한다. 규제, 평가, 분석, 정보전달의 능력이 있는 전전두엽 피질 영역과 위협의 대응 기능인 시상하부, 뇌간 영역, 그 외의 여러 영역들과 상호작용한다. BLA에 있는 뉴런 군집이 긍정과 부정의 느낌을 할당하는 기능의 조절도 가능하다. 쥐에 조건자극을 주었더니 복부 BNST와 내측 전전두엽 피질(mPFC)영역의 뉴런에서 세포활동조정자(Fos)가 증가하였다. 하지만 해마나 편도체에는 이러한 변화가 없었다. 이는 전전두엽과 BNST가 강하게 연결되어 있다는 증거이다. BNST는 신피질과 복측 전뇌 내의 신경핵 군집과 연결되어 있어 이성적 개입의 통로가 될 수 있다.[8] 편도체는 1990년도 이후 관련 연구가 시작되어 현재 매년 약 1,000편의 논문이 발표되고 있다. BNST의 연구는 2000년도 이후 시작했으나 아직 연간 100편을 넘지 못하고 있다. BNST는 작고 길어서 부근의 뇌 경계지역과 구분이 어려워 영상 판독이 쉽지 않았다. 최근에 고해상도 영상과학이 발달되면서 편도체와 상호 의존적으로 생존회로의 중심 역할을 하는 것으로 알려지면서 신경과학자들의 관심분야가 되었다.[9]

안전의 길은 물질 중독의 뇌회로를 순화시키고 위험의 주의 의식을 강화하는 것이다. 전전두엽(mPFC: medial prefrontal cortex)의 위험 인지 훈련으로 가능하다. 의식적 주의집중을 반복하면 습관회로가 구축되고 새로운 도파민 순환 경로가 시스템 1과 2에 만들어진다. 전전두엽과 BNST에 위험 인지 기억 경로가 신축되는 것이다. 전전두엽은 생존본능이나 성격과 같은 사회적 서열 형성에 관여한다. 기억과 의사결정에 관여하고 특정 상황, 시간, 장소에 대한 가장 적합한 행동 또는 감정반응을 표현한다. 자기규제, 자아인식, 동기 부여, 상황인식, 감정 조절, 타인의 감정인식, 심리적 건강과 같은 인지 및 정서를 조절하고 관리하는 핵심 기능이다.

BNST는 피질, 뇌간, 척수에까지 관여하며 오감을 통해 감각을 전달받는다. 에너지 및 유체 수준, 조직 손상, 성호르몬 상태의 정보는 중추신경계로부터 받는다. BNST는 후두뇌의 운동 영역과도 연결되어 생리 및 행동 반응의 정교화를 유발하거나 기여한다. 전전두엽을 통하여 BNST에 안전 신경경로를 구축하면 위험에 도전하게 하는 물질중독, 작업 압박으로 인한 편도체 하이재킹, 스트레스 등의 부정 감정이 순화된다. 일상적인 경험, 생각, 감정, 행동조차도 작동하는 방식을 뇌가 결정한다. 인지직, 행동적 패턴을 확립하여 반복해서 사용한다면 제2의 천성이 될 수 있는 특정한 신경 연결을 구축하고 새로운 경로를 만든다. 명상, 운동, 코칭, 상담, 취미 유발과 같이 더 건강한 즐거움에 대한 전전두엽의 보상 훈련으로 가능하다.

뇌신경 기반 안전교육

사람의 뇌는 인지, 기억, 회상의 기능을 하는 정보처리 센터이며 신경계는 전달 채널이다. 우리는 일반적으로 인간의 뇌가 엄청난 정보 처리 능력이 있다고 생각한다. 의식 간섭 없이 자동으로 수행되는 것을 인지하지 못하기 때문이다. 감각은 환경에서 초당 약 100억 개의 단어를 감지하지만 실제적 의식은 5단어에 불과하고 이해 가능한 정보는 또 그 이하이다. 뇌 스스로는 한계를 잘 알고 있기에 엄청난 양을 압축하여 반드시 필요한 아주 작은 정보만 수용한다.

호랑이가 당신을 공격하려 한다면 뇌가 필요한 유일한 정보는 즉시 도망가라는 지시이다. 풀과 꽃이 어떤 색인지, 공기가 얼마나 신선한지, 정다운 새들의 노래 소리는 모두 관련 없는 정보이다. 공항 근처에 사는 젊은 부부를 생각해 보자. 이륙하는 비행기 소음이 시끄럽지만 잠에서 깨어난 적이 거의 없다. 그러나 아이가 태어난 후부터는 아주 작은 미동에도 엄마는 그 소리를 듣고 잠을 깬다. 큰 비행기 소음은 엄마에게 가치 있는 것이 아니다. 아기는 엄마의 모든 것이다. 매 순간 아기를 보살피고 모든 신경회로를 아기에게 집중한다.

비행기 소음이 커도 이를 차단하고 잠을 잘 수 있지민, 아기의 중요성은 뇌가 인식하고 있기 때문에 아주 작은 소리도 바로 알아 챌 수 있다.

뇌간 신경 다발인 망상 활성화 시스템(RAS: Reticular Activating System)의 자동 프로그래밍 덕분이다. 무의식과 의식을 연결하거나 차단하는 게이트 키퍼이며 후각을 제외한 모든 감각과 연결되어 있다. 척수 위에서 시작하여 길이가 약 2인치이며 연필 너비 정도의 크기이다. RAS는 주변에 개의치 않고 자신에게 의미 있는 정보만을 받아들이는 '선택적 지각' 또는 '주의'가 탁월하다. 자기 관련 효과(self-referential effect)라고도 한다. 시끄러운 군중들 속에서도 누군가가 나의 이름을 부르면 수많은 잡음을 걸려내고 즉시 반응한다.[10]

안전 교육은 위험을 예지하고 안전을 확보하기 위해 필요한 지식과 기술을 학습하는 중요한 과정이다. 심지어 학습자 본인도 사고의 당사자가 될 수 있지만 관심을 두지 않는다. 자신의 생명에 절대적으로 중요한 지식에 왜 관심이 없을까? 안전은 내가 잘 아는데, 어제도 안전했는데, 똑같은 소리 매일 지겹다는 생각을 하고 있는 한 안전교육의 효과는 뇌 과학적으로 평가하면 영(ZERO)에 가깝다. 안전 교육이라는 정보가 필요 없는 것으로 인식되어 RAS가 이를 차단하기 때문이다.

RAS를 통과해도 뇌의 용량이 한계라는 장벽과 만난다. 뇌에는 단기 기억과 장기 기억을 위한 별도의 메커니즘이 있다. 심리학자 조지 밀러(George Miller)는 마법의 숫자로 '7'을 제시했다. 단기 기억의 한계가 7±2개 라는 것이다. 이는 5~9비트가 아니라 5~9개의 정보 덩어리를 의미한다. 과거 전화번호 숫자가 대부분 이 범위 내에서 결정된 것도 이와 무관하지 않다. 활성화된 기억 항목은 약 7개이나 자발적 주의에 의한 인식의 하위 집합은 두세 개로 더 축소된다.[11] 장기 기억에 저장되는 행운은 또 다시 극소수이다. 이 정보가 우리의 판단과 행동 결정이 필요할 때 인출되어 사용될 확률은 더 낮아진다. 다양한 안전 교육, 매번 반복되는 학습, 열강하는 강사님들, 학습자들의 많은 시간 투자에도 불구하고 안전 불감증과 안전 무의식이 사고 원인으로 회자되는 이유이다.

교육이 효과적으로 진행되기 위해서 어떻게 해야 하는가? 첫째는 과신의 장벽을 넘어야 한다. 전달방법이 과신에 미치는 영향을 조사하기 위해 영상보기, 글읽기, 생각하기의 세가지 학습법을 검증했다. 글읽기와 생각하기는 횟수에 관계없이 점수가 유사했다. 영상은 한번 본 사람들보다는 스무 번 본 사람들의 과신이 25%나 높게 나타났다.[12] 왜 사람들은 단지 더 많이 보는 것만으로 잘 할 수 있다고 착각하고 과신하는가? 영상을 보면 몰입감과 현장감이 넘친다. 연기자의 행동을 영상으로 직접 생생하게 접근함으로써 통찰력을 느낀다. 독서나 서술적 설명보다 역동적이다. 영상을 반복해서 보는 것은 착각의 인식을 부풀리기에 아주 좋은 통로이다. 더 많이 보는 것은 실제로도 더 잘할 수 있다는 기대를 가진다. 하지만 즉각적인 능력으로 이어지지 않는다. 현재 안전교육에 가장 많이 활용하고 있는 동영상과 PPT의 전달방법에 의문을 가져야 하는 이유이다. 친숙한 것을 잘하는 능력으로 착각하여 위험을 키울 뿐이다.

이제 나는 불안전행동과 안전불감증이 사고의 직접적인 원인이라는 규정에 동의하지 않는다. 현상에 대한 대책의 한계성 때문이다. 행동의 이면에 숨어있는 본질적 접근이 필요하다. 자만과 과신이 넘쳐나는 사람들에게 어떻게 성찰을 얻게 해 줄 것인가? 마음속 깊이 박혀 있는 무지의 확신을 깨트리지 못하면 불안전행동과 안전무관심은 계속될 것이다. 교육도 무의미하다. 안전강의를 시작하면 항상 느끼는 분위기가 있다. 이미 다 알고 있는 강의를 더 이상 들을 필요 없다는 저항의 따가움이다. 자만을 아는 것, 과신을 아는 것, 행동에 관심을 가지도록 유발하는 것이 우선되어야 하는 이유이다.

그 다음에는 학습 정보를 받아들이지 않는 RAS의 강력한 잠금을 해제해야 한다. 뇌의 탑 다운 프로세스와 도파민의 보상 시스템에 답이 있다. 주디 윌리스(Judy Willis) 박사는 뇌 인식 학습 체계를 연구한 교육 혁신가이다. 그녀는 신경과학 의사로서 2011년에는 에듀토피아 교육 재단(Edutopia Education Foundation)으로부터 "위대한 교육 사상가"로 선정된 매우 독특한 이력의 소유자다. 신경과 전문의로 15년 근무 후 다시 교육학을 전공하여 초등학교와 중학교에서 10년간 교사로 근무하였다. 교육을 뇌 과학적으로 접근하고 경험에 근거한 연구를 하기 위한 도전이었다. 신경과학과 교육 분야에서 독보적인 경력을 쌓은 그녀는 학습 전략과 신경과학에 관한 10권의 책과 200편 이상의 논문을 발표하였다. NBC, USA Today, 월스트리트 저널, 워싱턴 포스트 등의 미국 유명 미디어 매체에 출연하여 학습과 뇌 과학에 대해 많은 강연을 하고 있다.

주디 박사의 연구에 따르면 교육은 Top-Down이며 뉴런 번들인 망상 활성화 시스템(RAS: Reticular Activating System), 편도체, 전두엽의 과정으로 학습된다.[13] 오감으로 감지되는 정보를 모두 인식한다고 생각하지만 뇌는 이것을 한꺼번에 원하지 않고 그럴 수도 없다. 붐비는 바에서 모든 개인적인 대화를 이해하려고 노력한다고 상상해 보면 답은 명확하다. 뇌는 데이터 홍수 속에서 진주를 걸러내야 한다. 같은 교육도 학습자들의 마음이 그 상황에 대해 보고, 듣고, 느끼는 해석에 따라 다른 결정을 내린다. 상황에 대한 믿음, 가정, 개인적 가치, 과거의 결정과 경험을 바탕으로 학습 정보를 고유하게 해석한다. 안전에 대한 가치를 가지지 못한 사람들은 정보 필터링의 첫째 관문인 RAS를 통과할 수 없다. 안전교육에 대해 부정적인 생각을 가지게 되면 이 또한 두 번째 관문을 통과할 수 없다. 편도체에서 관심 없음으로 제외시킨다. 주의와 관심을 가지지 않으면 전두엽에 저장되지 않는다. 기억이 된 듯하지만 이것은 잠시 스쳐가는 단기 기억이며 행동 결정에 도움이 되지 않는다. 안전교육의 목표는 명확하다. 뇌가 안전에 관심을 가지고 주의력을 높일 수 있는 교육이 되어야 한다. 뇌에 안전 신경회로가 우선 구축되어야 한다.

합리정서행동 신념의 통찰

나는 스스로를 지킬 수 있는 안전지식과 기술이 충분하다. 위험이 있다면 사전에 반드시 안전 조치를 하고 작업을 한다. 동료의 사고 소식을 듣지만 그것은 나와 관련 없는 이야기이다.

우리 모두는 자신의 위험에 대해 스스로를 잘 방어할 수 있다는 신념이 넘친다. 이렇게 확신했던 사람도 후회하는 경우가 있다. 사고를 당한 사람들이다. 안전에 무지했고 자만했다는 사실을 깨우치는 그 순간이다. 병상에 누워있는 그들이 잘못된 신념이나 핵심가치를 사고 전에 깨달았다면…. 비참한 상황까지 이르지 않았을 것이라는 아쉬움이 가득하다.

불안전행동의 이면에는 잘못된 신념과 가치, 과신과 편향이 존재한다. 이들은 내면에 깊이 숨어 있어 스스로 자각하기가 거의 불가하기 때문에 반복된다. 결국 사고의 당사자로 전락한다. 사고자의 신념에 자리했던 안전하다는 생각, 감정, 행동은 자신의 상상이지 실제 상황이 아니다. 의도적으로 사고를 당하고 싶은 사람은 없다. 신념과 가치를 올바르게 개선하면 안전 행동을 할 것이고 사고는 발생하지 않을 것이다. 앨버트(Albert Ellis)의 합리정서행동 이론(REBT: Rational Emotive Behavior Theory)에서 얻은 통찰이다.

행동은 현상의 관점(A)을 신념 체계(B)가 의식적 또는 무의식적으로 반응하여 얻은 결과(C)이다. 합리적인 신념은 안전행동으로 이어지고 비이성적인 신념은 역기능적 결과, 불안전행동이 된다. 잘못된 과신의 신념에서 어떻게 탈출할 수 있을까? 합리적 감정 행동 개선은 A-B-C 모델에 의존한다. A는 활성화 사건(Activating Event), B는 믿음이나 신념(Belief), C는 결과(Consequence)이다. C를 형성하는 데 주요한 역할을 하는 것은 A에 대한 사람들의 믿음이며 그것은 B이다. C의 내용을 결정하는 것은 A의 실제 내용이 아니라 A를 경험한 사람의 새로운 관점이다.

사람들은 자신의 신념(B)을 통해 사건(A)에 의미를 부여한다. 해당 사건에 부여한 의미에 따라 감정적 또는 행동적 결과를 경험한다. 활성화 사건이 개인의 신념 체계(B)와 일치하지 않으면 개인은 비이성적인 반응을 보인다. 생산과 이익에 집착하는 신념의 소유자라면 이익에 반하는 행동은 편하지 않아 거부하게 된다. 위험하거나 불안전행동을 해서라도 이익에 집착하게 된다. 이 경우는 이익이라는 신념 B는 A를 이익이 되는 작업 방법으로 활성화시키고 최대의 이익이 되는 결과 C 또는 A x B = C를 유발한다.

사건, 신념, 결과를 활성화하는 ABC 요인에는 감정적, 행동적, 인지적 구성 요소 모두를 가지고 있다. 개인의 신념이 인지, 감정, 행동을 조정하고 결정한다. 초기에는 신념(B)의 일방향이지만 반복되면서 A, B, C는 서로가 상호작용하며 상승효과를 만든다. 초기에 행동을 지시했던 신념은 더 깊이 숨어들고 상황 인식과 그에 따른 행동만 자동으로 노출된다. 편리함, 이익, 생산 압박 등의 물질 우선 신념으로 시작했던 불안전행동은 반복된다. 이것이 자동 사고이며 뇌는 그것이 안전행동인지 불안전행동인지는 관심의 대상이 아니다. 왜 자신이 이러한 행동을 하는지 알지 못한 체 신념에 따르는 무의식적 패턴이 된다. 가속화되는 자동사고의 순환대로만 행동하는 의식 없는 인간 로봇이다 일부 사람들의 이야기가 아니다. 매년 사망하는 수백명의 재해자들이 이러한 인식 속에 갇혀 있었던 사람들이다.

잘못된 신념을 어떻게 개선할 것인가? 선행사건(A), 비합리적 신념(B), 결과(C)의 순환적 자동사고를 논박(D: Disputing intervention)하여 잘못된 신념을 깨우치는 효과(E: Effect)를 얻어 올바른 감정과 느낌(F: Feeling)을 가지는 것이다. 올바른 신념에 따른 안전 행동의 순환적 자동사고의 구축이다.[14] D는 B의 신념이 비이성적이고 잘못된 것인지 확인하는 강력한 논박이다. 논박(D)은 세 단계이며 잘못된 신념의 결정, 차별화, 잘못된 신념에 대한 이의 제기이다. D의 첫번째 역할은 불안전행동을 지시하는 잘못된 신념과 생각을 파악하는 것이다. 의무, 필요성, 압박, 사전 경험, 이익 추구, 습관 및 기타 비합리적 요구의 인식이다. 잘못된 신념에 대해 논박하여 오류를 스스로 깨닫고 안전행동 신념으로 전환하게 된다. 이 단계는 논박(D)의 과정이며 잘못된 행동, 자동 사고의 무의식적 배경, 신념을 찾는 과정이다. 잘못된 신념(B)이 논박(D)을 거치면서 통찰(Insight)과 자각 효과(E: Effect)가 발생하고 관점이 변하게 된다. 마지막으로 중요한 것은 효과성(E)을 강화하기 위해 새로운 신념의 느낌(F: Feeling)을 경험하는 것이다. F는 효과성(E)의 결과인 안전행동의 신념을 연속적으로 보장하는 기능적 느낌과 행동이다.

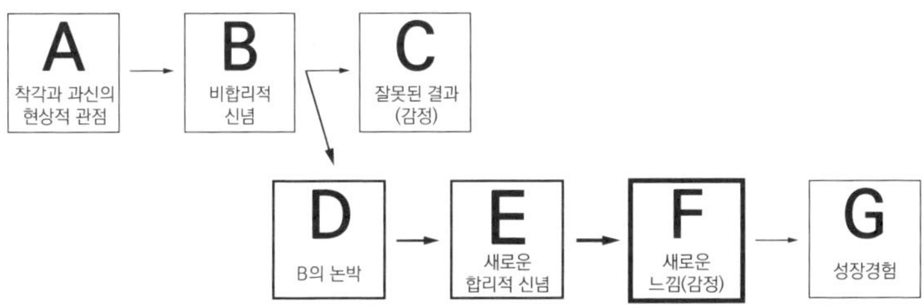

REBT Model

A-B-C-D-E-F-G의 과정에서 신념(B)에 따라 행동(A)을 하고 결과(C)를 유발한다. 신념이 불안전행동을 자극한다면 이의를 제기하여 반박(D)한다. 논박의 효과로 새로운 감정과 행동이 나타난다. 새롭게 형성된 신념을 강화하고 지속성을 보장하기 위해 새로운 감정과 느낌(F)을 경험한다. F의 영향으로 형성된 합리적인 신념이 정착하는 데는 시간이 걸린다. 잘못된 신념을 인식하는 것만으로는 충분하지 않다. 이 과정에서 새로운 신념이 흔들릴 수 있다. 지속적으로 활용되고 성장되어야 진정한 신념의 변화이다. 잘못된 신념을 뇌 회로에서 소멸시키고 안전행동 신념이 장착된 신경회로의 구축이다. 마지막은 새로운 신념이 습관화되도록 뇌 훈련을 계속하면서 성장(G: Growth)을 경험하는 것이다. 진정한 깨달음을 얻기 위해서는 A에서 G로 이어지는 과정이 단순 이론이 아니고 철학이 되

어야 한다. 성장을 이루면 이 결과에서 나오는 새로운 신념은 안전행동의 핵심가치로 자리하게 된다. 안전문화 성숙도 4, 5단계로 향상시킬 수 있는 기본 지식과 지혜라는 무기를 장착하는 순간이다.

사랑하는 여자친구와의 결혼에 실패한 한 청년은 자신이 부족하고 무엇을 하든 아무도 자신을 사랑하지 않을 것이라고 생각할 수 있다. 우울증을 경험하면서 폐쇄적인 생활을 하고 있어 새로운 여자친구를 만나지 못할 수 있다. 자신이 실패자라는 잘못된 신념으로 살게 된다. 이러한 신념이 올바른 선택인지를 식별하고 인식시키기 위해 논박이 필요하다. 논박의 결과로 통찰의 효과(E)를 얻는다. '버려지는 것이 세상의 끝이 아니다. 문제가 있었기 때문에 헤어졌고 다른 사람과 더 잘 지낼 수 있다'는 합리적인 신념이 생겼다. 새 여자친구를 사귀려는 감정이 살아나서 새로운 신념으로 이성을 만나기 위해 적극적인 사람이 된다. 새로운 감정(F)을 경험하였고 성장(G)을 이룬 것이다. 성장으로 인해 이 청년은 우울증에서 탈피하여 새로운 여성을 만날 것이고 행복한 가정을 꾸릴 수도 있다.

신념의 변화 과정은 이렇게 어렵고 험난하다. 실패자로 단정하고 더 이상 여성을 만나지 않겠다는 신념을 가진 사람은 새 여성을 사귀기 어려울 것이다. 안전행동도 이와 같다. 나는 이익이 우선이라고 생각하는 사람, 안전은 내가 잘 알고 있고 몇 십년이 무사고였는데 매일 똑같은 교육이냐고 자만하는 사람, 편하고자 위험한 행동을 습관적으로 하는 사람들이 안전교육만으로 행동 변화가 가능한지 질문해야 한다. 신념을 바꾸지 않으면 안전은 절대 지켜질 수가 없다.

전문가가 있다면 A-B-C-D-E-F 기법의 워크시트(Worksheet) 사용을 권고한다. 개인 면담 시나 집단적 토론에 사용할 수 있다. 참가자는 내용을 작성하면서 자신을 더 객관적으로 볼 수 있으며 전문가는 작성된 내용을 기초하여 심도 있는 면담이 가능하다. 이벤트 활성화(A)에는 불안전행동을 하는 생각이나 촉발시킨 사건을 적는다. 신념(B)에는 행동할 당시에 가졌던 생각과 당위성을 떠올리며 그 내용을 적는다. 결과(C)에는 이러한 생각과 신념에 따른 행동이나 이로 인한 신체적, 정서적 반응을 적는다. 논박(D)은 신념 섹션에서 가졌던 생각과 당위성이 올바른 선택이었는지를 이익과 손실로 분석한다. 효과성(E)은 논박으로 인해 잘못된 신념이나 생각이 무엇인지 깨닫고 당초의 신념이나 생각을 대체한다. 느낌(F)은 변화된 신념이나 생각이 자신에게 어떤 의미인지와 왜 바뀌어야 하는지에 대해 느낀다. 성장(G)은 변화된 신념과 생각에 따라 안전행동을 하는 자신을 반추하며 긍정 감정을 키운다. 그룹 면담이라면 완료된 워크시트를 서로가 공유하고 토의하면서 통찰을 얻을 수 있다. 안전행동에 도움이 될 수 있는 새로운 생각과 신념들을 더 깊이 탐색할 수 있다.

안전문화 코칭

당신은 매일 출근하는 작업장에서 어떤 대화를 많이 하십니까? 85~97%가 생산에 관한 것이다. 안전 제일을 말하지만 현실은 생산과 이익이 우선이고 우리는 안전불감증과 안전무의식 속에 살고 있다. 안전 무관심에 대한 자기인식, 동기부여, 태도, 의식의 개선이 절실하다. 안전 코칭 기법을 제안한다. 지속 가능하고 일관되게 안전의 중요성을 집중하여 의식할 수 있다.[15)]

안전의식은 어디에 숨어 있는가? 국제코칭연맹(ICF: International Coaching Federation)은 우리 내부에 필요한 모든 역량이 있다고 한다. 모든 사람에게 무한한 가능성이 있고 필요한 해답은 그 사람 내부에 있다. 해답을 찾기 위해 파트너가 필요하다. 안전의식과 안전지혜는 우리 내부에 이미 존재하고 있다. 매 순간 위험의 외줄타기를 하고 있는 자신을 자각하는 것이 안전이다. 코칭으로 의식확장을 이루어 자신의 신념을 자각하고 안전행동의 지혜를 얻을 수 있다. 정부가 권고하는 자율적 안전 시스템 운영에 매우 효과적이다. 코칭은 1971년, 하버드 대학의 테니스부 주장이었던 티모시 갤웨이(Timothy Gallwey)로부터 시작되었다. 테니스의 기술 훈련에 추가된 의식 훈련으로 기본은 인지 동기 학습법이다. 질문의 기법으로 깨우친 잠재능력을 활용하여 학습자들이 더 편하고 재미있게 배우게 되면서 높은 훈련 성과를 보였다. 스스로의 잠재능력을 자각하는 자기 주도적 학습이다.

테니스를 지도할 때 특정한 자세와 행동을 강요하지 않는다. 잠재되어 있는 자신만의 역량과 기술을 깨닫고 실천하게 하는 내적 동기만 유발시킨다. 테니스 애호가는 물론, 음악, 골프, 스키, 조직개발 등 다양한 분야에 종사하는 사람들이 이 기법을 적용하면서 많은 성과를 올렸다. 티모시는 다양한 분야에서 경험한 성공 사례들을 1979년 『이너게임(Inner Game)』이라는 책으로 출판하였다. 의식을 깨우쳐 주의 집중, 자존감, 일에 대한 관점을 변화시켜 성장한 개인들의 이야기이다. 생산 성과를 이룬 기업들의 성공담이다. 우리 대부분은 성과를 얻기 위해서 고통은 필수적이라는 강한 신념 속에 살고 있다. 개인은 일이 의무가 되니 즐거울 수 없다. 기업은 성과를 얻기 위해 관리 감독하는 강제적 방법이 최선이다. 착각의 신념에 빠져 과신과 인지 오류를 깨닫지 못하고 패배 의식에 젖거나 자만으로 오판한다. 안전에 대한 사고의 틀이 특히 그렇다. 코칭은 안전이 고통스럽고 사고를 당연하게 생각하는 우리의 관념에 정면으로 도전하게 한다.

일이 즐거울 수 있을까? 이너 게임으로 가능하다. 집중력 상실이나 긴장, 자신감 저하, 자책과 같은 장애물에 맞서서 이를 극복하는 마음속의 경기가 이너 게임이다. 코칭은 내부의 장애를 알아차리고 극복하여 즐겁게 일하며 성과를 내도록 돕는 리더십 도구이다. 경영자나 관리자는 안전의식을 확장시킬 수 있고 작업자는 안전 행동과 안전인식을 개선한다. 행동 기반 안전관리에서 가장 중요한 것이 피드백과 개입이며 결국 소통의 문제이다. 안전코칭은 이러한 기능에 가장 적합한 도구이다.

코칭 리더십은 강압과 감독이 아니며 고객을 존경하는 경청과 질문의 대화이다. 컨설팅, 상담, 멘토링, 티칭과 차별적이다. 컨설팅은 컨설턴트가 문제를 조사하고 해결책을 제시하는 경우이다. 코칭은 고객 스스로 문제를 탐색하고 해결책을 찾는다. 상담은 내담자의 정서적인 고통을 해결하는 경우가 대부분이다. 코칭은 목표를 달성하려는 성장에 목적이 있다. 멘토링에서 멘토는 해당 분야의 전문가이며 선배로서 멘티에게 정보나 조언 등을 제공한다. 코칭은 코치가 반드시 해당 분야의 전문가일 필요는 없다. 고객은 코치의 경청과 질문을 통해 자신의 자원을 깨닫고 스스로 해결책과 성장목표를 찾는다.

코칭에서 얻을 수 있는 가치는 무엇인가? 첫째는 현재의 상태와 자신에 대한 인식이다. 둘째는 비전이다. 이상적인 미래를 담은 내면의 그림으로 가고자 하는 곳을 이미지화 한다. 개인이 성취하고 싶고 이루려는 기대이고 목표에 대한 집중력이 형성된다. 셋째는 전략과 행동이다. 도달해야 할 목적지를 확인하여 현실적이고 주체적이며 측정 가능한 목표를 정한다. 그 목적지에 편하고 실수 없이 도달하기 위해 전문 코치와 함께 한다. 넷째는 장애물 극복이다. 인생은 평탄한 여정이 아니다. 장애물과 걸림돌, 실망에 의해 방해받는다. 의식 속에 숨어 있는 장애물을 자각하고 이를 극복하도록 도전하게 한다. 패배적인 생각과 혼잣말처럼 우리 마음 속에 맴돌고 있는 내면의 장벽을 허무는 것이다.

안전코칭의 대가 Geller 교수는 석유화학 기업의 근로자 600명에게 안전코칭을 도입하여 15년 추적하였다. 마지막 4년에는 관리자에게 안전코칭 기법을 특별 학습시킨 후 이를 현업에 활용하였다. 결과는 놀라울 정도로 성공적이었다. 총 기록 가능한 사고율(TRIR: Total Recordable Incident Rate)이 10년 만에 6.5에서 2.0 수준으로 낮아졌다. 마지막 해에는 2년 연속으로 기록 가능한 사고가 전혀 발생하지 않았다.[16)]

근로손실 재해 발생률(LTIR: Lost-time Injury Rate)은 근로손실이 발생한 것에 대한 기록이지만 TRIR은 아주 경미한 사고도 모두 포함하기 때문에 가장 엄격한 통계이다. 덴마크 산업보건협회에서 직원 20인 미만 금속 회사에 26주간 문제해결 안전코칭 기법을 적용하였다. 관리자 코칭 세션과 관리자와 작업자 간 안전 커뮤니케이션 기술 증진 프로그램이다. 안전인식 설문, 인터뷰, 안전 관찰 지수의 성과를 측정한 결과 안전 행동과 안전인식이 크게 향상되었다. 안전 대화가 급격히 증가했고 작업장 안전 수준이 개선되었고 해결된 안전 요구 사항의 수가 증가했다. 개입 그룹 중 소통이 7.1배 증가한 기록도 보고되었다. 관찰 지수 기준 안전 수준이 84% 개선되어 안전풍토가 더 강화된 것으로 나타났다.[17] 관리자는 자신의 감정을 인식하고 모든 해석과 피드백 소통이 더 객관적으로 변하였다. 리더의 조정 역량이 향상되었다. 행동 학습이나 강의식 방법보다 코칭 기술을 응용한 안전교육이 더 효과적이었다. 리더에게 연결, 격려, 소통, 참여의 자질이 향상되었고 이는 작업자의 안전동기 개선으로 이어졌다. 작업자들의 코칭 피드백에서 그 결과를 확인할 수 있었다.

작업자 1

확실히 우리가 바로잡아야 할 안전 문제가 있었고 우리는 그것을 알아차렸습니다. 안전코칭은 우리의 안전인식에 가장 큰 영향을 미쳤다고 생각합니다. 이러한 변화에 당신이 한 것은 아무것도 없습니다. 우리가 스스로 했고 그것이 이 일의 전부였습니다. 저는 안전이 마땅히 받아야 할 관심을 이제야 받았다고 생각하고 헌신하겠다는 의지를 가지게 되었습니다. 우리가 얻은 깨달음을 일상 생활에서 계속 이어갈 것입니다.

작업자 2

저는 그것이 잠재의식의 변화라고 생각합니다. 코칭이 안전에 대한 우리의 태도를 바꾸었습니다.

작업자 3

보안경과 청력 보호 마개에 특별히 집중했던 몇 주 동안은 우리가 무엇을 해야 할지를 알게 했습니다. 이제 더 자주 착용하고 있습니다. 언제 사용해야 할지 더 잘 알고 있습니다. 우리의 대화는 더 활발해졌고 변화를 느꼈습니다. 안전에 더 적극적으로 참여하겠다는 다짐이 생겼습니다.

작업자 4

코치의 헌신이 저에게는 앞으로도 계속 강렬할 것이라고 생각합니다. 우리는 지금 6개월 동안 이렇게 해왔고 이제 뿌리가 깊어졌어요. 작업장에서 페인팅 통을 들어 올려야 할 때 그냥 잡는 대신 장비를 사용한다는 걸 알게 되었어요. 지금은 아주 자연스러워요. 이렇게 긴 개입 과정을 갖는 게 좋다고 생각해요. 안전에 대한 관심은 우리의 일상이 되었어요.

회기 진행에서 작업자들이 기술한 성찰의 내용들은 안전코칭의 효과성을 확신하는 충분한 이야기였다. 리더가 안전정책을 구상하고 실현할 수 있는 성공 모델이 안전코칭이다. 안전문화 기반이 되는 심리, 행동, 상황을 긍정적인 방식으로 소통한다. 작업자를 가르치는 것이 아니라 배울 수 있도록 돕는다. 코칭 기반의 리더십 헌신은 근로자들은 경영자에 대한 신뢰와 믿음의 지표로 인식된다. 리더와 근로자 간에 안전 프로그램, 정책 및 관행 정보를 지속적으로 주고받는 소통에 탁월하다. 코칭 리더십의 장점이다. 근로자들의 자발적 참여와 소통은 동기부여를 제공하고 문제 영역을 올바르게 진단 개선할 수 있다. 안전코칭이 안전문화 기반 관리에 가장 적합한 모델로 인식되고 있는 이유들이다.

청정 안전 성과를 유지할 수 있다면 최선이지만 현실적으로 어려운 상황이다. 사고가 없는 순간에도 대비를 소홀히 해서는 안 되며 조직이 적절히 잘 대처하는지를 항상 경계해야 한다. 리더는 완벽한 안전 성과 점수표를 의심하고 분석해야 한다. 코칭형 질문이 가장 효과적이며 더 많은 인사이트를 얻어 조직문화의 현재를 이해하고 개선 대책을 구성하는 데 도움이 될 수 있다. 리더가 더 많은 것을 조사하도록 유도하는 것은 혁신의 문을 여는 첫걸음이다.

지난 6개월 동안 보고된 사고는 몇 건입니까?
어떤 장벽이 부상을 예방했나요?
이 성과를 이끄는 성공 요인은 무엇인가요?
이 성과는 무엇을 의미하나요?
실질적으로 얼마나 많은 규정 위반이 확대되었습니까?

코칭형 리더는 더 나은 길을 찾기 위해 스스로에게 항상 질문한다. 안전은 나의 조직에 얼마나 중요한가? 나는 안전 시스템 운영에 합리적이고 적합한 조직을 구성하고 있는가? 안전을 위협하면서 품질, 생산, 수익을 우선으로 시도하고 있지는 않은가? 정보에 근거한 긍정적인 안전문화를 장려하기 위한 결정을 내릴 때 도움이 되는 자각과 성찰의 질문이다.

코칭 리더십은 관리자가 안전 사항을 전달하거나 지시하는 대신 질문한다. 당신의 생각은 무엇인가요? 문제 해결을 위해 어떻게 나아갈 수 있을까요? 코칭 대화는 근로자 스스로가 얼마나 중요한 존재인지 인지한다. 근로자는 더 많은 영감을 받으면서 경영진의 기대를 기꺼이 뛰어넘으려는 동기가 부여된다.

미국과 캐나다의 심리학과 의학 연구자들이 긍정 코칭의 효과성을 기능자기공명영상(fMRI: functional magnetic resonance imaging) 기법으로 검증하였다. 코칭의 기법을 활용하여 긍정 메시지를 제공하니 뇌의 측후두 피질, 우측 측두엽 피질, 내측 두정질, 핵 축적 및 좌측 측전두엽 피질 부위가 더 활성화되었다. 시각 처리 기능이 증가되었고 부교감 신경계의 참여가 더 활발해졌다.[18] 활성화된 부위들은 보상 시스템에 관여하고 교감 신경의 각성을 조절하는 기능들이다. 인지기능을 활성화시키고 자신과 다른 사람과의 감정에 대한 개방성을 높인다. 코칭 리더십은 경청과 질문의 긍정적인 접근 방식으로 관찰과 성찰을 지지한다. 안전코칭은 처벌보다는 긍정성을 활용하여야 한다는 행동 기반 안전 관리의 기본 도구로 최적이다.

최근에는 신경과학을 반영한 뇌 기반 코칭 연구가 활발하다. 심리학, 뇌 과학, 영상과학, 신경과학, 행동과학자들이 가치 중심 주의력의 작용에 대해 뇌의 반응을 검증하였다. 코칭의 질문으로 가치에 기반한 목표나 주의에 집중해야 할 때는 전두엽과 선조체에 도파민이 활성화되었다. 전두엽은 기억력, 사고력, 추리, 계획, 운동, 감정, 문제해결과 이성적 사고와 판단, 행동, 감정의 조절을 담당한다. 선조체는 주도적 행동, 보상, 인지, 강화, 동기부여, 충동성, 자극-반응 및 관련 인지를 매개한다. 개인이 자신의 가치에 기반한 목표를 설정하고 수행할 때 자기 주도적 동기가 부여되며 지속적 강화가 이루어지는 프로세스가 과학적으로 검증된 것이다.[19)]

코칭은 긍정 정서를 함양시켜 부정적 사고 방식을 자각하고 개인적인 대처 자원을 구축한다. 긍정 정서는 목표 지향적 행동 측면에서 전두엽 참여 및 동기 부여의 잠재력을 증가시킨다. 편도체 하이재킹과 유사한 싸움, 비행, 스트레스, 집착의 감정 활성화를 순화시켜 부정 정서를 예방한다. 고객이 자기 인식, 자기 조절, 사회 인지 및 메타 인지와 같은 능력을 개발하도록 코칭하는 것은 뇌의 경로를 강화하여 자기 주도적 신경 가소성을 촉진할 수 있다.[20)] 정서 지능은 우리가 느끼고 있는 것에 대해 더 많이 생각하고 그러한 느낌으로 생산적인 것을 할수록 뇌의 이성적 중심과 감정 중심 사이의 경로가 더 발달된다. 집중적인 주의력이 향상되어 뇌 가소성을 강화하고 뇌의 전두엽과 측두엽 영역 사이의 연결을 강화한다.

이너게임을 비즈니스 산업으로 키운 사람은 유럽 카 레이싱 챔피언 출신인 휘트모아(John Whitmore)이다. 기업에 목표설정 및 문제 해결 코칭을 도입하여 성공하였고 이때 창안한 코칭 모델이 GROW이다. 그의 성공 이야기를 1984년 『성과향상 코칭(Coaching for Performance)』이란 제목으로 출판하였다. 현재까지 다양한 코칭 대화 모델이 제안되고 있지만 GROW모델이 코칭의 바이블로 건재하다. 전 세계 코치가 사용하는 가장 일반적인 비지시적 코칭 대화 모델이다.

얼핏 생각하면 안전한 작업이 최고의 목표인 것 같지만 현실은 그렇지 않다. 내면의 생각이나 욕구를 현실적으로 알아차리지 못하고 안전을 우선한다고 착각한다. 이익, 순간의 편안함, 생산 압박 등의 요인으로 사고가 많이 발생하는 현실이 이를 잘 설명하고 있다. 위험에 도전하는 무의식적이고 자동적인 일상을 알지 못하는 우리들이다. 일상에서 GROW 모델의 핵심 질문을 항상 음미할 수 있다면 우리는 더 안전한 세상에 있을 것이다.

G(Goal)는 목표 설정이다.

"일을 통해 진정 원하는 것이 무엇인가?" 나는 무엇을 원하는가?

R(Reality)은 현실파악이다.

기대와 목표와의 차이를 깨우치고 필요한 자원을 찾는 과정이다. 현재 나는 어떤 상태인가? 이것을 해결하기 위해 지금까지 어떤 노력을 해왔는가?

O(Option)는 대안 탐색이다.

실천행동을 구상하는 과정이다. 불안전행동을 바꾸기 위해 무엇을 할 수 있을까? 나의 안전을 위해 무엇을 할 수 있는가?

W(Will)는 실행 의지이다.

우선 순위를 정하고 실행하는 단계이다. 내가 지금해야 할 것은 무엇인가? 장애물이 있다면 무엇이고 어떻게 해결할 수 있는가? 이 질문만이라도 잘 활용할 수 있다면 당신은 이미 훌륭한 코칭형 리더이다.

개인은 스스로 자기 리더십을 가질 수 있다. 코칭은 직원들에게 명령과 통제가 아닌 자율과 책임을 부여할 것이고 지시가 아닌 질문의 리더십을 가진다. 행동기반 안전 관리가 실패하는 이유는 관찰과 논의, 피드백 등의 과정에서 발생하는 갈등 현상이다. 결국 잘 훈련되지 않은 소통의 문제이다. 안전 코칭은 이를 가장 효과적으로 해결할 수 있는 행동기반 안전관리의 가장 효과적인 기법이다.

마음챙김 안전명상 (Mindfulness Safety Meditation)

명상의 대중화는 1979년 존 카밧-진(Jon Kabat-Zinn)박사가 만든 마음챙김 프로그램이다. 초기 불교의 위빳사나(Vipassanā, 통찰명상)를 이용한 스트레스 감소와 고통 완화를 목적으로 하는 힐링 프로그램 MBSR(Mindfulness Based Stress Reduction program)이다. 마음챙김은 종교적 색채를 덜어낸 마음 치유와 정신 건강의 측면을 강조한 수련이다. 2007년 설문조사에 따르면 미국에서 매우 보편화되어 10명 중 1명꼴로 명상을 한 것으로 보고되었다.

명상의 현대 용어는 '생각하다'라는 뜻의 라틴어 명상(meditatum)에서 유래되었다. 빠알리어 vipassanā(위빳사나)의 번역으로 불교의 정념(正念)을 마인드풀니스(Mindfulness)로 해석한 것이다. 현재 일어나고 사라지는 현상을 있는 그대로 관찰함으로써 무상(無常), 고(苦), 무아(無我) 삼법인의 지혜를 깨닫는 것이다. 합쳐서 지관법(止觀法)이다. 불교의 초기 명상은 '지(止, 멈춤)'와 '관(觀, 깊이 들여다봄, 통찰)'이라는 두 단계이다. 하나의 대상에 집중함으로써 탐욕과 번뇌 등을 그치게 함으로써 산란한 마음을 고요하게 한다. 근본은 지(止)이며 정신 집중법이다.

마음을 고요히 하는 것, 즉 마음이 멈추어 더 이상 망상이 일어나지 않는 상태가 '지(止)'이다. '지'는 멈춘다는 뜻이고, 빠알리어로는 고요함을 뜻하는 '사마타(奢摩他, Samatha)'이다. 이 상태가 지속적이지 않기 때문에 짧은 시간이라도 매일 지속적인 훈련이 필요하다. 마음이 멈춘 다음에는 자연스럽게 두 번째 단계인 '관(觀)', 즉 위빳사나에 들어갈 수 있다. 지혜를 열어주는 단계이다. 멈춤은 나의 마음을 알아차리는 선행 과정이 있어야 그 마음을 그치게 된다. 이것이 마음챙김이고 염(念)으로 현재의 알아차림 사띠(Sati)이다. 명상과 마음챙김으로 구분 사용하고 있지만 정확한 표현은 마음챙김 명상(Mindfulness Meditation)이다. 염지관의 훈련으로 현재의 마음과 생각을 알아차리고(念), 그 생각을 멈추고(止), 그 생각과 마음을 지켜보는 것(觀)이다.

미국의 타임은 2003년 1월 20일을 시작으로 수회에 걸쳐 마음챙김 명상 특집을 카버스토리로 개재하였다. 여러 차례에 걸쳐 마음챙김 명상의 효과와 인기에 대한 특집 기사를 다뤘다. 대중화 성공 비결로 과학적 효과 검증을 통해 명상을 종교 행위가 아닌 주의력 훈련으로 마케팅한 점을 꼽았다. 주의력 향상을 통한 뇌 건강, 창의성 발휘, 심신 치유 등이 명상 효과이다. 국내에서도 점차 마음챙김 명상에 대한 관심이 높아지고 있다. 대기업 삼성과 LG는 물론, 여러 기업과 군이나 공기업, 학회 등에서 정신건강, 힐링, 창의력 증진의 목적 명상이 수행되고 있다. 마음챙김이라는 주제로 출판된 국내 도서가 거의 300권 가까이 된다. 문화체육관광부는 2022년 한국인의 의식과 가치관 조사를 실시했다. 삶에서 가장 중요한 가치는 건강, 행복한 가정, 경제적 풍요, 자신의 능력개발, 사회적 성공순이다.[21] 의식은 건강과 가족의 행복이지만 행동은 사회적 풍요와 성공을 위해 위험에 도전한다. 나는 지금을 잘 살피고 나의 행동은 내마음 속의 진실이라는 허구의 무의식에 빠져 있다. 지금 현재의 나 자신과의 연락이 끊어진 삶이지만만 우리는 이것을 모른다. 삶의 진실된 가치와 의미가 무엇인지를 잊은 채 환상과 충동에 둘러싸여 자신을 가둔다. 불교에서는 이를 무례함 또는 무심이라고 부른다. 안전 용어로는 안전 불감증이고 안전 무의식의 상태이다. 나를 끈질기게 충동하는 생각은 마음 속에 정보를 담고, 결정을 반영하고, 감정을 통제한다. 생각은 과거를 회상하고 미래를 상상하면서 목표를 추적한다. 생각은 내가 누구인지 개인적인 이야기를 지속적으로 속삭인다. 나 자신을 알기 위해서는 나를 충동하는 머리 속의 목소리, 자동적으로 나타나는 속삭임, 매혹적인 이야기를 들을 수 있어야 한다. 마음챙김은 우리 자신과 반응 사이에 약간의 공간을 두어 자동적 사고나 조건부 반응을 알아차린다. 사건이나 상황이 때로는 사실이 아니라 자신의 생각이나 해석이고 심지어 허구라는 알아차림이다. 지금을 있는 그대로 볼 수 있고 현상 자체를 알아차리는 훈련이 마음챙김이다.

하버드 리뷰는 8주간 마음챙김 프로그램으로 사람들의 무의식을 의식화할 수 있다는 연구 결과를 발표했다. 전두엽피질에 강한 활성화 신호가 나타났다. 해마 관련 부위에서 회백질의 양이 증가했다. 감정과 기억에 관여하는 변연계이다. 이 영역은 전략을 유연하게 전환하는 자기 규제 통제소이다. 불확실하고 빠르게 변화하는 상황에 직면했을 때 특히 중요한 역할을 담당한다. 자기 조절에 탁월한 성과를 보여주며 방해에 저항하고 올바른 답을 찾는 능력이다. 마음챙김 명상이 지각, 신체인식, 감정조절, 복잡한 생각, 자아감각과 관련된 뇌 영역에 영향을 미친다는 것을 보여준 과학적 근거이다.[22)]

아주 기본인 건포도 먹기 명상만으로도 한 번에 하나만 생각하는 것이 얼마나 힘든지 깨닫는다. 기술은 주의를 점점 더 작은 조각으로 쪼개는 것을 쉽게 만들었다. 우리는 운전을 하면서 커피를 마신다. 때로는 문자 메시지를 읽는다. 일을 하면서 음악을 듣는다. 과제를 하면서 채팅을 한다. 밥을 먹으면서 TV를 본다. 걸으면서까지 스마트폰에 집착하지만 넘쳐나는 정보를 따라갈 수 없다. 우리 뇌가 제대로 기능을 할 수 없을 정도로 혹사당하는 사실을 알지 못한다. 내가 어디로 가고 있는지? 나는 누구인지? 무엇을 하는지? 우리는 혼돈의 시대에 살고 있다. 신체의 특정 근육에 이정도의 부하를 준다고 생각해 보면 뇌의 부담은 쉽게 이해할 수 있다. 명상 수련은 수천 년을 이어 온 고전적이지만 혁신적인 유전자 개혁 프로그램이다. 명상 신경과학이라고 부르는 제5세대 명상이다. 업무 능력의 향상이 목적이 아니라 인간이 행복하고 안전하게 살 수 있는 지혜를 얻는다. 미국인들이 마음챙김에 관심이 높은 이유는 자신을 이해하고 자신과의 관계를 재구축하려는 욕구이다. 마음챙김은 현실 도피가 아니다. 물질적 목표에 집착했던 깨달음과 자신의 존재를 있는 그대로 수용하는 알아차림이다. 희로애락이나 집착의 감정에 압도되는 것이 아니라 그것들을 다스릴 수 있는 도구를 가지는 것이다.

우리의 뇌에는 작은 비밀이 있다. 상상했던 것과 실제로 일어난 것의 차이를 항상 구분할 수는 없다는 것이다. 시각화가 작동하는 이유이다. 목표를 달성하는 자신을 시각화하면 뇌는 결국 실제로 그것을 했다고 믿는다. 더 자신감을 느끼도록 도와주고 현실에서의 달성을 더 쉽게 만든다. 시각화는 신경 가소성의 훈련이며 반복 연습으로 뇌에 새로운 경로가 구축된다. 당신이 직장에서 뜻하지 않은 승진을 했다고 상상하는 것만으로도 뇌는 당신을 흥분시킨다. 레몬 먹는 것을 상상하는 것만으로도 혀가 얼얼해지거나 입에 신물이 고인다. 실제의 경험 감각과 동일한 부위의 신경 경로가 활성화되기 때문이다. 시각화는 상상력을 사용하여 마음속에 이미지, 시나리오, 또는 경험을 창조한다. 마음의 눈을 통해 무언가를 상상하고 그것이 가능하다는 것을 스스로에게 확신시킨다.

적극적인 상상력과 유도된 이미지는 특정 목표에 대한 집중력을 배양하고 성공률을 높인다. 스포츠 코치들은 선수들의 집중력 향상과 성공 결의를 부채질하기 위해 시각화 명상을 사용한다. 안전은 시각화 명상으로 정신적 리허설이 가능하다. 작업 상황을 그리면서 예상되는 안전 조치나 위험 상황을 정신적으로 연습한다. 안전하게 작업하는 자신을 이미지화하고 이를 준비하는 자신을 상상한다. 안전이 당신과 당신의 가족을 위해 집중해야 할 최고의 가치라는 것을 자각한다. 반대로 위험을 발견하지 못하고 사고를 당한 자신을 상상해 볼 수도 있다. 그러면 안전이 누구를 위한 것이며 무엇을 위한 것인지 자명하게 알게 된다. 시각화가 중요한 이유는 어떤 상황이 일어나기 전에 어떻게 반응해야 하는지 준비할 수 있는 능력이 개발되기 때문이다. 뇌가 마음속의 성공을 보고 듣고 느끼도록 조절함으로써 주의 집중이 훈련된다. 시각화 명상은 필터링 시스템과 같은 역할을 하며 과도한 부분을 걸러낸다. 중요한 정보와 중요하지 않은 정보를 판단하고 결정하는 데 도움이 된다. 뉴런 번들인 망상 활성화 시스템(RAS, Reticular Activating System)과 결합된다. 효과적인 안전교육을 위해 활용할 수 있는 혁신적인 프로그램이다.

심리학 관점의 시각화 명상에는 두 가지의 접근 유형이 있다. 결과 시각화와 과정 시각화이다. 결과 시각화는 최종 목표를 상상할 때이다. 매일 안전하게 가족과 함께 누리는 행복의 삶과 사고로 인해 깨진 행복의 결과를 비교 상상한다. 건강하게 일하면서 가족과 행복하게 살아가는 자신을 이미지화 한다. 과정 시각화는 위험을 예방하고 안전을 확보하여 가족과 행복하게 살고 있는 각 단계를 상상하며 안전동기를 강화한다. 교육과 학습, 훈련, 위험성 평가, 위험 예방에 대한 절차를 이미지화하고 수행하는 것이다. 습관으로 개발할 수 있다. 정확한 이미지에 집중하도록 자신만의 트리거 문구나 키워드를 가지는 것도 좋은 방법이다.

주변 상황에 대해 위험을 알아차리고 대처하는 능력은 어떠한가? 앞에 보이는 것을 모두 보고 인지하는가? 일리노이대학교 심리학과 시몬스와 레빈(Daniel Simons and Daniel Levin)은 인간의 능력이 우리가 생각하는 만큼 똑똑하지 못하다는 것을 깨닫게 해주었다. 길을 물어보는 도중, 그들 사이로 누군가 판넬을 들고 지나가면서 질문자가 다른 사람으로 바뀐다. 15명 중 7명이 바뀐 상황을 모르고 끝까지 설명을 한다. 우리는 마주보고 설명해주던 사람이 바뀌면 이 사실을 알 수 있다고 확신할 것이다. 실제는 50%의 사람들이 이를 알지 못했다.[23] 이 연구가 주는 메시지는 무엇인가? 상황이 바뀌어 위험한 물체가 내 주변에 있다고 해도 작업자의 절반은 이러한 사실을 모른다. 안전하다고 확신하며 작업을 계속할 것이다. 색깔을 구분하지 못하는 이들을 흔히 색맹이라고 한다. 다행스럽게도 교정 렌즈가 개발되어 해결되었다. 위험을 보지 못하는 위험맹은 어떠한가? 우리 스스로도 알지 못하고 이를 보완해주는 과학도 아직은 없다. 우리는 이러한 사실을 알지 못하고 스스로의 안전능력을 과신하고 있다.

시각화는 선택적 주의를 향상시키는 훈련이다. 시상은 주의를 기울이는 적은 수의 감각적인 정보를 선택하고 불필요한 것들은 걸러낸다. 우리는 현재에 집중하고 지금을 알아차리지 못하기 때문에 자기와 이야기하던 상대가 바뀐 것도 모른다. 인간은 뇌의 한계로 모든 순간에 주의를 집중하고 의식하는 것이 어렵다. 위험을 보고 느끼고 대처하지 못한다. 안전무의식과 안전불감증은 인간의 태생적 문제인데 의도적 행위로 접근하니 해답을 찾지 못하는 것이다. 현재에 주의를 집중하고 알아차릴 수 있는 능력은 뇌 훈련으로 향상될 수 있다. 호수에 여러 개의 돌을 던지면 많은 물결이 한꺼번에 밀려온다. 어떤 돌의 물결인지 알지 못한다. 우리의 생각이 이와 같다. 지금 내가 느끼는 감정이나 생각을 알지 못한 채 생각의 홍수에 휩쓸려 무의식으로 살고 있다. 좋든 싫든, 이 순간만이 우리가 실제로 함께 하는 전부이다. 무의식의 안내자는 건망증의 구름을 타고 다니는 것과 같다. 길을 잃게 만든다.

잡스러운 생각의 홍수를 어떻게 고요하게 할 수 있는가? 가장 보편적인 방법이 호흡, 음식의 맛, 소리 등의 오감을 활용하여 신체 감각에 집중하는 것이다. 특정 대상, 생각, 활동에 집중하여 주의력과 인식력을 향상시키는 훈련이다. 우리는 작업을 시작할 때나 작업 중에도 생산, 동료들의 분위기, 작업 몰입, 시간 압박, 스트레스 등으로 위험을 예지하고 안전에 집중하는 기회를 가지지 못한다. 위험에 대해 생각하는 순간에도 주의를 집중하지 못하고 대강 추론적으로 안전하다고 단언한다. 왜 안전한지 근거를 객관적으로 살피지 않는다. 마음챙김 안전명상 훈련은 위험을 알아차리고 안전에 주의해야 할 상황을 알아차릴 수 있다. 주변 환경뿐만 아니라 생각, 느낌, 신체 감각, 경험의 현재를 관찰하는 적극적인 안전 참여이다. 충동적으로 반응하는 대신 감정에 더 초연해지고 지금에 온전히 집중한다.

전 세계에서 수억 명의 사람들이 명상을 하고 있다. 사회에서 가장 성공적인 사람들 중 몇몇은 성공의 큰 부분이 시각화 명상 연습 덕분이라고 했다. 방송인 오프라 윈프리, 농구선수 마이클 조단과 코비 브라이언트, 작가이며 타임지 선정 영향력 있는 여성 100인에 이름을 올린 애리애나 허핑턴, 배우 안젤리나 졸리, 배우 휴 잭맨 등이다. 안전명상은 나의 가족과 함께하는 선물이며 확실한 행복의 길이다. 위험에서 나를 지키는 소중한 도구라는 것이 과학적으로 검증되었고 작은 노력으로 가능하다.

마음챙김 명상(MBSR: Mindfulness-Based Stress Reduction)의 창시자인 존 카밧진(Jon Kabat-Zinn)의 효과성 연구에 따르면 8주 명상프로그램 참가자들에게서 전전두엽과 변연계 중심부가 활성화되는 것을 확인했다. 4개월 후 재측정하였더니 효과성이 그대로 유지되었다.[24] 명상 훈련이 기대하는 목표를 얻을 수 있는 새로운 생존 회로를 구축할 수 있고 관심이 유지되는 한 효과성은 변하지 않는다는 강력한 증거이다. 마음챙김은 우리가 공포 반응을 할 때 그것을 알아차리고 우리 뇌의 논리적인 부분을 다시 활성화하는 노력을 도와준다. 안전 교육, 관리 감독, 처벌과 보상, 어깨띠 두르고 외치는 캠페인으로 물질 중독의 폭군에 맞설 수 없다. 위험에서 나를 보호할 수 있는 강력한 안전 신경회로를 구축하는 것이 유일한 대안이다. 마음챙김 안전 명상이 이를 이룰 수 있는 과학이다. 안전 명상은 안전 목표 설정, 위험 인식, 의식적인 안전 조치 결정, 건강한 즐거움과 보상 추구의 순환 체계가 뇌 신경에 구축되고 건강하고 안전한 습관이 형성된다.

마음챙김은 인식, 주의력, 시간, 수용의 네 가지 요소로 구성되어 있다.[25] 누구나 연습과 헌신을 통해 배우고 함양할 수 있다. 인식력은 내부 및 외부 시스템과 자극을 지속적으로 모니터링하고 인식하는 뇌의 능력이다. 주의력은 특정 현상에 대한 인식을 집중시켜 그에 대한 민감도를 높이는 뇌의 능력이다. 작업에 대한 외적 압력이나 내적 스트레스로 인하여 놓치기 쉬운 위험 요인에 지속적으로 주의를 집중할 수 있는 역량이 향상되어 안전을 확보할 수 있다. 시간은 우리가 존재하고 경험하며 행동하는 유일한 장소인 '지금'을 의미한다. 수용력은 우리가 판단력이 없는 상태로 내버려둘 수 있는 능력, 당혹감, 만족감, 실망감 없이 현실을 '있는 그대로' 관찰하고 흡수할 수 있는 능력이다. 우리의 생각은 지금의 순간을 떠나 미래와 과거를 헤매고 다닌다. 순간을 놓치는 그 시간이 사고로 이어진다. 마음챙김은 개인적이고 직업적인 삶에서 기쁨이나 고통 속에서 펼쳐지는 순간순간을 소중하게 느낀다. 현재에 집중할 수 있는 능력이 위험을 인지하고 예방하는 최고의 능력이다. 다른 사람들과의 관계 속에서 함께 살아가며 더 충만한 삶을 사는 데 기여한다. 한국인은 행복지수가 낮다. 매 순간 부정 감정에 휩싸여 자신의 뇌는 편도체에 하이재킹 당하니 이성은 작동할 수 없다. 명상은 긍정의 감정을 높여주고 행복에 충만하게 한다. 전두엽이 더 활성화되어 작업 중 모든 판단을 합리적으로 할 수 있는 능력이 향상된다. 현상을 보지 못하는 위험으로부터 탈피할 수 있다. 알아차림 명상은 안전에 매순간 집중할 수 있는 능력을 개발하고 향상시키는 두뇌의 재배선이다.

심리기반 안전문화 구축

좋은 안전문화는 감성 지능의 향상과 전두엽의 기능 회복이다. 안전문화는 사람들의 마음을 조종하는 그 사람의 뇌에 올바른 안전 DNA의 구축하는 것이다. 물질 중독의 디톡스, 뇌의 폭력성 예방, 안전 신경회로의 재배선이 가능한 신경 가소성에 길이 있다.

첫째, 최우선 혁신 대상이 안전 교육이다. 안전의 기본은 지식과 기술의 습득이다. 강의 시간 내내 관심 없는 표정들로 앉아 있는 몇몇분들이 계신다. 법적으로 강제하니 참석하는 것이고 교육은 쉬는 시간이라는 인식이다. 자료 부족, 정부 조직의 미비, 교육 인프라 미흡, 실무와 교육의 괴리 등 지적과 대책이 다양하다. 맞는 말이지만 이것으로 안전 교육이 정상화되기를 기대하는 것은 이루어질 수 없는 무산지몽(巫山之夢)이다.

인간의 뇌는 패턴과 즐거움을 추구하도록 진화해 왔고 에너지가 도파민이다. 교육 개혁은 뇌가 관심을 가지는 방법을 찾는 것이며 학습 신경학을 아는 것이다.

둘째, 인지정서행동의 깨달음이다. 행동의 내면에는 그 사람의 감정을 지지하는 가치와 신념이 있다. 인간은 선천적으로 합리적이면서 비합리적이고 긍정적이면서 동시에 파괴적인 불완전한 존재이다. 안전은 불안전한 행동을 야기하는 잘못된 감정과 비합리적 신념을 올바르게 변화시키는 것이다.

셋째, 안전동기 강화 기법이다. 안전의 목표가 안전 행동이고 행동의 변화는 동기에 있다. 모든 사람들이 안전한 작업을 원하지만 여러 요인으로 인해 불안전행동을 하게 된다. 이면에 존재하는 양가감정을 탐색하여 안전 행동을 열망하는 그 동기를 강화하는 기법이다.

넷째는 안전코칭이다. 코칭은 감정 지수, 대인 관계 역량, 스트레스 관리, 자기 존중 및 공감 역량을 향상시키며 목표 지향적이다. 전두엽 참여 및 동기 부여의 잠재력을 증가시킨다. 지속적이고 반복가능한 일련의 코칭 프로세스에 따라 안전 행동이 형성되고 습관화된다.

다섯째는 마음챙김 안전 명상이다. 마음챙김은 알아차림이고 명상은 주의 집중이다. 우리는 지금 내가 무엇을 하고 있는지 알지 못한 체 마음의 자동 사고 모드에 따라 습관대로 행동한다. 사고는 불안전행동을 하고 있는 현재의 자신을 알지 못하는 그 순간에 찾아온다. 전전두엽 피질을 자극하여 뇌에 안전 경로를 구축함으로써 안전 행동을 습관화할 수 있다.

여섯째는 안전 명상과 안전 코칭의 통합적 수행이다. 우리는 세상을 잘 알고 이해한다고 확신한다. 이것은 순전히 착각이고 착각속에 자신을 가두는 제한된 그림이다. 우리는 한 시점에서 우리를 둘러싼 수배만 가지 자극 중 5~9가지 항목만 처리할 수 있다. 마음챙김 자체만으로도 알아차림, 주의 역량, 긍정성이 향상되지만 코칭과 병행 수행함으로써 더 활성화된다.

세계 10위 권의 영향력 있는 코치가 경험하고 있는 코칭과 명상의 활용 성과에 대한 아이디어를 소개한다.[26] 코칭 전 4분의 신체 스캔 명상만으로도 이전 내용을 실용적으로 검토하고 다가오는 세션에 집중할 수 있다. 마음챙김 중재는 코칭 과정에서 마음이 방황할 때 이를 알아차리고 다시 집중하도록 주의를 가져온다. 변화하는 기분과 감정 관리에 도움이 된다. 안전코칭과 안전명상을 활용하여 안전 툴박스(Tool Box) 시간에 짧게 활용할 수 있는 '안전 도구가 나를 살리는 멈춤, SOS 생존 모델'이다. Chapter 08 '한국형 안전문화 실천 전략' 편에 개념과 활용법이 설명되어 있다.

PART

03

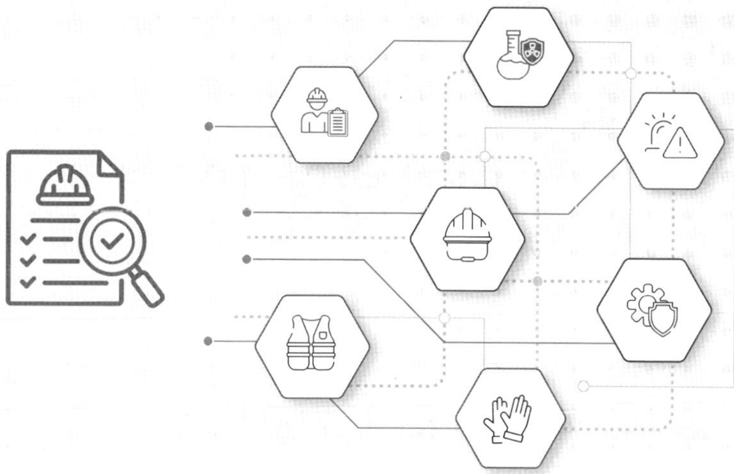

안전문화

CHAPTER 04

안전 발달 106년

순차적·역학적·시스템 모델의 발달

안전의 발달

산업혁명 초기 수십 년 동안은 인간의 역사에서 가장 치명적인 위험의 시기였다. 사망과 부상은 일상이었고 사고는 일어날 수밖에 없다고 암묵적으로 동의하던 시대였다. 행동을 강제하던 물리적 장벽이 대책의 전부였다.

미국국가안전협회에서 발표한 1,900년 초 기록에 따르면 펜실베니아 주 앨러게니 카운티(Allegheny County)에서만 연간 500명 이상의 근로자가 사망하고 1,500건의 심각한 부상자가 발생했다. 미국 전역에서 매년 18,000명에서 23,000명 사이의 근로자가 재해로 사망했다. 노동자들의 사망률이 급격히 증가하면서 경영자와 노동자 간에 보상 갈등이 첨예한 이슈였다. 1908년 뉴욕주에서 노동자 보상법이 제정되면서 안전 운동이 미국 전체로 확산되었다. 책임의 판단이 중요해지면서 작업자의 사고 원인과 예방법에 대한 연구가 시작되었다. 변화를 설명하기 위해 순차적, 역학적, 시스템 단계로 발전해왔다.

순차적 모델은 사고의 시간 순서에 의한 분석이며 선형적인 인과관계의 가정이다. 사건이 식별되고 제거되면 사고의 재발을 방지를 할 수 있다는 견해이다. 역학 모델은 사고가 시스템 내의 '잠재적' 및 '적극적' 실패의 조합으로 발생한다는 가정이다. 관리 관행 또는 조직문화는 병원체와 같이 시스템 내에 장기간 휴면 상태에 있을 수 있다. 작업자의 오류와 위반의 적극적인 실패가 잠재요인과 결합될 때 시스템 방어가 뚫리면서 사고로 이어진다. 시스템 개념은 구성 부품 간의 통제되지 않은 관계에서 발생하는 시스템의 예기치 못한 행동 손실이다. 합리적으로 보이지만 잘못된 운영 방식이 시스템에 안전하지 않은 상황을 만들고 사고로 이어진다. 단순히 원인을 제거한다고 해서 사고의 재발을 방지할 수는 없다. 시스템 전체에 대해 안전 결함을 식별하고 해결해야 하는 총체적인 접근 방식이 필요하다.

1919년의 사고경향성 이론부터 2025년까지 106년 동안 사고 원인 분석 모형은 계속 발전해왔다. 발전 단계 구분은 Hudson, Waterson, Hollnagel 등 여러 학자들이 제시하였으나 차별성이 거의 없다. 사고 모델의 순차, 역학, 시스템 모델의 분류와 하위 집합이다. 그림은 안전관리의 발달을 진화의 순서에 따라 표기한 Cambon의 도표이다.

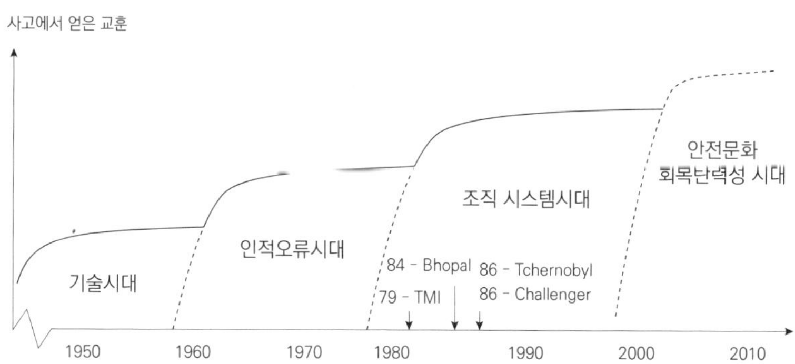

안전관리 접근방식의 진화 [1)]

사고 원인 모형은 결과적으로 원인이 무엇인지 밝혀서 예방 대책을 찾는 것이다. 모델의 장점은 사고의 다양한 원인과 문제점을 명확히 파악할 수 있다. 사고 후 책임을 구분할 수 있고 이행을 강제할 수 있다. 왜 사고가 발생하고 어떻게 발생하는지에 대한 원인이며 예방 정책을 구축하고 실천할 수 있는 기초이다. 사고 원인 모형의 진화과정을 안전과학의 발달 역사로 규정하는 이유이다. ESG 측면에서도 안전 관리는 지속 가능한 정책의 핵심 주제이다. 기업이 살아 남기 위해서 계획되지 않은 사건 및 손실의 예방은 필수적이다. ILO(2003년 5월) 발표에 따르면 업무상 사고 또는 질병으로 15초당 1명의 근로자가 사망한다. 산업현장에서 153건의 사고가 동시에 발생하고 6300명의 근로자가 질병 또는 사고로 매일 사망한다.[2] 안전 없이는 어떤 기업도 지속 가능하지 않다.

순차적 모델

1919년에 Greenwood와 Woods는 영국 탄약 공장에서 발생한 사고를 분석하여 성격에 따라 사고율의 차이를 발견하였다. 일부 개인의 성향이 사고 특성에 높게 기여한다는 성격과 사고의 인과성을 검증한 이론이다. 2025년 기준 106년은 이 모델 탄생의 기록이며 안전 역사의 기준점이다. 이 시기의 연구는 안전의 관점이 인간의 불안전 요인이었고 기술 및 시설이 대책의 전부였다. 사고 원인이 연쇄적인 연결성을 가진다는 선형 사고 이론의 시대였다. 1931년 하인리히는 그의 저서 『산업재해 예방: 과학적 접근』이라는 제목의 책에 이 모델의 개념을 반영하였다.

도미노 모델은 사회적요인 및 유전적결함, 개인적결함, 불완전행동과 상태, 사고, 상해의 다섯 단계를 거치는 일련의 사건들에 의해 사고가 발생한다는 이론이다.[3] 요인들이 붕괴될 때 도미노가 무너지는 것과 비슷하기 때문에 직관적이고 매력적이다.

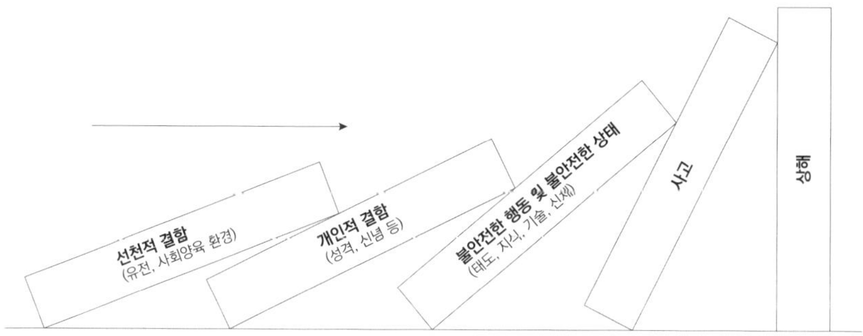

하인리히의 사고발생 5단계(1931)

1단계는 개인이 선천적으로 고유한 특성을 가지고 태어나지만 성장하면서 환경의 영향을 받아 선천적, 후천적 결함이 형성된다. 2단계에서는 이들이 망각, 실수, 착각, 위반 등의 정신적, 신체적인 휴먼 에러로 이어진다. 3단계는 개인의 결함이 불안전한 상태에서 불안전행동을 유발하여 사고의 직접적인 원인이 된다. 부적절한 태도, 지식의 결여, 숙련도 부족, 신체적 부적합 등의 문제들이다. 불안전행동은 규정 위반, 위험장소 접근, 보호구 미착용 등이다. 불안전한 상태는 작업환경, 기계설비, 작업방법, 부적합한 공도구 등의 문제와 같이 기계적, 물리적 위험이다. 처음 4개 중 하나를 예방, 제거하면 다섯 번째 도미노인 사고를 방지할 수 있다는 이론이다.

사람의 행동에만 집중한다는 비판을 받고 있지만 이 모델은 많은 학자들의 안전 연구에 기초가 되었다. 하인리히의 도미노 이론을 자신들 연구의 출발점으로 삼은 대표적인 학자가 위버와 애덤스이다. 위버(Dream Weaver)는 하인리히의 도미노 중 세개의 도미노를 관리 시스템으로 보았다. 유전과 환경, 인간의 실수, 불안전한 행동과 상태, 사고, 상해의 5단계이다. 안전하지 않은 행동이나 상태가 여전히 즉각적인 원인이지만 이들의 책임을 개인에 두지 않고 관리시스템과 부실한 감독의 책임으로 보았다.

위버는 사고 원인과 안전하지 않은 행위를 계속하는 이유를 파악해야 한다며 관리 측면을 강조했다. '왜 불안전한 행동을 했습니까?', '이러한 행동을 하도록 왜 방치하였습니까?', '모든 관련자들이 규칙과 절차를 알고 있습니까?' 질문을 통하여 경영진이 사고를 예방할 수 있는 안전지식을 가지고 있는지 여부를 판단함으로써 운영상의 오류를 밝혀야 한다.

애덤스(Edward Adams)는 직접 원인이 불안전한 행동과 상태를 유발하는 전술적 에러에 있다고 보았다. 관리체계, 작전적 에러, 전술적 에러, 사고, 상해로 이어지는 5단계 이론이다. 하인리히의 도미노 앞 부분의 세 단계를 개인적 요인이 아닌 조직적 특징으로 보았다. 운영 오류가 경영 구조, 조직의 목표, 작업절차, 시스템, 조직의 운영 및 실행 방법에 의해 발생한다고 했다. 안전하지 않은 행동과 조건을 전술적 오류로 명명하였고 경영진의 전략 실패라고 했다. 애덤스는 조직 구조, 기본 시스템 및 하위 시스템, 안전하지 않은 조건 및 근로자의 안전 행동과 여러 상호 작용을 구체적으로 강조한 최초의 안전 이론가 중 한 명이다.

사고 원인이 불안전행동에만 치우쳐 있다는 비판에 주목한 사람이 버드(Frank Bird)이다. 관리감독의 부재와 시스템의 문제점을 반영하여 하인리히의 법칙을 새롭게 해석하였다. 21개 산업군의 297개 회사가 보고한 30억 노동시간 동안 발생한 175만 3,498건의 사고를 분석했다. 재해, 작은 사고, 무재해 사고, 아차 사고의 비율을 1:10:30:600으로 제시했다. 사고를 유발하는 사람, 기계, 정보와 환경, 관리(Men, Machine, Media, Management)의 기본요인과 불안전행동을 일으키는 배후의 원인까지 조사했다. 버드와 로프터스(Bird and Loftus)는 하인리히의 이론을 보완하여 신 도미노 이론을 개발했다. 인적요인에 추가하여 관리 시스템의 통제부족과 개인과 조직의 관리적 요인을 반영하였다. 통제의 부족(관리소홀), 기본 원인, 불안전행동과 상태의 직접원인, 사고, 상해의 5단계이다.

이 모델은 사고의 근원적 원인을 통제부족으로 보고 관리 통제를 사고 예방의 핵심으로 보았다. 관리자들이 안전 계획, 작업절차, 작업개선, 평가 및 개선을 사전에 제대로 수행하면 사고를 예방할 수 있다. 도미노의 2단계 기본원인이 사고 예방의 핵심이며 개인 요인과 직무 요인이다. 지식과 기능의 부족, 잘못된 동기, 정신적 신체적 문제, 좋지 못한 태도 등이 개인 요인이다. 설비의 결함, 잘못된 작업절차, 기기의 잘못 사용, 유지관리 결여 등이 직무 요인이다. 이 두 요인이 결합되면 결국 사고를 유발하여 사람, 재산 또는 운영 프로세스와 관련된 손실로 이어진다. 사고는 기본 원인을 제대로 관리하지 못했기 때문이며 그 원인은 시스템 구축의 실패 및 관리 부실이다. 사고 예방은 기본 원인을 관리적 방법으로 제어함으로써 가능하다고 보았고 경영진의 책임을 더 강조하였다. 직무기준, 작업계획, 평가, 개선 절차의 작성 및 운영 시스템 구축과 위험의 관리 통제이다. 사람 요인, 관리 요인, 설비 요인, 환경적 요인으로 분석하여 원인을 찾아 대책을 세울 수 있다. 신 도미노 이론은 국제안전등급심사(ISRS: International Safety Rating System)의 감사 도구로 활용되면서 석유화학산업과 광업 안전분야에 큰 영향을 미쳤다.

도미노 이론을 정면으로 반박한 사람이 있다. 비 도미노 기반 모델을 제안한 산업심리학자 피터슨(Dan Petersen)이다. 사고에는 주 원인으로만 발생하는 것이 아니라 기여하는 다양한 하위 요인이 있다. 이들이 무작위 방식으로 결합되어 사고를 일으킨다는 다중 요인 이론이다.

작업자가 결함 있는 사다리에서 추락하였다. 도미노 분석은 사다리 결함의 문제나 안전하지 못한 행동만 식별한다. 결함이 있는 사다리를 교체하거나 불안전행동을 예방하는 것이 문제 해결이다. 피터슨은 이를 도미노 이론이 보여주는 편협한 해석이라고 평가했다. 재발 가능성을 원천적으로 차단하는 대책이 될 수 없다는 것이다.

불안전행동이나 불안전한 상태가 사고의 원인일 수 있지만 본질은 아니다. 안전하지 않은 행동이나 상태를 조사하는 것은 단지 증상을 다루는 것이다. 영구적인 개선 대책이 될 수 없다. 정상적인 검사에서 사다리의 결함이 왜 발견되지 않았는지 감독관이 왜 사용을 허용했는지? 교육은 제대로 시켰는지? 직원이 작업자에게 결함이 있다는 것을 상기시켰는지? 부상당한 직원이 사다리를 사용해서는 안 된다는 것을 알고 있었는지? 감독관은 작업절차를 사전에 검사했는지? 사고의 근본 원인부터 하위 요인까지 밝혀야 전체를 알 수 있다. 올바른 대책을 세울 수 있고 작업자의 안전행동을 보장할 수 있다.

이와 같이 순차적 모델은 사회 기술적 맥락을 고려하지 못한다는 단점 등이 제기되고 있지만 방법의 문제가 아니라 모델 자체의 약점으로 볼 수 있다. 사건의 순서를 순차적으로 설명할 수 있고 그림으로 쉽게 표현이 가능하다는 것은 장점이다. 새로운 모델들이 발표되고 있지만 이 모델을 완전히 버릴 필요는 없다. 오랜 기간동안 지속적으로 성숙되어 왔다는 점은 이 모델만의 강점이 있기 때문임을 인정해야 한다. FTA(Fault Tree Analysis), ETA(Event Tree Analysis), FMEA(Failure Mode & Effect Analysis), CCA(Critical Consequence Analysis) 등의 전통적인 사고 모델이 이 유형들이다.

역학적 모델

역학적 모델은 안전관리의 범위를 인간행동의 차원에서 심리학과 시스템의 영역으로 의식을 확장하였다. 강력한 분석 기법의 필요성이 제기되었고 이러한 단점을 병원체 이론으로 보완하여 탄생된 2세대 역학(epidemiological)모델이다. 대표적인 모델이 제임스 리즌(James Reason)의 스위스치즈 이론이다. 인지 심리학자이자 영국 맨체스터 대학의 명예 교수였던 리즌이 1990년에 쓴 『인간의 실수』에서 비롯되었다. 챌린저호 폭발, 보팔, 체르노빌을 포함한 일련의 재난이 이 개념에 동기를 부여했다. 사고를 한 사람의 인적요인으로 치부하거나 하나의 원인으로 규정할 수 없다. 시스템의 불완전을 보호하기 위한 각각의 다중 방호장치가 있지만 구멍이 뚫려 있어 완벽하지 않다. 여러 개의 방어시스템에 문제의 구멍들이 일렬로 늘어서게 될 경우에 사고가 발생한다.

1987년 체르노빌 참사를 분석한 리즌은 사고 원인 과정을 인체에 '거주하는 병원체'에 비유했다. 인간의 생리학적 면역 체계와 유사개념이다. 모든 조직 체계가 병원체의 형태로 죽음의 씨앗을 축적한다. 잠재적 실패가 휴면 상태로 축적되면서 불안전행동의 활동적 실패와 결합하여 사고를 촉발한다. 경영자의 잘못된 정책에 따라 발생된 사고 유발 요인들이 조직 내부에 거주하는 것이 잠재적 실패이다. 개인의 심리와 행동 요인에 따른 활성자는 능동적 실패이다. 잠재적 병원체의 생성은 조직에서 피할 수 없는 요인이다 예방과 대책이 중요하다.

안타깝게도 '안전이 최우선'이라고 명시한 비전 진술서와 실질적 경영 관행의 불일치는 너무나 흔하다. 리즌은 경영진의 성찰을 지적하면서 잠재적 실패에 대비하는 헌신을 강조했다. 잠재적 병원균을 생성하는 당사자도 경영진이며 오류를 식별하고 근절하는 책임도 이들이다. 안전을 유지하고 개선 전략을 실행하는 리더십을 보여주고 자원을 제공함으로써 이를 증명할 수 있다. 비전을 개발하고 안전의 가치를 최우선으로 확립한다. 안전 목표를 설정하고 시스템적으로 자율적 수행과 통제가 가능하도록 안전 정책을 만든다. 안전 개선 전략의 계획과 실행에 직원의 참여를 촉진한다. 경영진 스스로가 롤모델이 되어야 한다.

사고는 장벽의 기능과 직접적으로 관련된 인간의 행위, 또는 설계나 설치의 실패이기도 하지만 경영진이 장벽 설치를 고려하지 않았을 수 있다. 이러한 인간의 행위 또는 무행위가 즉각적인 원인이며 장벽의 실패이다. 전제 조건을 살피는 것은 장벽이 왜 실패했는지 그 이면을 보는 노력이다. 항상 문제를 근본적인 원인으로 접근해야 한다. 부적절한 일과 삶의 균형으로 인한 피로, 상황 인식 상실, 부적절한 동기, 잘못된 감독, 작업을 서두르는 것, 시끄럽거나 어두운 환경, 혼란스러운 절차, 작업 목표에 대한 잘못된 이해 등이다. 작업을 서두르는 것은 안전보다 생산성을 우선시하는 리더의 상충되는 메시지가 원인일 수 있다. 리더십, 문화, 관리 시스템의 약점 또는 실패가 사고와 사고의 근본 원인이다. 사고에 완전히 관련이 없어 보이는 것이라도 사고의 원인 또는 잠재적 원인의 가능성이 있다. 이 모델은 잠재적 요인과 깊숙한 부분까지 분석이 가능하여 근본 원인을 파악하는 데 적합한 모델이다.

스위스 치즈 모델은 수년 동안 의학과 항공 등의 다양한 산업 분야의 안전 분석가들에 의해 널리 사용되면서 유명해졌지만 비판도 적지 않았다. 리즌 박사 자신도 이 모델이 한계가 있고 일반적인 도구나 지침서로 의도되었다고 언급했다. 2004년 그는 독일 베를링겐 근처의 항공 사고를 다루는 워크숍에서 "스위스 치즈는 판매 기한이 지났습니까?"라는 제목으로 강연을 하기도 했다.[4)]

스위스 치즈모델에서 잠재적 위험의 구체적 분석이 가능하도록 인지심리학자 Wiegmann과 항공 안전 전문가 Shappell이 인적 요인 분석 분류 시스템(HFACS: Human Factors Analysis and Classification System) 모델을 개발하였다. 인간의 행동, 행동의 전제조건, 감독, 조직 영향 등 4가지 수준의 잠재적 실패를 분석하는 도구이다. 1992년 마이크로소프트는 윈도우 그래픽 버전이 출시되면서 이론들을 그래픽으로 표현할 수 있게 되면서 개발된 두개의 소프트웨어 도구가 Bow Tie와 Tripod Model이다.[5)] Bow-Tie, HFACS, Tripod Beta는 역학 모델들이며 THERP, CREAM, RCA 등은 인적 신뢰도 평가 기법들이다.

시스템 모델

1980년대와 1990년대에 체르노빌(1986), 지브뤼게(1987), 챌린저(1986), 래드브로크 그로브(1999)를 포함한 일련의 중대 사고가 계속되었다. 인적 오류를 개인적 관점에서 시스템과 상호 작용하는 요인으로 이해하는 계기가 되었다. 안전문화라는 새로운 접근법이 제안되었고 시대의 변화를 반영한 새로운 분석 모델들이 발표되었다. 거시 경제학, 시스템, 안전, 인지 공학 이론을 반영한 사회 기술적 시스템 기반의 분석 도구들이다. Leveson이 발표한 시스템 이론적 사고 모델(STAMP), Hollnagel이 발표한 기능적 공진 분석 방법(FRAM), Rasmussen이 발표한 AcciMap이다. 이들 모델들은 이론적 배경은 유사하지만 방법론 및 출력은 상당히 다르다.

STAMP는 Leveson이 2004년에 발표한 사고 분석 기법이다. 사고는 설계, 개발, 운영 단계에서 시스템의 구성요소 간 안전제어 조건이 부적절하게 작동한 결과이다. 제약조건은 환경적, 정책적, 재정적인 문제, 규칙, 절차, 기술, 설계 등이다. 사고조사는 문제가 되는 안전제어 조건이 무엇인지 식별하고 방어 대책을 찾는 것이다.

STAMP 분석은 4가지 단계로 진행된다.

1) 계층적 제어구조를 정의한다.

관련 조직, 행위자, 규제 기관 등을 식별하고 시스템의 목표, 제약 조건, 계층 구조 파악, 계층 간의 상호작용을 정의한다. 상위는 안전정책, 표준, 규정, 절차 등이고 하위 구조는 상위에서 결정된 사항을 수행하는 계층이다.

2) 안전 제약을 식별한다.

사고가 발생했다면 제약 조건 위반이거나 방어의 실패이다. 과거 사고 사례, 위험 분석 결과, 규제 요구 사항 등을 참고하여 시스템이 안전하게 작동하기 위해 반드시 지켜져야 하는 제약 조건들을 정한다.

3) 사고 및 손실 시나리오를 분석한다.

피드백 및 제어 작업 분석을 통해 관련 시스템, 특히 인간 조직 하위 시스템을 조사하여 사고 발생의 기여 요인, 누락 항목, 부적절한 기능을 식별한다.

4) 제어 구조를 분석한다.

시스템의 안전을 확보하기 위해 존재하는 기술적인 제어 장치, 절차, 규정, 조직, 문화 등의 제어 메커니즘과 책임을 파악한다 각 제어 메커니즘의 효과성과 한계, 구조의 취약점을 식별하여 잠재적인 개선 방안을 도출한다.

최근 몇 년 동안 대부분의 산업에서 STAMP의 응용 분야가 계속 확장되고 있다. 다양한 분야에서 안전 시스템을 개선할 수 있는 강력한 모델임을 보여주는 증거이다. 하지만 학자들이나 연구자들에게는 인기있는 모델이지만 현장의 실무자들이 운영하기에는 쉽지 않다. 적용 능력이 부족하여 많은 연구자들이 STAMP의 분석을 돕기 위해 다른 모델이나 접근방식의 도움을 호소하고 있다.

FRAM은 Hallnagel에 의해 2012년 개발되었다. 위험과 사고는 정상적인 성능 변동성의 예기치 않은 조합에서 발생할 수 있다. 인과성에 대한 가정은 부분적으로 포기되어야 한다. 기본원리는 등가성, 근사조정, 발현, 공명이다. 등가성(equivalence)이란 실패와 성공은 같은 원인에서 출발한다는 의미이다. 시스템 동작 시 인력, 정보, 시간 등과 같은 자원들이 불충분하거나 한계가 있을 수 있다. 근사조정(approximate adjustments)이란 부족한 조건에서도 책무를 다하기 위해 노력하는 조정의 역할이다. 발현(emergence)은 사고의 현상적 결과가 아니라 출현된 현상이라는 것이다. 사고는 기존의 조사기법으로 설명할 수 없는 복잡성과 상호성의 결과물이며 비선형적이고 전체적이다. 부분적으로는 해결이 불가하며 시스템적으로 대응해야 한다. 공명(resonance)은 이때 나타나는 현상을 감지할 수 있는 신호이다.

FRAM은 기능 공명을 분석하기위해 개발된 시스템 모델링 기법이다. 각 기능이 어떻게 서로 연결되어 공명현상을 일으키는가? 각각의 기능을 강화하거나 약화하면서 변동성을 어떻게 초래하는가? 미리 정해진 인과관계에 의해서가 아니라 각 기능의 밀접한 관련성 조사가 사고 분석이라는 논리이다.

FRAM은 네 단계의 분석 과정으로 진행된다.

1) 시스템의 필수적 기능을 파악하고 입력(input), 출력(output), 선행조건(pre-condition), 조정(control), 자원(resource), 시간(time)의 6개 요

인으로 특정한다.

2) 각 기능의 잠재적인 변동성을 추정하고 특정한다. 변동의 결과가 어떻게 시스템 내에서 전파되는지와 다른 기능에 어떤 영향을 주는지를 파악하는 것이다.

3) 기능 공명이 발생할 수 있는 영역의 분석으로 변동성의 파악이다.

4) 마지막은 효과적인 대처방안의 설정이다.

시스템을 안전하고 바람직한 방향으로 유지하기 위해서 변동성을 약화 또는 강화하는 것이다. 활용되는 4 가지의 장벽 시스템은 물리적 장벽, 기능적 장벽, 상징적 장벽, 무형의 장벽이다.

AcciMap은 라스무센(Norman Rasmussen)이 1997년에 발표한 사고분석 모델이다. 정부 법규, 기업정책, 관리자, 감독자, 작업자 등의 계층적 구조를 분석하는 사회-기술적 시스템 모델이다. 안전 개념은 각 계층 간의 상호작용으로부터 나타나는 결과이다. 사고가 발생했던 현장만이 아니라 시스템 간의 영향 요인 전체를 살펴야 한다. 계층 구조간 서로 상호 작용하는 전체 시스템 속에서 어떠한 변동성이 있었는지를 조사하는 것이다. Accimap은 사고의 관점을 도미노에서 시스템 문제로 이동 분석하는 모델로서 전체 시스템 상호작용 분석과 해결 가능한 근원적 접근이 가능하다.[6)]

분석 순서는 우선적으로 사고 원인을 정리할 AcciMap 양식을 준비한다. 사고 발생에 기여한 원인들의 연관성에 따라 계층별로 배열하여 모델을 작성한다. 사고 데이터에서 분석할 부정적인 결과를 식별한다. 사고와 인과 관계를 가지는 원인을 식별한다. 각 원인에 대한 적절한 AcciMap 레벨을 구분한다. 사고 원인을 준비하고 원인에 맞는 적절한 표현을 한다. 이를 재배열하여 인과관계의 링크를 삽입하고 안전 권고 사항과 대책을 정한다. AcciMap 모델은 사고 원인과 정보를 명확하고 간결하게 요약할 수 있다. 전체 시스템 구조에 걸친 사고의 전파를 시각화 할 수 있어 원인 계층에 맞춤형 안전 개입이 가능하다. 경영진, 생산팀, 감독자, 작업자, 협력업체 등 계층별로 사고와 관련된 원인을 도출할 수 있다. 사고 원인 요소들 간 상호 관계를 파악할 수 있다. 하지만 개인에게 그 책임을 부과하는 기술은 지양한다.

이 모델의 매력은 비선형 인과 관계가 형식 내에 들어갈 수 있기 때문에 사고의 선형 대 비선형 인과 관계의 분석이 가능하다는 것이다. 몇 가지 한계에도 불구하고 AcciMap은 안전과 사고에 대해 새로운 시각을 제공했으며 사고와 안전에 대한 훨씬 더 명확한 사회기술적 관점을 촉진하는데 공헌하고 있다. 분석 시간이 짧고 필요한 데이터 수가 적어 복잡하지 않고 사용하기 쉽고 포괄적이다. 경영진, 관리자, 현장 감독, 작업자 및 협력업체 등의 계층과 이들 내부에 잠재해 있는 시스템 요소까지 파악할 수 있다. 일선 기업에서 경영진이나 실무자들이 단기간 학습하여 쉽게 운영할 수 있다.

사고는 고 신뢰성 조직에서도 항상 발생할 수 있다는 정상사고 개념과 인간이 사고 원인 제공자에서 안전의 주체자로 인정되는 회복 탄력성 이론들이 지지를 받으면서 Safety-I에서 Safety-II의 시대로 변화하려는 노력이 시도되고 있지만 실용적 사용이 제한적이라는 사실은 연구자들의 책임이며 해결해야 될 문제들이다.

사고분석 모델의 실무적 활용

안전의 목표는 오류를 사전에 식별하고 발생 가능성을 줄여 영향을 최소화하는 것이다. 안전 상황에 대한 정보를 얻음으로써 달성할 수 있다. 핵심 자료가 사고 보고서이다. 사고 원인 분석 기법에는 다양한 방법이 있으며 각각은 이점과 단점이 있다. 하나의 모델로 모든 것을 설명하는 것에 한계가 있을 수 있다. 현재까지 발표된 분석도구는 100개를 훨씬 초과하고 있어 각 모델 모두를 사용할 수 없다. 최근의 사고는 기술 발전의 빠른 속도와 인간과 기술 간의 복잡성으로 원인 분석이 쉽지 않다. 사용할 기술을 선택하는 것은 분석자들의 딜레머이다.

사고 모델을 효과적으로 사용하면 근본 원인을 명확히 규명할 수 있고 논리성을 담보할 수 있다. 올바른 대책 구현이 가능하고 안전을 확보할 수 있다. 이 모든 자료는 사고 조사 모델로 연구되고 정리된다. 사고의 원인 분석이 안전 연구의 핵심 주제이며 사고 모델의 진화가 계속되는 이유이다.

조사자가 어떤 기법을 선택할지 결정할 때 자가 질문법은 도움이 된다.

분석해야 할 시스템은 얼마나 복잡합니까?

얼마나 많은 시스템이 분석됩니까?

사용하고 있는 방법은 순차, 역학, 시스템 중 어떤 것이며 당해 사고를 분석하는 데 적합합니까?

선택 모형은 쉽게 사용할 수 있는 방법인가요?

사용 안내 자료는 어느 정도 준비되어 있습니까?

이 방법을 사용하는 데 필요한 소프트웨어 등은 준비가 되어 있습니까?

분석 결과를 동료나 비전문가 등 다른 사람들과 소통하는 데 유용한 수단을 제공합니까?

사용 방법은 얼마나 신뢰할 수 있습니까?

사용 방법은 구조화된 적용 프로세스를 가지고 있습니까?

사용 방법에는 사고의 원인이 되는 요소의 분류가 있습니까?

적절한 분류 체계를 사용하는 방법이 존재합니까, 아니면 자체 분류 체계를 고안해야 합니까?

어떤 분석 모델과 방법의 선택이 주어진 시스템에 가장 적합한지에 대한 문제는 여전히 남는다. 당해 사고의 분석 자체도 중요하지만 반복 사고나 유사 사고의 예방 대책이 더 핵심이 될 수 있다. 이를 위해서 분석 모델의 선택에 두가지 요인을 고려할 필요성이 있다. 첫째는 사고의 근원적 원인 파악이다. 둘째는 실패 요인이었던 계층별 문제점과 구성요소 간의 불합리한 상호관계, 통제 시스템, 정책 및 사회적 문제, 의사소통의 문제점 등의 전체 시스템 문제 파악을 포함하여야 한다.

네덜란드 트벤테 공대 연구팀이 사고 분석 모델을 조사하였다. 1973년부터 2015년까지 발표된 연구논문 1775건이다. 사용된 분석방법은 63개였으며 이중 사용된 빈도는 높은 순서는 STAMP, Accimap, FRAM, FTA였다.[7] 사례로 설명하고자 발달 단계별로 대표모델을 하나씩 선정하였다. 순차적 모델로는 RCA, 역학적 모델은 HFACS, 시스템 모델은 AcciMap이다. 안전 실무자들이 쉽게 활용 가능한 기준을 우선적으로 고려하였으며 사고의 근원을 파악할 수 있고 구조화되어 있어 요인간 연결성을 가시적으로 판단할 수 있다.

RCA(Root Cause Analysis)

근본 원인 분석(RCA)은 반복되는 문제를 식별하고 근원을 추적하여 영구적인 해결책을 찾을 수 있다. 제조업, 시설 유지, 해양, 항공, 석유화학 및 기타 산업에 모두 적용이 가능하다. 사고를 한 사람의 탓으로 돌리거나 즉각적인 실수로 돌리는 유혹을 피할 수 있다. 문제 해결을 위한 논리적 접근이 가능하고 안전 표준 작성에 도움이 된다. 근본 원인은 환경, 개인, 조직의 세 가지 기본 유형이다. 환경적 원인은 정책, 규정, 날씨, 지리와 같은 외부 요인이다. 개인 원인은 행동, 특성, 지식, 능력 또는 상황과 관련된 요인들이다. 조직 원인은 내부 조직 구조나 프로세스와 관련된 요인들이다. 효과적인 근본 원인 분석은 기본 4단계로 수행된다. 문제를 정의한다. 데이터를 수집한다. 이벤트를 매핑하여 근본 원인을 파악한다. 문제 해결 대안을 구현한다.

1단계 문제 정의이다. 문제의 증상 및 결과를 정의함으로써 분석의 범위와 방향을 설정한다. 잘 정의된 문제 설명은 목표하는 해결책의 규모와 범위를 결정하는 기본 자료로 중요하다. 문제 설명문을 작성할 때는 다음

세 가지 질문이 활용될 수 있다. 당면한 문제가 무엇인지 설명하시겠습니까? 무슨 일이 일어날 것 같습니까? 구체적인 증상은 무엇입니까?

2단계 데이터 수집이다. 문제나 사고와 관련된 데이터를 수집하는 단계로서 문제의 근원에 도달하는 데 도움이 될 수 있는 모든 요인을 찾아내고 기록한다.

3단계 사건의 매핑이다. 사건의 타임라인을 설정하여 수집된 데이터 중에서 어떤 요인이 가장 조사할 가치가 있는지 확인한다. 사건과 데이터를 시간 순서대로 나열하면 원인 요인과 비 원인 요인을 구분할 수 있다. 수집된 데이터로부터 다양한 사건, 사건의 시간, 수집된 다른 데이터 간의 상관관계를 확인할 수 있다. 상관관계가 인과관계를 의미하는 것이 아니라는 것을 기억하는 것이 중요하다. 상관관계를 찾을 때 활용 가능한 질문이다. 어떤 일련의 사건으로 인해 이런 일이 발생했습니까? 어떤 조건이 이런 일을 발생시켰습니까? 이런 문제로 인해 어떤 추가 문제가 발생합니까? 질문의 목적은 잠재적인 근본 원인을 파악하는 것이다.

4단계 문제의 근본 원인을 해결한다. 문제 진술서에 정의된 범위와 솔루션을 매핑하고 필요한 리소스를 확인하여 해결하고 대안을 결정한다.

RCA를 실행하기 위한 유용한 도구들이 다양하게 개발되어 있다. 토요타 설립자인 토요다 사키치(Sakichi Toyoda)가 1930년대 개발한 5 Whys 기술이다. 왜? 왜? 왜? 왜? 왜? 1970년대에 인기를 얻었고 오늘날에도 꾸준히 사용되고 있다. 근본 원인에 도달할 때까지 반복해서 '왜'를 묻는 것이다. 원인 분석 경험에 따르면 보통 5개의 '왜'면 충분한 것으로 보고되고 있다. 하나의 프로세스로 일련의 문제 설명이 가능하고 서로 다른 근본 원인 간의 관계를 파악할 수 있다. 문제의 근본 원인을 신속하게 파악하고 사용이 특히 쉽다

5 whys는 사례로 쉽게 설명이 가능하다. 작업자는 사다리에서 떨어져 다리가 골절되었다. 왜? 왜냐하면 작업자는 사다리의 계단 중 하나가 부서졌다는 것을 알아채지 못했기 때문이다. 왜? 왜냐하면 아무도 작업자

에게 사용 전 사다리 검사를 가르쳐주지 않았기 때문이다. 왜? 감독자는 당연히 작업자가 사전 검사할 것이라고 생각했기 때문이다. 왜? 왜냐하면 이 회사는 사다리 안전에 대해 안전 교육 프로그램을 개발한 적이 없기 때문이다. 왜? 왜냐하면 지금까지 사다리는 누구나 편하고 안전하게 사용할 수 있는 도구로 생각했기 때문이다.

피쉬본 다이아그램은 일명 이시카와 다이아그램이라고 한다. 이시카와 가오루(Ishikawa Kaoru)가 일본 조선업에서 사용한 품질 관리 기법에서 창안한 원인 분석 기법이다. 일반적인 물고기 뼈 다이어그램은 원인을 6가지 범주, 즉 6가지 Ms로 구분하여 조사한다: 인력(Man), 기계(Machine), 측정(Measurement), 방법(Method), 재료(Material), 대자연 환경(Mother of Nature Environment)이다. 이 모델은 문제의 근본 원인을 파악할 때까지 잠재적인 기여 요인을 탐색한다. 브레인스토밍을 안내하는 유용한 구조를 제공한다. 복잡한 문제를 분석하고 잠재적인 병목 현상을 파악할 수 있다. 작업장 안전을 강화하기 위해서는 조직 내에 RCA 운영 프로그램을 사전에 구축하는 것이 중요하다. 잠재적 원인까지 탐색이 가능한 강력한 도구가 될 수 있다.

HFACS(Human Factors Analysis and Classification System)

이 모델은 역학 모델의 가장 핵심적인 안전 분류법이다. 사고 이전 개인의 행동만 아니라 시스템의 환경 요인, 감독 및 조직에 초점을 맞춘 포괄적인 사고 조사 분석 도구이다. 정보를 효율적으로 분석하고 사고의 패턴, 유사성 및 추세를 분석할 수 있다. 결과 분석은 데이터 기반 안전 개입, 완화 전략의 개발, 효과를 평가할 수 있다. HFACS 분석은 조직영향, 불안전한 감독, 불안전한 행위의 전제 조건, 불안전한 행위의 분석으로 진행된다. 잠재 요인들을 어떻게 발굴할 것인가에 대한 인간 오류 프로세스 순환(Human Error Process Loop)의 이해다. 사고 보고서를 확보하고 사고 원인을 구체화하기 위한 사고 조사 및 분석 자료 검증이 1단계이다.

사고 조사관들에 의해 작성된 1차 사고 조사 도구는 HFACS의 각 수준 내에서 활동적이고 잠재적인 원인 요인 분석을 돕고 기여 요인을 결정하기 위한 체크리스트 역할을 한다. 2차 조사는 HFACS의 4단계 과정 중 특정 영역의 취약점을 찾아서 사고 집합을 평가한다. 불안전한 행위, 행위의 전제조건, 불안전한 감독, 조직의 영향으로 나누어 오류를 분석한다. 트리거인 불안전한 행위는 의사결정오류, 기술기반오류, 지각오류 등의 오류와 습관적 위반과 예외적인 위반으로 분류된다. 이 결과를 반영하여 개입 및 예방 프로그램을 작성한다.

모델 개발자이기도 한 Wiegmann & Shappell은 HFACS를 사용하여 1990년부터 1999년까지 14,571건의 항공 사고를 분석했는데 기술 기반 오류가 지배적인 유형이라는 것을 발견했다.[8] 안전 관리 전략은 이 항목에 집중하여 오류를 줄이는 방향으로 구상할 수 있다. HFACS는 범주 간에 반복되는 오류 경로를 식별할 수 있으며 필요한 정보 수집이 가능하여 시스템 안전 전문가가 개입 전략을 구상할 수 있다. 리소스 관리, 문제의 수정 실패, 기술 환경 및 기술 기반 오류 등에서 오류 경로를 식별할 수 있다. 오류가 경로를 따라 추가 전파되는 것을 방지하기 위한 안전 관리 개입이 가능하다.

AcciMap

Rasmussen의 3단계 인간 행동 모델 이론(Human Behavior Model)과 의사 결정 사다리(Decision Ladder) 이론을 기원으로 하고 있다.[9] [10] 이 모델은 정부 정책, 규제 기관 및 협회, 기업 규정 및 정책, 물리적 프로세스 및 행위자 활동, 장비 및 주변 관련 요인의 실패 6가지로 이루어져 있다. 각 시스템 수준은 법, 규칙 및 지침을 통한 위험 프로세스의 통제를 통해 안전 관리에 관여한다. 시스템이 높은 수준에서 결정된 사항을 공포하고 낮은 수준의 조치에 반영한다. 시스템 하위 수준인 직원, 작업, 장비의 정보는 상위 수준에서 결정 및 조치를 할 수 있도록 알려야 한다. 이 기능이 잘 활용하면 이 모델의 장점인 탑 다운 및 바텀업 문화를 유기적으로 호환 운영할 수 있다.

이 모델은 인간의 오류를 관리적 요인과 조직적 요인의 영향으로 이동하고 정치적, 경제적, 규제적 요인을 통합하여 전체 프레임을 구성하였다. 범위는 개인에서 정부, 경영자, 관리자로 확대하였다. 여기에 제어기반 이론이 반영되어 AcciMap 모델이 탄생되었다. 개인 오류, 계층의 정책 및 운영 오류, 잠재적 요인 발굴, 전체 프로세스의 통제 체계까지 분석이 가능하다. 개인의 행동, 사회 및 기업의 환경, 전체 시스템 요인 간의 상호작용을 잘 이해할 수 있다.

문헌 검토 결과 AcciMap은 총 10개 영역에서 사용되고 있다. 제조, 원자력, 항공 및 우주, 비상 대응, 토목, 석유 및 가스, 공중 보건, 운송, 야외 레크리에이션, 치안이다. 개인의 인지, 의사 결정 및 동기 간의 동적 상호작용, 과소 평가되거나 무시되는 시스템적 특징을 분류하고 전체적인 구도를 이해할 수 있다. 복잡한 사회기술적 시스템을 분석하고 사고가 발생하는 다양한 기여 요인을 알 수 있다. 계층별 분석은 미시적 수준과 거시적 수준의 내용을 보다 완벽하게 이해할 수 있다. 분석하기 어려운 크고 복잡한 시스템도 개념을 정교화 할 수 있다. 모형이 있어 분석의 모호성이 해소되며 개인의 인지, 동기와 팀의 태도 영역도 식별이 가능하다. 계층별 순서를 고정하지 않기 때문에 분석가가 Top-Down이나 Bottom-Down의 옵션을 탐색할 수 있다.

AcciMap의 사고 분석 방법은 다음과 같다. 명확한 분석 범위를 정한다. 작업 및 기술 시스템인지, 아니면 정부 및 규제 기관의 영향에 초점을 맞출 것인지의 선택이다. 사고 순서를 시각적으로 나타내는 것을 포함하여 사고에 대한 상세한 설명을 부언한다. 근본적인 원인을 검색하고 밝힌다. 안전 장벽 등 사고 예방 대책을 구상하고 확정한다. 예방 방법을 사용하는 데 필요한 교육 및 훈련 수준 등 실제적인 계획을 세운다.

실무자들에게 이 모델의 이해가 쉽고 사용이 편하다. Accimap에서 생성된 그래픽 표현은 인적 요인, 외부 환경, 내부 환경, 조직 체계 등을 잘 표현하고 있어 소통의 자료로서 활용도가 높다. 이 모델은 사고를 일으킨 요인의 이해 및 대책 제시와 같은 사고 분석에 주로 사용된다. 근본 원인을 찾기 위한 도구로는 한계성이 있어 HFACS와 병합 사용하면 더 효과적이다. 인간 오류를 기본으로 구성된 모델이라는 점을 고려하면 호환성이 매우 높다. HFACS 방법과 Accimap의 조합은 일부 연구에서 이미 수행된 사례이다. Accimap은 HFACS에서 사용할 수 있는 오류 분류학 유형의 지원을 통해 상생할 수 있다.

CHAPTER 05

안전문화 발달 47년

안전문화의 태동

문화가 사고와 재난에 기여할 수 있다는 가장 설득력 있는 주장은 1978년 터너(Barry Turner)의 선구적인 작품 인공재난(Man-Made Disaster)에서 제기되었다.[1] 재난은 날벼락이 아니다. 전제 조건들이 있다. 재난은 무시되거나 잘못 해석되는 신호들이 긴 잠복기에서 깨어난 것이다. 의도와 선견지명의 착각이고 기존 문화의 가정에 대한 실패이다. 사전 경고를 무시하는 문화 속에 잠재해 있던 위험들이다. 재난은 잘못된 문화의 독버섯을 먹고 자란다는 말로 문화와 재난의 상관관계를 잘 설명하고 있다. 문화의 중요성에 비해 문화의 이해는 아직 부족하다. 혼란스러운 문화의 미로에서 탈출하기 위한 방법을 찾아야 한다.

대한민국은 모두가 동의하고 실천할 수 있는 안전문화를 가졌는가? 안전문화를 강조하지만 안전문화가 무엇인지 구체화된 것이 없다. 실천 가능하지 않은 언어의 잔치로 가득하다. 한국도 이제는 모두가 공감하는 안전문화를 가져야 한다. 한국형 안전문화의 혁신적인 프레임워크(Frame Work)를 제시하고자 하는 이유이다.

한국형 안전문화 로드맵을 구상하기 위해 안전문화의 개념이 처음으로 제기되었던 1978년 이후 47년간 발표된 안전문화 관련 연구 문헌들을 분석하였다. 안전선진국에서 효과성이 검증된 안전문화 모델 중 한국의 실정에 적응 가능한 실천 모형을 구상했다. 쉽게 이해하도록 문화의 원리를 입체적으로 그렸다. 재해는 신의 행위가 아니다. 인간의 노력으로 피할 수 있다는 인식이 안전의 태동이다. 1913년 설립된 미국의 국가 안전위원회(NSC: National Safety Council)가 시발점이다. 철강과 전기 기술자 협회의 제안에 따라 안전전문 경영인, 공무원, 보험 종사자, 교통 전문가들로 구성된 안전 단체였다.

위원회 소속 안전 전문가였던 Julian Harvey는 1923년 3 E's 모델을 제안했다. 엔지니어링, 교육 및 집행(3 E's: Engineering, Education, Enforcement)이다. 학문적으로 발표된 최초의 안전관리 모델이다.[2] 산업혁명 태동의 시대에 사고를 예방할 수 있는 최고의 수단은 공학적 기술이었다. 기계적 안전 장치로 안전을 보장할 수 있다는 확신의 시대였다. 온도, 소음, 환기 및 개인 보호 장비의 사용과 같은 환경적 요인도 공학적으로 다루었다. 새로운 재료와 지식이 개발되었고 복잡한 안전 장벽을 발명했으며 안전 장치는 지속적으로 개선되었다. 회전기기의 인클로저, 보일러 및 기타 압력 용기의 압력 방출 장치, 전기 감전 보호 장치인 밀폐형 스위치나 절연 도구 등은 초기에 찬사를 받았던 혁신적인 안전 제품들이다. 공학이 발전하면서 안전규칙이 필요했고 이를 체계적으로 도입한 것이 1970년 산업안전보건법(OSHA)으로 알려진 미국의 국가 안전법이다. 안전 표준, 의무, 보호와 위험, 물질에 관한 정보 관리, 역할, 권리 및 책임이 명확하게 정의되었다.

강제 규정이 제정되면서 이를 학습할 교육에 관심이 집중되었다. 설비의 기술 사항 및 안전규칙에 대한 지식을 높일 수 있는 가장 효과적인 방법이었다. 감독자, 경영자, 안전 전문가를 위한 엔지니어링 및 집행에 관한 안전 교육 프로그램이 개발되었다. 안전 컨퍼런스, 기술 세미나부터 안전 뉴스레터까지 다양한 방법이다. 장기적인 방법으로 교육 프로그램이 학교와 대학에서 고안되고 시행되었다. 사고가 나면 조사를 해서 법으로 규제하고 이를 지키도록 강제한다. 경영자는 시설을 개선해야 하고 근로자는 규정된 법이나 절차를 교육받는다. 1923년 제정된 엔지니어링,

집행 규정 및 교육 세 가지의 E 모델에서 현재의 한국을 보는 듯하다. 안전선진국에서 100년 전에나 제시했던 모델을 현재의 우리가 신처럼 지키고 있다. 우리가 바뀌어야 할 안전의 절실함을 녹여서 새로운 그림을 그려야 하는 이유이다.

안전문화에 대한 연구가 활발하게 진행되고 있는 이유는 무엇인가? 첫째, 효과적인 안전 관리 프로그램은 안전 성과를 향상시킨다. 안전 관리의 핵심이 안전문화이며 긍정적인 안전문화는 우수한 안전 성과에 기여한다. 안전풍토는 조직의 안전문화를 평가하기 위한 사전 측정이며 근로자의 안전인식 및 태도와 관련이 있다. 조직 내의 다른 목표 대비 상대적 중요성을 결정하는 기준이 된다. 비용을 낮추고 프로젝트 지연을 방지하며 회사의 좋은 이미지를 구축한다. 둘째, 사고 원인과 예방을 강조하는 사전 지표로 안전문화의 중요성이다. 안전 성과는 위험 노출, 부정확한 보고, 사고 심각도, 사고 발생률과 같은 반응형 지표로 관리되어 왔다. 결과 기반 관리로는 사전 예방이 불가하다는 반론이 계속 제기되었고 안전문화가 사전 지표 관리의 효과적인 대안이다. 셋째, 안전문화는 효율적인 조직 운영에 기여한다. 구성원 간 관점의 차이, 우선 순위의 충돌, 이들 간의 갈등을 조정하고 실천하는 기본 가정이다.

사람 환경 행동 안전문화 모델

안전문화에 대한 관심이 급증하게 된 계기는 체르노빌 사고 조사 백서였다. 연구가 행동주의에서 인지 행동주의로 이동되면서 심리학 기반의 안전문화 모델들이 나타나기 시작했다.

안전에서 가장 위험한 것이 무관심이다. 안전에 주의를 주지 않으니 위험을 보지 못하고 관심이 없으니 안전의식이 없다. 사고를 당하는 원인이다. 안전에 관심을 가지고 의식적으로 주의를 집중해야 하는 동기가 없기 때문이다. 어떻게 안전 동기를 부여하여 주의를 집중하면서 항상 안전의식에 깨어 있게 할 것인가? 이것이 안전문화의 핵심적 내용들이다. 1994년 Geller 교수의 통합 안전문화 모델, 2000년도 Cooper 교수의 상호 안전문화 모델, Boyatzis 교수의 행동과 직무의 우연성 이론, Reniers가 동료 교수들과 발표한 P2T 모델이 대표 이론들이다.

안전문화 연구 문헌을 추적 분석하면 기본적으로 언급되는 이론은 1977년 Bandura와 Walters가 공동연구 형식으로 발표한 심리학 기반의 사회학습이론(Social learning theory)과 반두라의 사회인지이론(social cognitive theory)이다.[3) 4) 5)]

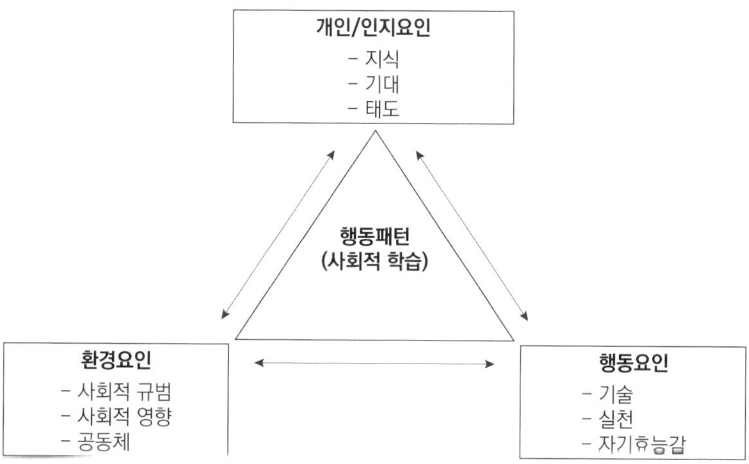

반두라의 사회인지이론

반두라는 당초 순수 행동주의 학자였고 학습을 자극과 반응에 따른 관찰과 모방의 과정으로 보았다. 사회 인지 이론은 순수 행동주의 관점의 수정이었고 인지적 요인에 더 영향을 받는다는 사실의 인정이었다. 심리학이 인간의 내면을 반영하게 된 혁신적 제안이었다. 행동은 자기 조절, 인간의 본성 및 자기 성찰에서 개인의 인지가 사회와 상호 작용하는 과정의 해석이다. 관찰 학습, 인센티브 등의 행동주의 요인도 있지만 인간의 본성, 능동적 학습, 자율 규제, 자기 효능감, 인지 조절과 같은 인지적 요인을 더 강조하고 있다.[6] 개인의 행동 패턴은 지식, 경험, 태도의 개인 요인과 사회규준, 영향, 공동체의 환경 요인, 그리고 기술, 관행, 자기효능감의 행동 요인이 상호작용하면서 습득한 사회 학습의 결과라는 관점이다.

사회인지이론이 중요한 이유는 전통적인 행동주의 학습이론과 인지 관점의 학문적 연결성이다. 스키너(Skinner)와 달리 반두라(Albert Bandura)는 인간을 능동적인 정보 처리자라고 믿었다. 다른 사람들을 관찰하고 모방함으로써 새로운 행동을 배운다. 학습은 다른 사람의 행동과 그에 따른 결과를 관찰함으로써 지식, 기대, 태도 및 신념을 모델링하고 채택으로 이어진다. 개인, 행동, 환경 간의 관계는 양방향성이며 이것이 상호결정론이다. 개인이 환경과의 계속적인 상호작용에 의해 학습과 발달이 이루어진다. 사회학습은 주의, 보유, 재현, 동기부여의 순서로 진행되며 이 과정에서 발달 학습은 환경과 상호작용한다. 사람의 행동을 결정하는 문화의 핵심 요인은 사람과 환경이다. 문화는 목표를 달성하기 위해 사람이 조직이나 시스템과 상호 작용하면서 업무를 수행하는 기본 요인이다. 조직 문화와 안전문화에서 가장 중요한 핵심적 요인은 개인, 환경, 행동이라고 볼 수 있다. 사회학습이론과 사회결정성 이론이 안전에서 매우 중요한 이유이다.

Geller의 통합 안전문화 모델(Total Safety Model)은 환경, 행동 및 개인 요인의 차원으로 구성되어 있다. 개인요인은 지식, 기술, 능력, 지능, 동기, 성격이며 환경 요인은 장비, 도구, 기계, 가사, 열, 냉해, 엔지니어링 등이다. 행동에는 모방, 코칭, 인정하기, 의사소통하기, 시연하기. 적극적 배려 등이다.

Cooper의 상호 안전문화 모델(Reciprocal Safety Culture)은 사람과 행동 요인을 사용한다는 점에서 Geller의 모델과 매우 유사하다. Geller는 환경을 작업 현장에 존재하는 기계, 기구, 시설 등의 엔지니어링 관련 요소로 한정하지만 Cooper는 상황의 범위를 기술적 요인, 절차적 요인, 사회적 요인까지 포함하고 있다.[7] 사람 요인은 안전풍토, 인식, 감사 등이며 이를 내적 심리요인으로 구분하였다. 상황은 안전관리시스템, 객관적 감사, 조직적 요인이며 행동은 안전행동이다. 이 두개의 요인을 외적 환경 요인으로 표시하였다. 개인의 역량은 주어진 직무를 수행하는 동안 사람이 보여주는 지식, 기술, 태도이다. 업무를 완수할 수 있도록 권한을 부여하는 가장 필수적인 특성들이다. 직무 요구는 그 사람의 행동과 행동을 안내하는 직무의 요구 사항, 활동, 범위, 내용들이다. 조직 환경은 업무의 외부적인 맥락뿐만 아니라 특정한 조직의 전략, 목표, 정책들이다.

Reniers가 동료 교수들과 연구 발표한 P2T 모델(People-Procedure-Technology)에서 기술적 요인은 기술과 장비 등이다. 개인 요인은 행동, 협동, 태도, 지식, 기술 등이다. 절차는 안전 관리 시스템, 규정, 절차, 작업 지시서 등이다. 이 세개의 요인들이 상호 작용하면서 형성되는 구성원들의 패턴을 안전문화로 정의하였다. 미국의 대표적인 감정 심리학자인 Boyatzis 교수는 행동과 직무의 우연성 이론(Contingency Theory of Action and Job Performance)에서 적합한 행동을 결정하는 요인은 개인, 직무요구, 조직 환경이라고 했다.[8] 개인 요인은 비전, 가치, 철학, 지식, 능력, 경력, 인생 주기, 관심사이고 환경 요인은 임무, 책임, 역할이다. 조직 요인은 문화와 풍토, 구조와 시스템, 조직의 산업과 전략적 위치에 대한 성숙도, 큰 맥락적 요인이다.

안전문화는 1978년 터너(Barry Turner)의 인공재난에서 시작되어 체르노빌 백서에서 재 강조되면서 학술적 용어가 되었다. 반두라의 사회인지 이론과 자기 결정성 이론을 차용하여 Geller, Cooper, Renier, Boyatzis 등의 안전 연구자들이 구체화시켰다. 연구에서 공통적으로 인용하는 문화 요인은 개인, 상황, 행동의 상호 연관성으로 나타나는 현상이다. 결국은 사람들의 안전의식과 행동 자립에 발전 방향이 있다. 한국형 안전문화 모델은 한국적 의식 자립과 안전의식 자립이다. 이를 구체화하여 실천 가능한 프로그램을 제시한 것이 본서의 심리기반 안전문화이다.

안전심리 문화 모델

문화 연구에서 가장 많이 인용되는 이론은 샤인의 조직문화 모델(model of organizational culture)이다. 그의 공헌은 조직 문화를 심층적으로 분석했고 문화의 핵심이 무엇인지를 명확히 했다는 것이다. 샤인은 문화를 3계층으로 구분하고 인공물, 지지하는 가치관, 근본적인 가정으로 제시했다. 조직 관리와 문화 요인이 융합된 심리학 기반의 구조화 이론이다.[9)]

조직 문화는 규범이나 인공물을 통해 전달되고 행동 패턴에서 관찰되는 조직의 가치이다. 행동을 안내하는 사회적 원칙 또는 철학으로 조직의 루틴 및 관행에 대한 광범위한 프레임워크를 설정한다. 가치는 고위 경영진이 영향력을 행사할 수 있는 메커니즘이다. 기대하는 가치를 규범에 구축함으로써 직원 행동에 강력한 영향력을 미치는 조직 문화를 만들 수 있다. 가치와 규범은 의식, 언어, 이야기, 물리적 구성 등과 같은 인공물로 나타나고 원하는 행동으로 이어진다.

지지하는 가치관은 조직을 설명하는 방식으로 직무, 목표, 사회 계약, 규정 등이다. 이를 실현하기 위해 보기 쉽고 변화하기 쉬운 조직의 인공물을 만든다. 안전 최우선 또는 팀워크, 의사 결정, 보고 관행 등이다. 가치는 문화적, 사회적 맥락의 영향을 통해 발전한다. 업무 또는 업무 환경과 관련된 행동의 표준이다. 이를 통해 개인은 "옳거나" "잘못된" 것을 평가하고 식별한다. 의사 결정에 영향을 미치고 행동을 지원하며 조직 문화에 광범위한 영향을 미친다. 사회적 학습 이론은 타인을 관찰함으로써 가치, 태도, 행동 및 기술을 학습한다.

규범은 조직 구성원이 가지고 있는 허용 가능한 행동에 대한 기대이며 조직의 의무 또는 압력이다. 규범은 가치에서 파생되고 인공물로 나타난다. 가치는 눈에 잘 띄지 않는 반면 인공물은 가장 잘 볼 수 있는 계층이다. 조직의 상징, 의식, 언어 및 물리적 작업 공간 배치로 알 수 있다. 브랜드와 로고, 사무실 디자인, 드레스 코드, 정책과 도구와 같이 가시적인 모든 것들이다. 행동, 의식, 복장 규정 또는 사람들이 상호 작용하는 방식을 포함하는 안전 지침, 포켓북, 시설, 작업 공간 및 표현과 같은 물질적 내용들이다.

올바른 문화의 형성은 기대하는 행동에 대한 명시적인 지침이 되는 규범과 인공물을 어떻게 활용할 것인가에 답이 있다. 조직의 문화는 규범을 통해 성장하고 구성원의 행동을 승인 또는 불허한다.

근본적인 가정은 조직의 '진짜'이고 품질, 생산 또는 안전에 대한 핵심적 믿음이다. 우리가 쉽게 보거나 결정할 수 없는 조직의 심성과 영혼이며 문화를 움직이는 핵심이다. 인식과 행동을 결정하는 당연하고 무의식적인 신념이다. 조직 내에서 암묵적으로 이해되며 학습 과정에서 발생하는 관행의 근거이다. 조직이 중요하게 기대하는 성취, 효율성, 감사, 자율성 및 기능 간 협력이다. 직무와 관련된 역할, 범위, 목표 및 조직 구성원의 자격에 대한 기대이다. 이런 관점에서 경영진의 메시지나 언어가 중요하다. 이것은 은유와 의미의 인공물로서 적절하고 부적절한 행동을 유도한다. 심리적 안전을 얻을 수 있고 적극적인 행동으로 이어진다.

회사는 기대하는 가치의 방향으로 행동을 유도하는 전략적 이야기를 만들 수 있다. 부지런함, 끈기 및 독창성을 가지고 장애물을 극복하는 서사는 긍정적인 메시지를 제공한다. 직원들은 자신이 동일한 통제권을 가지고 있다고 느낄 수 있다. 이야기는 예상되는 행동을 상징할 뿐만 아니라 정보 공유 수단이며 새로운 영감을 주어 행동을 촉진한다. 직원이 이야기에서 자신을 찾을 수 있을 때 실제 행동에 대한 몰입과 참여 의지가 높아진다. 귀인 이론으로 상당히 효과적이다.

의식과 의례는 조직에서 중요한 것이 무엇인지를 나타내며 조직의 가치와 규범을 상징적으로 전달한다. 조직에서 가치 있다고 기대하는 직원의 업적에 대한 명확한 신호이다. 시상식과 같은 성공의 축하 의례는 예상되는 행동의 중요성을 강화한다. 의례의 실천을 보면서 직원들은 이러한 행동을 반복하고 모방하려는 자극을 받는다. 강화되면서 조직의 문화로 발전된다.

물리적 레이아웃은 도구적 기능뿐만 아니라 상징과 미적 기능도 제공한다. 오피스 디자인은 조직의 기본 가치와 해당 규범을 물리적으로 표현하고 분위기, 느낌, 의미를 생성한다. 가시적인 부분으로서 조직의 질서를 상징한다. 평등을 장려하는 조직은 경영진을 위한 식당 및 사무실과 같은 지위 상징을 가시적으로 장려하지 않는다. 만남과 소통의 활성화를 기대한다면 개방된 공유 공간과 접근이 쉬운 사무실이 제공될 수 있다. 사무실 디자인 공간은 구성원 간 상호 작용을 촉진하거나 제한하고 원하는 행동을 이끌어내는 분위기이다. 물리적·사회적 환경은 인공물로서 새로운 아이디어, 제품 전략, 시스템 개발, 생산 노력, 안전문화를 구현하고 행동하는 동기가 된다. 다른 조직 구성원들이 더 큰 노력을 하도록 반복 강화되면서 문화로 이어진다.

문화를 구성하는 3각 축은 환경, 개인, 행동이지만 개인이 핵심이고 주체이다. 문화는 개인의 마음 안에 있으며 행동이나 언어를 통해서만 표현과 공유가 가능하다. 개인의 활동 없이는 존재하지도 공유될 수도 없다. 안전문화의 구성과 회복탄력성 안전문화의 모든 활동도 이와 같다. 개인의 안전문화를 어떻게 개념화하고 교육할 것인가는 조직이 우선적으로 반영해야 할 기본 요인이다. 올바른 문화를 창출하기 위해서는 가치, 규범, 인공물로 이어지는 문화층을 명확히 이해 하고 맞춤 전략을 구상해야 한다.

Safety I 과 Safety II의 논쟁과 합리적 대안

안전 문제의 출발점은 위험과 사고의 부정적인 결과에 따른 대응책이다. 새로운 유형의 사고는 이에 맞는 원인 분석법을 신규로 도입함으로써 설명되었다. 사고 원인은 신의 행위에서 기술적인 오작동, 인간 실수, 조직 실패, 복잡한 시스템, 안전문화로 이어졌다. 충분한 증거가 수집되면 원인을 찾을 수 있기 때문에 제거 개선하여 모든 사고는 예방할 수 있다. 최적화된 작업 방법이 제시될 수 있고 유사 사고는 예방된다. 많은 기업들이 매력적으로 여기는 사고 제로의 비전이다. 사고가 없는 것이 안전의 목적이라면 이것은 역설적인 정의이다. 상대가 득점하는 것을 막기 위해 수비만 하는 축구나 럭비 팀은 경기를 이길 수 없다. 페로의 정상사고에서 밝혔듯이 산업의 복잡성으로 사고가 없다는 것을 보장하는 것은 불가능하다. 사고를 허용 가능한 수준으로 보장하는 관리를 해야 했다.

Safety-I의 목적은 유해 결과의 수를 가능한 적게 유지하는 것이다. 세계보건기구(WHO)의 반응형 안전관리 사이클이 Safety-I이다. 철도 사고는 직원이 근무한 10,000 시간당 사망, 부상 및 경미한 부상의 측정으로 관리한다. 열차의 운행거리로 사고비율을 측정할 수도 있다. 산업재해는 10,000명당 사고율을 측정한다.

만인률 0.4라면 사망 확률이 10,000분의 0.4이다. 무사고 상황으로 예상해야 할 때가 9,999번 이상이 된다는 것을 의미한다. 거의 모든 시간이 정상 상태이지만 무엇이 잘못되었는지에 대해서만 관심이 더 강화되고 있다. 규제 당국에 의해 요구되기도 한다. 위험, 실패, 사고를 피할 수 있는 도움을 제공하겠다는 수많은 전문가, 컨설턴트 및 회사가 있다. 많은 데이터가 문서화되고 그래프로 그려지며 수천 개의 논문, 책, 컨퍼런스로 활성화되고 있다. 일이 잘못되는 것을 막기 위해 무엇을 해야 하는지에 대한 풍성한 정보이다. 실패에 대한 초점은 사고 예방을 고민하는 우리의 고정 관념에 부합하며 더 힘을 얻는다. 1만 개 중에서 올바르게 진행되는 9,999개의 이벤트가 더 많은 정보를 함유하고 있지만 이것에 대해서는 기업도 당국도 관심이 없다. 실제 정리된 데이터도 없고 논문, 책 또는 유사 형태의 과학 문헌도 찾기 어렵다. 이 분야에 대한 전문 지식을 주장하거나 가치 있다고 생각하는 사람들도 거의 없다. 학습도 잘못된 요인만 제한함으로써 유용 가능한 수많은 자료 중 일부만 사용하는 우를 범하고 있다.

Safety-I의 관점이 부정적인 것에만 초점이 있는 이유는 3가지의 암묵적 가정에 근거하고 있다. 시스템은 잘 설계되고 세심하게 유지될 수 있다. 완벽하고 정확한 절차를 만들 수 있고 높은 신뢰성을 가진 장비를 제작할 수 있다. 작업자들이 학습한대로 행동하기 때문에 안전하다. 전통적 개념으로 어느 정도 정당화되었지만 작업 환경이 극적으로 변화된 오늘날에는 더 이상 유효하지 않다.

1979년 TMI(Three Mile Island) 핵 누출은 기술적 요인으로 해결할 수 없는 완전히 다른 차원의 사고였다. 인간의 실패와 오작동이 잠재적 위험이라는 것을 인정해야 했다. 7년 후 체르노빌 사고와 우주왕복선 챌린저호의 대 재앙은 조직 실패와 안전문화의 영향을 일반적인 통념에 추가해야 했다. 영국 북해의 Piper Alpha 폭발, 멕시코만의 딥 워터 호라이즌 폭발, 후쿠시마 원전 침수 등의 사고에서 기술적이고 관리적 위험 대비를 사전에 모두 반영한다는 것은 불가함이 확인되었다. 안전 역사에서 경험하지 못했던 사고였으며 정상 사고라고 명명할 수밖에 없는 상황이었다. 기존의 대응방법으로 복잡한 사회 기술 시스템의 적용에 한계가 있다는 우려가 현실이 되었다. Safety-II 복원력 공학의 등장이다.

Safety-II는 사람들이 작업 조건에 맞게 상황을 조정하기에 시스템이 안전하게 작동한다고 가정한다. 다양한 조건에서 의도되고 수용 가능한 결과의 수가 가능한 높아지도록 하는 능력이다. 사람들이 성능을 조정하고 조건에 맞게 절차를 해석하고 적용할 수 있기 때문에 설계나 기능적 결함을 식별하고 극복한다. 모든 일이 올바르게 진행되도록 보장하는 것이다.

2009년 WHO가 신종플루 대유행 가능성을 경고한 이후의 예방조치는 선제적 안전관리의 사례이다. 경고 후 유럽을 비롯한 각국 정부는 필요한 자원을 확보하기 위해 상당한 양의 의약품과 백신을 비축했다. 나중에 거짓 경보로 밝혀졌지만 사전적 안전관리의 본질적 특징을 잘 보여주었다. 준비는 헛수고가 되었고 시간과 자원은 낭비되었다. 이와 같이 사전적 안전관리는 최소한의 경제적인 위험의 감수이다. 미래는 불확실하고 예상한 상황이 발생하지 않을 경우에 대한 대비가 사전적 안전관리이다. 플루가 유행하지 않아서 비축된 의약품을 사용하지 못한 것이 실패인가? 비용이 발생했어도 성공이다. 실질적으로 플루가 발생해서 비축된 의약품이 사용되었다면 더 큰 성공이다. 심각한 일이 발생했을 때 준비를 하지 않는 대안을 상상해 보면 우리의 선택은 자명하다. 단기적으로나 장기적으로 발생하는 비용은 상상 이상일 것이다.

Safety-II는 불확실한 상황을 대비할 수 있는 실질적인 대안이 될 수 있다. 무엇이 실패하는지뿐만 아니라 무엇이 성공하는지를 배운다. 나쁜 일이 일어나기를 기다리지 말고 일상에서 실제로 무슨 일이 일어나는지 이해하고 대비한다. 사람들이 단순히 절차를 따르기 때문에 일이 잘되는 것이 아니다. 상황의 요구에 따라 합리적인 조정을 하기 때문에 일이 잘 진행된다. Safety-II는 성공으로부터 배우고 존재로 정의되는 능동적 접근법이다. 무엇이 올바른 것인지 이해하여 올바른 것을 반복한다. 성공적인 행동을 시행하고 이를 기반으로 새로운 프로세스를 생성한다. 일이 어떻게 그리고 왜 제대로 잘 진행되는지에 더 집중하는 논리이다. 사고에 대한 반응적 관리가 아니며 안전하게 운영되는 사전적 관리이다. 가변성을 조정하여 안전하게 작업할 수 있는 인간의 능력에 초점이 있다. 실패 상황을 예상해 보거나 목록을 작성하여 가능성을 상상해야 한다. 이러한 상황이 발생하는 것을 방지하거나 현재 일어나고 있는 상황을 인식하고 대응한다. 이것이 Safety-II이고 사전 예방적 안전 관리의 본질이다.

장점만 있는 것이 아니다. Safety-II에 대한 우려도 있다. Safety-II는 시스템이 규칙적이지 않고 변화가 빈번하고 불규칙하다는 것을 인정해야 한다. 직원의 역량은 다양하고 일관되지 않거나 호환되지 않을 수 있다. 다루기도 어렵고 신뢰할 수 있는 운영 절차도 부족하다. 이러한 조건에서 인간은 분명히 불안전행동을 하는 높은 부담을 안게 된다. Safety-II는 우려의 요인들을 조정할 수 있으며 이것을 인간의 자산이라고 강변한다. 어떤 일이 잘못되는 것을 감지하고 수정할 수 있어 상황이 악화되기 전에 개입할 수 있는 대응력이다.

변동성은 표준이나 절차에서 벗어나는 부정적인 의미가 아니다. 안전과 생산성의 기초가 되는 개입이나 조정을 의미하는 긍정성이다. 조건에 맞게 행동할 수 있는 개입 능력은 강점이며 인간의 자산이다. 하지만 무엇을 개선했고 사고를 어떻게 혁신적으로 감소시켰는지 경험적 증거는 확실하지 않다. 그들의 제안 중 어떤 측면이 타당한지 실증적 검증도 없다. 건설업이나 해운업과 같이 안전에 취약하고 규칙과 규정에 크게 의존하는 산업에도 강점이 될 수 있는지도 의문이다. 더 좋은 선택이라고 단정할 수는 없다. 위협의 가능성도 충분히 검증해야 한다. 사고의 약 80%를 인간의 실수로 추정하는데 그들이 왜 그런 행동을 했는지 근본 원인까지 이해하는 것이 사고 예방에 매우 중요하기 때문이다.

Safety-II는 안전을 개선하기 위한 도구, 프로그램, 시스템과 같은 실질적인 프로세스를 제안한 것이 없다. Safety-II가 무엇이 옳은지에 집중하는 것은 또한 무엇이 잘못된 것인지에 대한 이해의 전제이다. 이들의 실질적 대책은 오히려 기존의 Safety-I 방법론에 더 의존하는 듯하다. 홀나겔 박사는 Safety-II의 제안이 새로운 학문이나 관행이 아니라 안전에 대한 새로운 관점이라고 강조했다. 사고에 기여하는 많은 요인들이 인간의 실수로 인해 발생하는 상황에서 인간을 책임이 아닌 안전한 존재로 바라보는 관점도 좀 더 고민해야 하는 지점이다. 진보적인 기업들도 안전을 감시하고 비정상을 대처할 수 있는 능력을 강조하는 회복력의 향상에는 관심이 있지만 기준과 규제의 역할을 과소 평가할 수는 없다. Safety-I과 Safety-II는 서로 다른 구성이지만 이들은 동일한 방법을 사용하여 안전 문제를 해결한다는 점은 Safety-II 옹호자들이 다시 돌아봐야 할 논의다.

Safety-I도 보완해야 될 영역이 있다. 사고와 중대재해에 해당하는 Safety-I의 영역은 약 2.3% 구간이다. 이를 제외한 부분의 정보에 취약하다는 사실을 인정하고 대책을 살펴야 한다. 더 안전하기 위해서 Safety-I에서 Safety-II로 관점을 바꿔야 한다는 주장은 과하다.

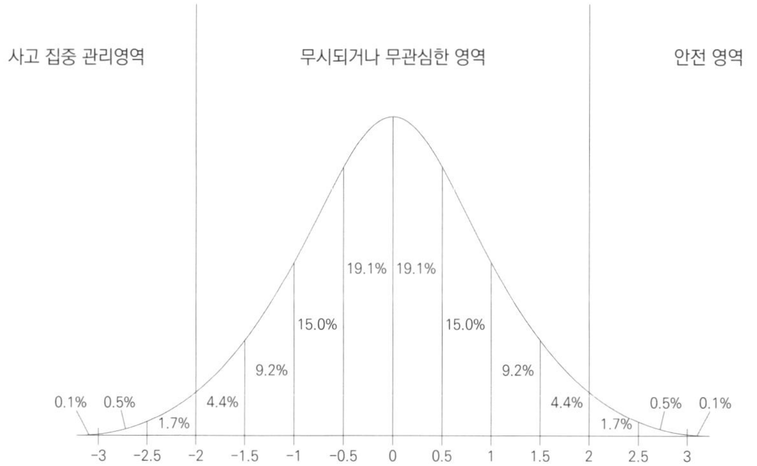

From Safety-I to Safety-II [10)]

Hollnagel이 주장하듯이 우리의 관심 대상이 아니었던 회색 영역에 관심을 가져야 하는 것은 절대 필요하지만 안전 관리 자체를 Safety-II 모드로 완전히 변경하는 것에는 동의하기 어렵다. Safety-II로 전념해야 된다는 것은 너무 과도한 해석이고 Safety-I의 대체물로 받아들이기에는 아직 부족하다.

Safety-I의 장점은 명확하다. 오류로부터 배우는 부재로 정의된 반응형 접근 방식이다. 무엇이 잘못된 것인지 이해하고 사고 원인과 대책에 집중한다. 오류 방지와 손실 감소가 대안이다. 사후 조사를 통해 사고 원인을 식별하고 위험성평가의 방법으로 위험의 가능성을 결정한다. 표준과 규칙을 통한 재해 예방을 관리한다. 안전을 위해서 두 개념을 보완적으로 사용하기를 간곡히 제안한다.

안전문화 성숙도 30년

문화는 실체로 존재하지 않는다. 단지 이야기일 뿐이다. 내 마음과 그

것을 공유하는 사람들의 마음으로 존재한다. 문화는 생존과 위협의 공통 요인이었으며 종의 사고방식을 결정했다. 인간 진화의 역사에서 가장 강력한 규범이었고 행동의 안내자였다. 문화인으로 산다는 것은 문명 속에 있다는 것이다. 그래서 문화는 공동체와 함께하면서 동시에 꽤 자의식적이고 이성적이며 물질주의적이다.

안전은 역사적으로 고전적인 기술 및 관리 시스템으로부터 시작되었다. 안전을 확보하기 위한 최선의 방법이 안전문화라는 새로운 인식의 시대로 변하고 있다. 문화는 강요되지 않지만 사람들의 믿음이기에 강력하고 자발적이어서 행동 및 의식을 변화시킬 수 있는 최상의 관행이다. 성숙한 안전문화는 모든 요소가 열정적으로 실행되며 더 나은 일을 하고, 더 나은 회사를 만들고, 더 나은 삶을 만드는 데 정말로 필요하다고 믿는다. 문화는 실체가 없기에 하드웨어적인 것이 아니다. 문화는 특정 프로그램이 아니므로 소프트웨어도 아니다. 문화는 사람들의 마음과 유전자 속에 있기 때문에 라이브웨어(liveware)이다.

역사적 재난 사건에 대한 조사 결과에는 항상 안전문화가 핵심에 자리하고 있다. 안전문화가 작동되었다면 사고는 발생하지 않았을 것이라는 해석이다. 독일 루트비히스하펜(Ludwigshafen, 1948) 액화가스 누출 200명 사망, 이태리 세베소(Seveso, 1976) 다이옥신 누출로 22만명 피해, 펜실베니아 스리마일섬 원자로 사고(Three Mile Island, 1979), 인도 보팔(Bhopal, 1984) 가스 누출로 약 2만명 사망, 프랑스 툴루즈(Toulouse, 2001) 암모니아 폭팔 29명 사망, 2,422명 부상 피해의 모든 사건들이 안전문화와 관련이 있다.

툴루즈 사고는 위험 및 사고 시나리오의 식별에 관한 안전 지식 부족뿐만 아니라 비상 대비의 문제였다. Deepwater Horizon 플랫폼 폭발 사고에서 Transocean과 BP의 행동은 툴루즈 사고 원인과 동일했다. 비상계획에는 결과의 확률이 극히 낮게 평가되더라도 여러 최악의 시나리오가 포함되어야 한다. 하지만 이들은 아주 가볍게 보았다. 안전문화 수준

의 문제였다.[11)]

최근의 조사 보고서에서는 비교적 새로운 측면이 강조되고 있다. 툴루즈, 텍사스(Texas, 2005)정유공장 폭발, 딥워터 호라이즌 폭발 사고에는 도급업체와 많은 비율의 계약직 작업자가 존재한다. 툴루즈에는 266명 중 100명이 하청업체 근로자였다. 2005년 텍사스 사고에서도 대부분의 희생자가 외부 회사 직원이었다. 딥워터 호라이즌 시추 플랫폼의 기본 운영은 트랜스오션 직원과 계약직 근로자가 대부분이었으며 소수의 BP 직원이 있었다. 모든 권한은 경영을 책임지는 BP의 극소수 실권자에 의해 관리되었다. 안전의 기본을 이해하지 못했고 기술적 지식이 없었다. 이익만을 관리하는 사람들이었다.

나열된 사고의 요인들은 대부분 거의 동일하다. 의사 소통 부재, 학습 부족, 경영자의 낮은 안전 몰입, 잘못된 관행의 방치, 시스템의 미흡, 리더십 및 안전 역량의 부족 등이다. 이 모든 요인을 안전문화라는 하나의 양동이에 담을 수 있다.

기업과 전문가들은 안전문화의 개념을 규정하고 개선하는 방법에 대해 연구를 시작했다. 첫번째 성과가 1995년 미국 듀폰사에서 Bradley Curve라는 안전문화 성숙도 4단계 모델이다. 처음 두 발달 단계는 직원들에 대한 외재적 동기 구간이다. 첫 번째 단계에서 직원들은 "사고는 그냥 발생한다"고 믿는다. 두 번째 단계에서 직원들은 "사고 제로는 비현실적이다"와 "안전하지 않은 방식으로 일하는 것이 들키고 싶지 않다"고 생각하는 구간이다. 사고의 대부분은 처음 두 단계에서 발생한다. 세 번째와 네 번째 발달 단계에서는 본질적인 동기를 가진다. 사고 방식이 반영된 마인드셋(Mindset)의 단계이다. 세 번째 단계에서 구성원들은 사고 제로는 달성 가능하다고 가정한다. 네 번째 단계에서는 이것이 목표가 된다. 이 단계의 안전문화를 가진 회사는 사고를 거의 경험하지 않으며 매우 높은 수준의 안전 행동을 보여준다.

영국 기업 쉘(International Shell)에서도 이에 대한 연구가 진행되었고 비슷한 시기에 모델이 발표되었다. 허드슨의 사다리 모형 안전문화 성숙도이다. 허드슨은 Piper Alpha 해양 플랫폼 폭발 사고 분석 프로젝트에 참여하여 안전 시스템, 위험성평가, 안전문화, 조직 변화 등을 연구 했다. Westrum 모델과 Crosby의 품질 관리 모델을 병합하여 안전문화 성숙도 5단계 모형을 탄생시켰다. 반응적, 사전 예방적 수준을 추가하고 관료주의라는 레이블을 계산적으로 대체했다. Hudson의 안전성숙도 5단계 이론은 석유 및 가스 회사 고위 임원의 인터뷰를 통해 검증되었다. 국제 석유가스 생산자 협회(IOGP: The International Association of Oil & Gas Producers)에서는 안전문화 성숙도를 기본 모델로 사용하고 있다. 이것이 쉘 회사의 안전 프로그램인 "Heart and Mind의 안전성숙도 기본 모형"이다.

문화의 개념에는 기본적으로 좋거나 나쁜 문화는 없지만 안전의 개념은 그렇지 않다는 점에 주목해야 한다. 어떤 상황은 안전하지 않을 수 있고 나쁘고 위험한 부분이 있다. 절대적으로 옳은 방향으로만 가야 한다. 안전문화의 흥미로운 충돌이다. 당신의 조직이 잘못된 방향으로 안전성숙도가 진행되고 있다면 그 결과는 어떨 것인가? 안전문화 개선을 위한 구성 요인을 식별하고 선택하는 것에 신중하여야 하는 이유이다. 안전문화는 몇 개의 단어로 변하거나 성숙되지 않는다. 더 심오한 곳에 신념이 자리하고 있다는 것을 항상 명심해서 전문적이고 신뢰로운 정책을 구상해야 한다.

문화 개선은 기계적으로 적용되는 관리 시스템이나 규정, 기술, 지식, 프로그램의 운영 도구에 있지 않다. 문화를 창조하고 운영하며 문화를 이끄는 사람들 그 자체, 라이브웨어에 달려있다. 올바른 행동, 동기강화, 인지적 깨우침이 습관화로 이어지는 학습이다. 사람들의 사고방식이 반응적, 종속적, 독립적, 상호의존적에 따라 사고 건수와 직접적인 연관성 이 있다. 브래들리의 성숙도의 단계적 통찰력은 1995년 이후 200만 건 이상의 설문조사를 통해 검증되었다. 만약 기업의 경영자와 직원들이 "사고는 정상이다", "어떻게 할 수 없다"고 생각한다면 어떤 현상이 벌어질까?

안전은 그들과 무관한 것으로 간주할 가능성이 높다. 경영자와 직원들이 "사고 제로가 목표"라고 생각한다면 안전을 중요하게 생각할 것이다. 안전성숙도를 의식과 행동의 결과를 결합하여 설명이 가능하다.

반응적 단계는 무의식적 불안전행동 수준이다. 작업자가 위험을 인지하지 못한다. 경험이 부족한 신입 작업자가 안전 교육도 제대로 받지 않았다. 위험 식별이 불가능하고 자신을 보호하는 방법을 모른다. 경영진도 안전에 관심이 없는 의식 수준이다.

의존적 단계는 의식적 불안전행동 수준이다. 자신이 하고 있는 활동이 안전하지 않고 상당한 위험이 있다는 것을 잘 알고 있다. 위험과 이익을 모두 알고 있지만 이익이 위험을 능가한다. 위험에 처한 작업을 성공적으로 수행할 때마다 "부정적인 행위의 긍정 강화"가 축적된다. 더 많은 강화가 있을수록 위험한 작업은 계속된다. 작업을 수행하려면 최소 12피트 계단식 사다리가 필요하다. 이것은 매우 무겁고 보관되어 있는 장소가 멀다. 근처에 보관된 7피트 높이의 가벼운 프라스틱 사다리를 발견했다. 규정 상 금지되어 있지만 사다리 맨 위에 서서 작업이 가능하다. 잘못된 사다리를 사용한다고 해서 위험은 증가하지만 사고가 나는 것은 아니다. 부적절한 사다리를 처음 사용했을 때 작업자는 위험에 경각심을 갖고 각별한 주의를 기울였다. 반복 행동으로 긍정성이 충분히 강화되면 작은 사다리를 사용하는 것이 더 빠르고 쉽다는 것을 동료와 공유할 것이다. 이 행동을 점검하고 단절하지 않으면 새로운 기준이 된다. 이 부분이 중요하다. 습관의 진행을 멈추지 못하면 모든 사람들은 위험을 감수하며 이 행동을 즐겨하게 될 것이다. 부적 행동이 반복 강화되면서 뇌에 패턴이 형성되고 위험 인식 자체가 없어진다. 사고가 발생하는 과정이다.

독립적 단계는 의식적 안전행동 수준이다. 안전의 가치를 높게 의식하고 있으며 헌신적이고 자발적이다. 상호적 단계는 비의식을 깨닫고 무의식적이고 습관적 안전 주의를 유지하려는 단계이다. 자신의 안전은 물론 동료의 안전에도 관심을 가지며 배려하는 안전문화의 가장 높은 단계이다.

1단계는 교육과 훈련으로 예방과 개선이 가능하다. 2단계는 교육과 훈련 및 개인의 의식 개선이 통합적으로 적용되어야 한다. 이 단계가 가장 위험하며 개선도 매우 어렵다. 이익을 위해 안전을 의도적으로 희생하는 의식들이 모여서 안전불감증, 안전무의식을 낳고 잘못된 안전문화까지 전파되는 최악의 수준이다. 3,4 단계로 가기 위한 아이디어는 브래들리 탄생 비화에서 찾을 수 있다. 허드슨(Hudson) 4, 5단계의 기본 원리도 이와 같다.

90년대 초에 듀폰 CEO 에드 울러드(Ed Woolard)는 조직 안전을 지속적으로 개선할 수 있는 시스템을 개발하기 위해 이른바 듀폰 디스커버리 팀(DuPont Discovery Team)을 구성하였다. 공장장이 팀의 리더였으며 그의 이름이 브래들리였다. 때마침 그가 감명 깊게 읽은 책이 스티븐 코비의 "매우 효과적인 사람들의 일곱 가지 습관"이었다. 습관들은 3단계로 나누어져 있고 종속적이고 독립적이며 상호 의존적이라고 불렀다. 이 단계를 따라 습관은 형성된다. 마지막 행동 제안은 톱을 항상 날카롭게 다듬어야 한다는 메시지를 주었다. 이는 앞의 6가지 행동이 지속 가능하고 습관화되도록 노력해야 한다는 주문이다.

브래들리(Bradley)는 안전문화가 진행되는 단계에 따라 라벨을 용도 변경했다. 먼저 독립적으로 활동할 수 있는 능력을 개발하지 않고는 사람이 그룹의 일원이 될 수 없다. 사람은 독립적이 되어야만 독립적인 능력을 가진 다른 사람들과 협력하고 팀을 이룰 수 있다. 그 결과 독립적인 사람들의 연합은 상호 의존이라고 불리는 마지막 범주를 형성한다. 코비의 풍요 사고방식(Abundance Mindset)이다. 상생의 시나리오를 추구하고 다른 사람들의 성공에 위협을 느끼지 않고 함께 축하한다. 풍요 정신은 높은 자기 가치와 안전성으로부터 발현되며 이익, 인정, 책임의 공유로 이어진다. 서로가 서로를 돕고 배려하는 Win-Win의 상생을 만들 수 있다. 습관은 상향 나선형으로 발달되며 모형은 학습, 헌신, 실행의 세 부분으로 되어 있다. 학습은 교육, 훈련, 관리 감독, 관찰, 피드백의 행동 요인들이다.

헌신은 자발적 참여로서 태도와 동기 같은 심리 요인들이다. 실행은 실천 프로그램이다.

안전 무의식과 의식적 불안전행동 수준인 1, 2단계에서는 안전 시스템을 구축하고 안전지식의 학습과 행동을 관리하는 행동기반 안전관리(BBS)를 추천한다. 중대재해처벌법에서 요구하는 자율안전체계 구축의 기본이다. 정책, 법, 규정, 프로그램, 절차가 지켜지는지 감독과 관찰을 하는 프로그램이다. 자신이나 동료가 하는 일을 살펴보고 위험을 확인하고 개입하는 방법이다. 동료 대 동료로 안전 관찰을 수행하거나 작업자, 관리자, 안전 책임자가 안전 순찰을 함께한다. 관찰은 위험 행동을 수정하여 안전 행동으로 습관화될 수 있는 방법을 찾고 반영하기 위한 것이다. 자율안전체계의 운영 준비 및 시스템의 기본을 구축할 수 있다. 시작단계에 적합한 모델이다.

최근 몇 년 동안 산업 현장에서 기업의 안전 관점이 변화하고 있다. 직원의 행동뿐만 아니라 '우리가 여기서 일 하는 방식'으로 정의된 '안전문화'에 대한 인식의 중요성이다. 안전문화 성숙 모델은 조직이 현재의 안전 수준을 알 수 있고 필요한 개선 조치를 적용할 수 있다. 최고의 단계로 성장하고 유지하는 문화의 경우 BBS 프로그램만으로는 충분하지 않다. 브래들리 3, 4 단계, 허드슨 4. 5 단계로 성숙하기 위해서는 반드시 심리기반 안전문화 관리 체계가 병행되어야 한다.

CHAPTER 06

안전문화 측정 평가

안전문화 측정 오류 편견 지혜

안전문화의 모호성

지금은 문화의 시대이다. 문화에 대한 다양한 연구들이 넘쳐나고 있다. 20세기 중반까지 발표된 문화의 정의만도 164개가 존재한다.[1] 대한민국은 안전문화의 열풍에 휩싸였다. 지금은 안전문화의 시대라고 선언하며 모두가 안전문화로 가야 한다고 강조한다. 안전문화가 무엇이고 왜 그래야만 하는가? 안전문화에 대한 근본적인 질문과 답을 찾지 못하면 구호만 난무하고 실천은 허공을 방황할 뿐이다. 우리의 현실이 이와 같지 않은가? 안전문화를 누구나 쉽게 말할 수 있지만 누구도 정의할 수 없는 불확실한 개념이다. 사고원인에서 추론된 개념이라는 사실을 인식하고 이에 대한 함의를 찾아야 한다.

IAEA는 체르노빌 사고에 대해 1986년 INSAG-1과 1992년 INSAG-7이라는 두 가지 보고서를 작성했다. INSAG-1에 따르면 사고의 주요 원인은 운영자의 부적절한 행동이었다. INSAG-7에서는 원자로의 잘못된 설계를 사고의 주요 원인으로 변경하였다. 두 보고서에 공통적으로 기술된 요인이 있다. 모든 관리 및 운영 수준에서 만연하고 있었던 부적절한 '안전문화'가 사고 원인이라는 지적이다. 사고 분석에서 안전문화가 원인 항목으로 사용된 최초의 공식문서이다.[2]

원자로 4호기의 비정상적인 핵 반응으로 수소가 원자로 내부에서 폭발하였고 핵 반응으로 생성된 다량의 방사성 물질들이 파괴된 원자로의 천장을 통해 누출되었다. 당시의 사망자는 31명이었다. 체르노빌 사고 35년이 지난 2021년 조사보고서에 따르면 피폭으로 인한 사망자는 2만 5천명 수준이며 치명적 영향을 받아 기형적인 삶을 살고 있는 사람들이 20만명 이상 될 것으로 추정했다. 체르노빌은 사고는 국제 원자력 사고 척도(INES; International Nuclear and Radiological Event Scale) 분류 등급에 가장 심각한 7등급에 올라 있다. 시험 운전 중 각종 계기가 이상 신호를 보내왔지만 무시하거나 우회경로를 사용하는 등 운전원의 고의적인 안전규칙 위반이 직접적인 사고 원인이었다. 조사를 담당했던 국제원자력기구 자문단(INSAG)은 더 근본적인 원인에 주목했다. 소련사회의 폐쇄성이다. 안전시스템이 정상적으로 작동할 수 없는 분위기였다. 미국과의 경쟁에서 우위를 차지하는 것이 최우선이었고 안전은 무시되어야 했다. 사고 원인에 가장 적합한 표현으로 “부실한 안전문화”라는 용어를 사용했다. 인류학자들로부터 단어만 차용하였지 의미나 출처를 정확하게 해석하지 않은 실수를 남겼다. 안전문화라는 개념이 현재까지 혼란상태로 남아 연구자들을 괴롭히는 원인이다. IAEA보고서에 사고 원인으로 지적된 안전문화의 용어 선택에 두가지 근본적인 비판이 있다. 부실한 안전문화라는 가설은 사고와 관련된 깊고 복잡한 문제들에 대한 직접적이고 체계적인 사회과학적 분석이 아니었다. 미국에 의해 주도된 체르노빌 사고를 소련 국가들에 특화된 문화적 특징인 것처럼 포장한 측면이 있다. 서방에서는 절대 일어날 수 없다는 것을 대중들에게 안심시키기 위한 수사적 시도였다. 러시아의 정치에 간섭하는 것으로 비춰지는 인식을 피할 수 있었다.

안전문화에 대한 또 다른 아이러니가 존재한다. 체르노빌 사고 발생 약 6년 전, 소련의 원자력 기술자들은 스리마일섬 사건에 대한 분석을 통해 소련에서 그러한 사건이 일어날 수 없다는 결론을 내렸다. 미국의 문화가 안전보다는 생산과 자본에 대한 단기적인 수익을 강조한 것이 사고의 이유라는 것이다. 이 사고는 미국의 안전문화 때문이며 러시아에서는 절대 발생할 수 없다는 의미를 담고 있었다. 이 당시는 안전문화의 의미가 서로를 비판하기 위해 선택된 단어였다.

이러한 과정에서 안전문화는 모든 대형사고의 원인으로 등장하는 주인공이 되었다. BP 텍사스 폭발, 호주 북해의 몬타라, 콜롬비아호, 딥워터 호라이즌 누출사고 등이다. 사고 분석 내용은 추상적이었고 안전문화만으로 특정 내용을 구체화하기에는 부족했다. 영국 북해의 Piper Alpha 폭발이 안전문화 연구의 터닝포인트였다. 사고 조사팀장인 컬렌 경은 공개 조사 보고서에 안전이 최우선 순위인 것으로 이해되고 받아들여지는 기업 분위기나 문화를 만드는 것이 필수적이라고 강조했다. 영국에서 사고 대책 요인으로 안전문화 연구가 공식적으로 태동된 배경이다.

안전문화 측정의 허구성

안전문화의 착각과 과신에는 전문가들의 평가 오류가 어느정도 기여하고 있다는 절박함이 느껴진다. 조직문화가 안전성과에 미치는 영향은 중요한 주제이며 융합적이다. 그럼에도 안전문화를 조직문화의 범주로 이해하지 않으려는 시도는 계속되고 있다. 실무자의 관점에서는 상황이 더 심각하다. 잘 정의되지 않은 개념과 약한 이론적 토대를 기반하는 안전문화의 사업적인 침투이다. 관리자가 조직 문화의 상태를 이해한다는 오해를 불러일으키고 잘못된 판단의 근거가 되기도 한다. 설문 서비스가 사업 목적이 되어서는 안 되며 명확성을 높이는 데 도움이 되지 않는다. 안전문화의 오용과 남용은 더 큰 문제를 잉태할 수 있다. 안전문화의 개념과 탄생에 대한 역사적이고 학문적인 근거와 이해가 반드시 필요한 이유이다.

미국 텍사스시 BP 정유공장의 경험은 안전 전문가나 컨설턴트들이 귀담아 들어야 할 소중한 사례이다. 4점 척도 안전 수행 평가에서 그룹 간 상당한 편향이 존재했다. 관리자의 안전 우선순위는 2.4대 3.6, 작업자 안전 우선순위는 2.2대 3.2, Empowerment는 2.3대 3.3이었다. 동일한 회사에서 부서만 다른 사람들을 대상으로 한 측정이 20 ~ 25% 차이가 났다.[3] 우려할 정도를 넘어서 신뢰를 가질 수 없는 상황이었지만 설문은 안전 수행이 잘되는 것으로 보고 되었고 경영자는 만족했다. 2005년 4월 23일, 설문을 마친 지 얼마 지나지 않아 폭발이 발생하여 15명이 사망하고 180명이 부상하였다. 2007년 정부의 고위관료, 핵 안전전문가, 법률가, 도시전문가, 환경전문가, 석유화학 공학협회 학자, 재무전문가 및 각 분야별 최고의 안전전문가들이 모여서 사고 조사를 하고 백서를 발간했다. 안전문화 측정에 대한 우려가 핵심 내용이었다. 패널 보고서는 안전문화를 대표하는 특정 설문 응답을 직업 범주별로 분석하였다. 일반적으로 경영자를 기쁘게 하며 조직 문화의 상태를 이해하는 데 도움이 된다고 생각했던 그 지점을 지적했다. 실제 인식보다는 부서나 회사, 사회적으로 바람직한 생각에 따라 응답하는 경향이 있다. 조사는 결과가 어떻게 사용될지에 대한 직원들의 생각에 의해서도 영향을 받는다. 조직 요인이나 안전 자체의 인식에 더하여 사회적 분위기에 더 의존하게 된다. 피상적인 관점만 제공할 수 있다는 사실을 이해하고 전문가가 보완해야 할 부분이 있는지 살펴야 한다. 보고서의 맺음말은 설문 방법의 중요성과 그 결과에 대한 책임을 엄중히 경고하고 있다.

2004년 11월 28일, 북해의 Snorre "A"의 사고 전후 설문조사는 올바른 측정이 무엇인지를 질문하고 있다. 안전문화 평가를 통하여 조직이 사고를 당할 가능성을 사전 검증할 수 있는가에 대한 근본적인 의문이다. 시설 작업 중 유정에서 제어되지 않은 가스 방출이 발생했다. 다행스럽게도 가스 구름은 점화되지 않았고 대부분의 직원이 플랫폼으로 대피했다. 폭발이 일어나지는 않았지만 세계 50대 유정 대형사고로 기록되어 있다. 노르웨이 석유안전청(Petroleum Safety Authority, PSA)도 이 사건을 현재까지 발생한 가장 심각한 사건 중 하나로 보고 있다. 사고 전 측정에서는 조사의 20개 항목 중 2개 항목만이 6점 만점에 4.5점 미만의 점수를 받았다.[4] 절차 준수, 안전 우선 순위 및 조직 학습과 관련된 항목 등 안전문화의 핵심 측면 등이 포함되어 있다. 설문 응답자의 95%가 작업에 관련된 위험관리가 잘 되고 있다고 응답했다. 전반적으로 긍정적인 안전문화에 자부심을 느끼고 있는 최상위 수준이다. 이러한 결과는 이 조직의 안전문화가 병리학적 수준이라고 평가할 수 있는 근거를 차단한다. 사고 후 측정에서는 절차 준수, 위험 평가의 이해 부족, 경영 관여 부족 등의 다양한 결함이 있다고 했다. 많은 내용이 사고 이전 시점의 안전문화 조사 데이터와 직접적인 모순이다. 사고 전에 긍정적으로 평가했지만 사고 후는 그 반대였다. 보고서에 취약한 부분으로 언급된 경영진의 개입 부족도 주목할 내용이다. 이 사례는 사전적인 안전 관리가 불가능할 수 있다는 우려를 보여주고 있다. 안전문화 측정이 긍정적일 때 사고를 예측할 수 있는 기회마저 날려버리는 최악의 상황이 될 수 있다.

설문 조사의 한계는 일반적으로 인식된 태도, 가치 및 인식을 활용하기 때문에 제한적이다. 더 큰 우려는 사람들이 안전을 실제로 생각하고 느끼는 것보다는 안전에 대해 어떻게 생각해야 하는지에 대해 응답한다. 이러한 우려로 설문조사를 포기하는 것은 바람직하지 않다. 설문조사와 병행하여 문화의 가정을 밝히기 위한 탐구 과정이 필요하다. 적어도 현장 작업에 대한 조사만이라도 민족지학적 원칙 등 다차원 융합적 측정이 권장되어야 한다. 표면 아래에 조금 더 깊이 흠집을 낼 수 있는 분석을 통해 보완되어야 한다. 문화적 요소에 대해 더 깊은 곳의 많은 것을 찾아서 제공하는 것이 연구자의 책무이다.

측정의 선택과 지혜

안전문화 측정은 일반적으로 기능주의, 해석주의, 심리학 기반으로 구분하여 접근한다.

첫째는 기능주의 접근법이다. 대부분의 기업에서 채택하고 있는 가장 보편적인 문화체계로 규범적 문헌에서 나타나는 지배적 개념이다. 연구자와 컨설턴트가 성공적인 조직 문화의 본질을 찾았던 1980년대에 특히 인기가 있었다. 경영진의 헌신, 정책, 시스템, 소통, 교육, 자원, 절차, 리더십, 참여, 준수, 지식, 팀워크, 규정 등의 요인들 중 조직에 맞는 몇 개를 선정하여 안전문화로 규정하고 상부에서 기획 관리하는 하향식 전파 형태이다. 평가 방법으로는 시스템 감사, 안전풍토 측정, 위험성평가, 안전행동 관찰 등이 있다. 불안전 행동의 관리대책은 철저한 관리 감독, 안전교육, 리더십 및 소통 강화, 법의 강제와 절차 준수이다. 검증된 요인들을 조직의 안전문화로 규정하고 관리한다는 의미로 구성주의라고도 한다. 개념을 원인과 결과로 쉽게 구조화할 수 있는 것은 장점이자 동시에 한계이다. 상징, 가치, 의미의 풍부함을 성과 측정과 관련시키기 위해 단순화하는 것에 대한 우려이다. 많은 것이 함축되어 있는 문화의 영향력을 어둠속에 가두고 있기 때문이다. 왜 문화가 중요한지를 말하는 바로 그 근거를 배제하는 것은 환원주의의 착각이고 함정이다. 그럼에도 기능주의가 보편적으로 가장 많이 선택되는 이유가 있다. 표준화된 측정 방법을 사용할 수 있고 많은 인원을 대상으로 동시 측정이 가능하다. 해석주의 면담의 사전 자료로 이야기가 풍성해진다. 사전 사후 모니터링을 할 수 있다. 안전성숙도를 함께 측정함으로써 보완적으로 활용할 수 있다.

둘째는 해석주의 접근법이다. 인간의 의식에 관한 이야기이기에 인류학이라고도 한다. 당신은 매일 '고객이 왕이다' 또는 '안전제일'이라는 구호를 반복 학습하고 있다. 마음속 다짐도 이와 같은가? 구호와 내적 수용이 별개로 작동하지만 정확히 시연을 할 수 있는 허구적 능력자가 인간이다. 진정한 문화는 구성원이 가지는 한정된 몇 개의 속성이나 일회성의 관행이 아니다. 본질을 해석하는 관점의 총합이다. 불안전행동을 어떻게 측정할 것인가? 작업시간이 부족하여 급하게 서둘렀을 수 있다. 더 높은 이익을 추구하려는 개인적 동기였다. 회사의 압력으로 생산량을 높여야 했고 안전조치를 생략했다. 이와 같이 행동의 근본적인 원인은 동기, 가치, 의도, 태도라는 본성에 숨어있다. 원인을 하나의 개념으로 구조화하는 순간 그 내면에 존재하는 다양한 해석은 미지의 영역이 된다. 해석주의를 간과해서는 안 되는 이유이다. 해석은 인터뷰, 관찰, 문서 분석 등의 정성적 방법이나 다양한 조합으로 가능하다. 직원들 모두를 연구에 참여시킬 수 없다는 한계와 비용이 높고 시간이 많이 소요된다. 직관력이 요구되는 분석적 방법의 특성상 평가자의 전문성과 경험이 필수적이다. 해석주의 문화를 이해하고 평가하는 것은 이렇듯 쉽지 않지만 사람의 심층을 분석할 수 있는 문화의 이해 도구로서 그 효과성은 강력하다.

셋째는 심리학적 접근법이다. 심리학은 안전문화의 개념 연구에 가장 강력한 기반이다. 학계와 전문가 그룹에서 안전문화 모델로 인정받고 있는 대부분의 이론가들은 심리학자이다. 심리가 문화 전체의 단일 요인이 될 수는 없지만 심리가 빠진 문화는 존재할 수 없다. 진화 심리학과 생물심리학은 인간을 생존과 번식의 유기체로 정의하지만 본성은 자주 이것을 거역한다. 사람들은 생존과 안전에 매우 위험한 상황을 스스로 선택한다. 절벽 끝에 아슬아슬하게 서서 인생 사진 한 장에 목숨을 건다. 추락위험이 심각한 지붕위에 있으면서 안전하다고 확신한다. 자각하지 못하는 무의식적인 행동조차도 의식하고 통제 가능하다고 생각하는 어리석음의 결과이다. 불안전행동이 반복되고 사고가 계속되는 이유는 마음에 있다. 행동은 의식과 무의식의 가닥들이 얽혀 있는 마음의 추종자일 뿐이다. 안전 신념과 가치관이 태도, 동기, 인지, 정서 등의 심리 특성에 어떻게 영향을 미치는지 검증해야 한다. 사람들이 환경에서 정보를 얻고 처리하는 방식, 심리적 상태, 생물학적인 본성에 숨어있는 위험추구 현상, 이와 관련된 반응 행동의 알아차림이다. 안전불감증이 어떻게 형성되는지 심리학은 알고 있다. 불안전행동으로 여러 번의 작업을 무사하게 경험한다. 안전을 확신하는 심리적 패턴이 뇌에 심어진다. 처음 느꼈던 불안전

행동의 두려움과 불안은 사라진다. 위험을 보지 못하는 인지 오류 상태가 되어 위험에 대한 각성이 없어진다. 사고를 당한다. 심리와 행동의 인과적 문제에 대해 근원적 접근이 없다면 안전무의식은 계속될 것이고 사고는 반복된다. 일부 작업자들과 관리자들의 문제가 아니다. 모든 인간에게 존재하는 고유한 유전적 특성이다. 설문지, 포커스 그룹 면담, 행동 관찰을 통계적으로 조사하고 이를 심리 이론으로 분석할 수 있다.

지난 47년간 출판된 자료에 따르면 안전문화의 개념과 구성에 대한 정의가 50개 이상 존재한다. 이들에게는 각각의 방향성이 존재하고 강점과 약점이 있다. 어떤 것을 선택하여도 안전문화 전체를 대표한다고 단정하기가 쉽지 않다. 모두가 공감하고 수용할 수 있는 한국형 안전문화의 개념을 구체화해야 하는 이유이다. 문화의 개념이 혼란스러울 수밖에 없는 몇 가지 본질적인 약점이 있다. 접근법에 따라 추론하는 방법과 대책이 차별적이지만 자신의 주장만 강조하는 집착이 문제의 시작이다. 한 가지로 개념화하려는 편향이고 안전을 잘못 인도하는 문화의 함정이다.

안전문화에 대한 편견과 집착에서 벗어나려고 몸부림칠수록 더 깊은 함정으로 빨려 들고 있다. 논쟁의 소용돌이 속에서 모두가 혼란스러울 수밖에 없다는 리즌(James T. Reason)의 논평이 떠오른다. 이 광범위한 목록에 또 하나의 정의를 추가하는 것은 다소 무의미해 보인다. 그럼에도 불구하고 안전문화의 진정한 의미를 밝혀야 하는 이유는 수없이 많다. 차별적이고 편향된 관점에 대한 재구조화의 필요성이다.

무엇을 측정할 것인가?
그 목적은 무엇인가?
나의 조직에 가장 적합한 안전문화 측정법은 어떤 것인가?
측정은 조직의 모든 것을 말할 수 있는 방법인가?

측정자와 기업이 함께하면서 고통과 숙고라는 산고의 시간을 거쳐야 태어날 수 있다. 안전문화가 가야 할 이정표를 찾기 위한 중요한 과정이기 때문이다. 모두가 공유할 수 있는 안전문화의 통합적 개념과 이에 반응하는 측정 평가 모델이다.

안전문화와 안전풍토 동일성의 착각

안전문화와 안전풍토의 차별성에 대한 논쟁은 지금도 진행 중이다. 종종 교환 가능한 의미로 사용되지만 개념적인 차이는 분명히 존재한다. 문화는 조직의 안정적인 가치 체계를 나타내며 그 범위가 넓고 깊다. 풍토는 문화의 특정 시점에 대한 피상적인 표현이다. 이러한 차이는 학문 분야와 관련이 있다. 인류학은 '문화'를 언급하는 반면 사회 심리학은 '풍토'로 접근한다. 해석이 혼란스럽고 학자들마다 관점이 차별적인 이유이다. 안전문화와 풍토를 다르게 인식하는 연구자들은 일부는 관련성이 있고 중복되지만 두 용어는 분명히 다르다는 의견이다. 상호 교환적 사용에 반대한다. 안전풍토는 현상적이며 일정 시점의 인식이지만 문화는 잠재적이며 다차원적이다. 응용심리학자 Glendon과 인간공학자 Stanton의 안전문화와 안전풍토를 그림으로 비교하였다. 안전문화와 풍토를 가장 잘 표현한 연구로 평가받고 있으며 현재 약 1,000회에 육박하는 피인용 건수를 기록 중이다.

문화와 풍토의 차이를 요약하면 두 가지이다. 첫째, 안전문화와 풍토는 그 개념의 넓이, 깊이, 시기가 다르다. 문화는 과거, 현재 및 미래의 총체적 진행이지만 풍토는 측정 당시의 제한된 시간 내에 있는 일부이다. 풍토는 조사 방법이 제한적이며 수행 당시나 과거의 태도에 대해서만 측정할 수 있다. 문화 수준의 중간 범위에 있는 태도, 신념 및 인식에 대한 접근이다. 기능주의적 설문 방식이며 하위 문화의 개념이 대부분 중복적이다. 안전문화는 조직의 성격으로 일관적이고 연속적인 특성이 있지만 안전풍토는 상대적으로 불안정하고 운영 환경에 따라 변할 수 있다. 문화는 왜 안전이 중요한지에 대한 근본적인 대답이지만 안전풍토는 특정 시점에 조직에서 무슨 일이 일어나고 있는지에 대한 정보이다. 안전풍토는 안전문화의 특정 시점에 대한 '스냅샷'이라고 하는 이유이다. 풍토 측정만으로는 문화 프레임워크의 해석이 난해할 수 있지만 다양성을 식별하는 잠재 가치를 폄하해서는 안 된다. 개인의 기준 또는 앵커 포인트의 역할을 하기 때문에 태도와 가시적 행동에 영향을 미친다. 안전풍토를 잘 분석해야 하는 중요한 이유이다.

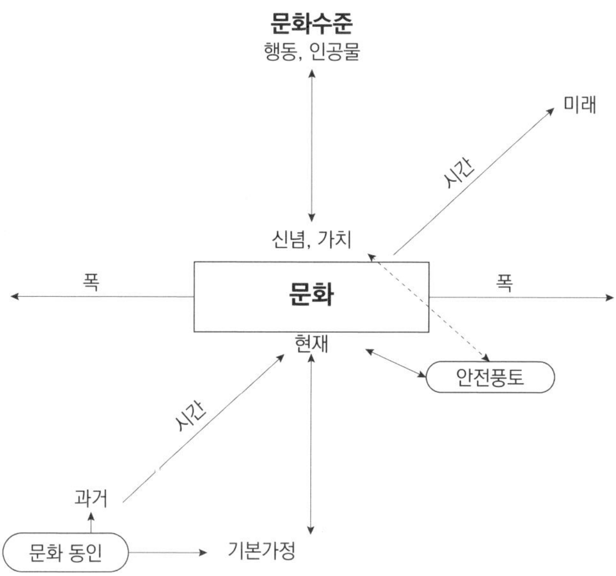

조직문화와 조직풍토의 비교[5)]

두번째는 측정의 접근 방법에 따른 구분이다. 문화는 일반적으로 현장 연구 또는 민족지학과 같은 질적인 방법으로 조사된다. 문화 연구는 문화를 평가하기보다는 문화를 설명하거나 이해하는 것에 더 초점이 있다. 조직에 숨어 있는 과거 사건과 같은 깊은 가정을 밝혀서 안전문화에 대한 풍부한 정보를 제공한다. 문화는 집단의 규범이며 일을 하는 방식으로 풍토가 작동하는 환경이다. 문화를 몇 개의 단어로 규정하려는 시도는 핵심층을 발견하려는 노력을 포기하는 것이다. 문화는 심층적이지만 풍토는 인공물이다. 기능주의는 문화측정이 아니라 태도와 인식의 측정이다. 나는 낮은 위치에서 일할 때는 가끔 안전벨트를 착용하지 않는다. 벨트 착용으로 인해 불편하고 오히려 더 위험하다고 느끼기 때문이다. 이는 개인이 안전벨트를 착용하지 않는 이유의 설명으로서 안전풍토다. 반면, "이곳은 안전벨트 착용 장소입니다"는 작업장 전체의 행동규범으로 안전문화를 의미한다. 안전문화와 안전풍토를 개념적으로 다르다고 강하게 주장하는 대표적인 학자가 Dov Zohar이다.[6)] 그는 안전문화와 안전풍토 관련 연구 논문을 가장 많이 발표한 행동심리학자이다. 구조화된 설문지 기법으로 문화의 측정은 불가하다. 많은 연구자들이 안전문화와 풍토 두 가지를 혼용하는 현상에 대한 학문적 경고이다.

안전문화와 풍토를 상호 교환 가능한 것으로 보는 다수의 연구들도 간과해서는 안 된다. 안전문화와 안전풍토 관련 논문에 가장 많이 사용되는 15개의 측정 항목을 분석하니 대부분 교차하여 사용되고 있었다. 경영진의 태도와 헌신, 안전절차, 정책, 규범, 위험 인식, 안전 태도, 소통, 안전교육, 작업자 참여, 안전예방 및 조사, 작업 환경 및 압력, 안전 헌신, 책임성, 안전 수행, 안전 우선 등의 항목이다.[7)] 문화의 개선은 대규모 조직 내에서 안전에 관한 가치, 신념 및 행동의 세트를 수정하는 개념이다. 행동과 하향식 지시의 관련성을 믿는다는 것을 의미한다. 최고 관리자들의 선언에 따른 안전의 관점을 채택하는 것이다. 하지만 반대의 관점도 살펴야 한다. 안전풍토는 변화가 가능하지만 문화는 관리가 어렵다. 문화는 창조되는 것이 아니고 구성원이 가지고 있는 자발적 동기의 개념이기 때문이다. 사람들의 심층 욕구의 표현이며 그들의 경험을 의미 있게 이어주는 수단이다. 문화를 관리하는 것에 대해 말하는 것은 순진하고 아마도 비윤리적이다. 경영자가 추진하는 정책은 직접적인 문화의 변화로 이어지지 않는다. 안전 풍토가 개선되면 조직 깊이 자리하고 있는 안전문화에 영향을 미치고 결국 변화가 진행된다. 문화의 변화는 장기적인 기간이 필요하다는 것을 받아들여야 하고 이를 기준으로 안전 풍토와 문화의 변화 개선 정책을 추진해야 한다.

단기적이고 비현실적인 추진은 안전문화가 관료적인 방식으로 배치되면서 통제를 위한 수단이 될 수 있다. 정책을 검증하는 도구로 전락한다. 일부 잘못된 컨설팅에 의해 위에서 부과되는 이데올로기적 속임수로 추락한다. 측정의 설계, 해석, 적용에 안전전문가나 연구자들은 신중해야 한다. 올바른 문화의 창출은 안전문화와 풍토의 동질성과 차별성에 대한 잘못된 사고, 측정과 운영의 오류, 과장된 편견을 잘 이해해야 가능하다. 문화를 잘못 다루면 최상의 기업도 도태될 수 있다. 수많은 사례로 인간 사회가 증명하고 있는 사실이다. 안전문화와 안전풍토의 차별적 관계성의 이해가 중요한 이유이다.

안전문화 측정 평가

안전문화 측정 개념

산업재해에서 '사고'라는 용어는 인간이 이루어 놓은 결과물이라는 점을 고려할 때 예측할 수 없거나, 예방할 수 없는 특정 사건이라도 피해자를 예측할 수 없다는 것을 의미하지는 않는다. 사후분석과 예방적 사전분석으로 예측이 가능하다.

사후분석은 순차적 모델, 역학적 모델, 시스템 모델, 문화모델로 발전해 왔다. 사고의 원인과 결과를 파악하고 유사 사고가 발생하지 않도록 시스템, 환경, 인간 요인의 개선이다. 사전분석은 사고가 나기 전에 그 징후를 감지하여 사전에 대처하는 방법이다. 지난 47년 동안 안전의 측정과 평가 모델이 개발되었고 예측력을 향상시켰다. 양적 평가는 경영 시스템, 리더십, 행동, 소통, 책임, 인식, 역량, 지원, 규칙, 절차, 교육 등의 설문 조사이다. 질적 방법은 참여자의 경험, 인식, 동기, 문화에 대한 깊이 있는 정보를 이해하기 위해 개방형 질문, 인터뷰, 관찰, 사례 연구 등의 비수치적 데이터를 수집하고 분석하는 것이다.

현재까지 발표된 안전문화의 문헌을 검토하면 측정 평가의 대표적 접근 방식은 5가지 범주이다.[8] [9] [10] 첫째는 태도와 의도 접근법이다. 안전 지식을 부여하면 태도가 변하고 관행이 고쳐질 수 있다는 지식-태도-관행(KAP: Knowledge-Attitude-Practice) 프로세스이다.[11] 태도 수정은 캠페인, 전단지, 소책자, 영상, 포스터, 메일, 지침서, 교육 또는 상담적 접근법으로 가능하다. 태도 행동 모델은 합리적 행동 이론(TRA: Theory of Reasoned Action)과 계획 행동 이론(TPB: Theory of Planned Behavior)이 대표적이다. 의도 측정은 태도뿐만 아니라 사회적 규범, 사회적 영향, 지각된 행동 통제, 자기 효능감의 산물로서 행동을 알 수 있는 가장 좋은 예측 변수라는 가정이다.[12] 둘째는 행동 접근법이다. 행동 기반 안전 관찰의 원칙은 실무자들이 전 세계적으로 알고 있으며 조직 및 심리 이론에 의해 지지된다. 사고 보고 감소에 긍정적 영향을 미치는 것으로 많은 연구에서 검증되었다. 셋째는 안전풍토 접근법이다. 구성원의 안전 행동을 향상시키는 요인이라는 리더 기반 안전 개입이다. 조직 프로세스, 사회적 상호작용, 사회적 교류 및 풍토에 관련된 프레임워크이다.[13] 넷째는 구조적 접근 방식이다. 절차, 규정, 법규, 정부 지침, ISO, 기타 이해관계자의 안전관리 시스템이다. 다섯째 마지막으로 안전문화 접근 방식이다. 다차원적 특성을 고려하는 사고 예방법으로 지난 30년 동안의 안전문화 연구에서 특히 강조되어 왔다. 사고 원인은 다층적이며 서로가 연결되어 있다고 가정하며 개입은 하나 이상의 구성 요소이다. 개인, 그룹, 조직, 사회, 산업, 정부 수준에서 다양하게 작동한다. 개입은 작동 유형에 따라 태도, 행동, 조직 수정의 세 가지로 구분되거나 통합적이다.[14] 태도 수정은 사람들에게 정보와 지식을 제공함으로써 개선이 가능하다. 행동 수정은 교육, 인센티브, 목표 설정, 피드백, 코칭 등을 통해 달성할 수 있다. 조직 수정은 안전풍토와 시스템 변경 개입으로 가능하다. 입법, 규제, 집행, 경제적, 기타 인센티브의 상황적 요인이다. 조직, 물리적 환경, 엔지니어링, 장비 및 제품, 규칙 및 규정, 근로자의 권리와 이익 등의 변화를 의미한다.

안전문화 측정 평가

Zohar는 안전풍토를 8가지 차원으로 구성하였다.[15] 성공적인 안전교육, 경영진의 헌신, 안전 책임자 지위, 안전 위원회의 지위, 직장 내 위험 수준, 안전 행동이 승진에 미치는 영향, 안전 행동이 사회적 지위에 미치는 영향, 필요한 작업 속도가 안전에 미치는 영향이다. 브라운과 홈즈(Brown & Holmes)는 Zohar의 설문지로 425명의 근로자가 응답한 미국 제조 및 생산 기업 10곳을 대상으로 안전 환경 모델을 검증하였다. Zohar의 8개 요인을 경영 태도, 경영 행동, 직원의 위험 수준 인식의 세 가지 요인으로 줄였다.[16] 드도벨러와 벨랜드(Dedobbeleer Béland)는 여러 측정 모델을 검증 결과 안전은 경영진과 근로자의 상관관계로 확정하고 경영진의 헌신과 근로자의 참여라는 두 가지 요인으로 단순화했다.[17]

심리학자 Flin은 20편의 안전풍토 관련 연구자료를 검증하여 안전풍토를 관리 감독, 안전 시스템, 위험, 업무 압력, 역량의 5가지로 구성했다.[18] Mohamed가 구성한 문화 요인은 관리 몰입, 커뮤니케이션, 안전규칙 및 절차, 지원 환경, 감독 환경, 근로자 참여, 개인 위험도 평가, 작업 압력 및 역량이다.[19] 안전 연구에서 변인의 숫자는 다양했다. 연구자의 설계적 관점과 이론적 근거가 충실하다면 신뢰성을 가질 수 있다.

21개의 선행 연구를 분석하여 중국과 영국의 해운업 안전풍토 연구에 적용한 측정 요인은 안전정책, 비상대비, 안전 소통, 안전교육, 안전 태도, 안전의식, 안전 행동의 7개였다. 안전의식이 높은 개인은 오류 확률이 낮다는 가정이 기반이며 안전 행동에 대한 긍정적인 태도와 인식의 측정이다.[20] 브래들리 커브(Bradley Curve)로 유명한 미국 석유화학 기업 Dupont은 안전문화 측정을 안전인식 측정으로 표현하고 하위차원도 리더십, 시스템, 절차와 행동의 3개이며 29개 문항이다. 국제원자력기구(IAEA)의 안전문화 모델 구성은 안전에 대한 인식된 가치, 리더십, 책임, 학습, 안전 활동이며 37개 문항이다. 안전 우선 가치의 인식, 의식적 안전 행동, 안전과 생산의 공유 관리 측정이다. 학습은 질문의 강조, 보고, 평가, 경험 공유의 측정이다. 안전 활동은 신뢰, 절차, 안전지식, 동기, 작업 조건, 팀워크의 측정이다.[21]

영국보건안전청(HSE: Health and Safety Executive)에서 사용하는 안전문화도구(SCT: Safety Climate Tool)는 조직의 헌신, 안전 지향적 행동, 신뢰, 절차의 유용성, 참여, 동료 집단의 태도, 자원, 사고 및 아차 사고 보고의 8개 항목이다. 에너지, 건설, 제조업, 엔지니어링 산업별로 표준화되어 있다. 현재 45개국어로 번역되어 있으며 약 1,000개 이상의 조직에서 40,000만 명 이상이 사용되었다. 도구의 장점은 방대한 자료를 활용하여 다른 조직과 비교가 가능하다. 측정된 자료의 활용 방법에 대해 구체적으로 제안을 하고 있다. 성숙한 안전문화로 이어지는 관행의 개선 및 대책을 제안한다.

고용노동부는 중대재해 감축을 위해 법과 제도 혁신, 기업의 안전투자 확대 지원 등에 노력을 기울이고 있다. 사망사고의 획기적 감축은 사회 전반적인 안전의식과 문화가 튼튼하지 않으면 불가능하다. 기업 스스로가 수준을 파악하고 개선하기 위해 노력하지만 측정이 어렵고 컨설팅도 쉽지 않다. 기존에 발표된 안전의식 수준향상 프로그램(KOSHA-Care)은 문항수가 144개로 복잡하다. 고용노동부는 자율 안전문화가 신속히 정착될 수 있도록 기업 스스로 쉽고 편하게 측정 가능한 한국형 안전문화 평가지표(KSCI: Korea Safety Culture Index) 14개 문항의 단축 버전을 개발하였다. 안전의식, 노사 참여도, 안전 제안 제도 등의 측정이다. 51문항의 전체 버전을 곧 출시하여 전산시스템으로 기업들이 쉽게 안전문화를 측정하고 개선할 수 있게 지원 예정이다.[22] 현재 산업안전보건공단 홈페이지를 통해 온라인 실시가 가능한 측정법들이 있으며 보고서도 제공된다. 화학산업 안전풍토 척도이다. 경영진의 안전의지, 안전 시스템, 현장 안전, 협력업체 지원의 4개 하위 차원이며 9개의 세부 지표가 있다. 안전의식 수준향상 프로그램은 안전가치, 안전 운영, 안전교육, 안전소통 네가지 영역이며 16개 요인이다.

안전풍토나 문화를 측정하기 위한 설문 도구는 넘쳐나지만 이론적 근거가 모호한 경우가 많다. 심리 관련 내적 요인의 측정은 구성 요인들의 선정이 어렵기 때문이다. 측정 대상자들도 안전에 대한 명확한 의식보다는 잠재의식 수준에 머무르는 경우가 많다. 관찰 가능한 행동과 의식적 태도 사이에 상당한 불일치가 존재하는 이유이다. 신뢰할 수 있는 측정을 하기 위해서는 심리 측정과 결과 해석의 전문성이 필요하다.

다양한 맥락에서 일관된 요인 구조를 제시할 수 있는 측정 도구로 대표적인 것이 북유럽 안전풍토 설문지(NOSACQ-50)이다. 북유럽 직업 안전 연구 팀이 조직 및 안전풍토 이론, 심리학 이론, 경험적 연구를 통해 개발했다. NOSACQ-50은 7가지 차원에 50개 항목으로 구성되어 있다. 경영 안전 우선순위, 헌신 및 역량, 경영 안전 권한 부여, 경영 안전 정의와 인식 공유, 근로자의 안전 약속, 근로자의 안전 우선순위 및 위험 미수용, 안전 소통 학습 및 신뢰, 안전시스템의 효율성에 대한 근로자의 신뢰이다.

안전문화 발달에 기여한 47년간의 문헌조사에서 안전문화는 사람이 자신의 심리, 육체, 지식의 자원으로 환경을 인식하여 나타난 결과가 행동이라는 결론을 얻었다. 안전문화 측정은 이들 세 가지 요인에 대한 평가이다. 사람은 경영자, 관리감독자, 안전관리자, 작업자의 신념, 가치, 심리 특성이다. 환경은 조직 내부 요인과 정책과 법, 사회 상황과 같은 외부 요인들이다. 행동은 외형적으로 나타나는 결과물이다. 겔러의 총체적 안전문화 모델과 쿠퍼의 상호 안전문화 모델이 대표적이다. 겔러의 모델에서 사람 요인은 지식, 기술, 능력, 지능, 동기, 성격이다. 환경 요인은 장비, 도구, 기계, 하우스키핑, 엔지니어링, 표준, 운영 절차 준수이다. 행동 요인은 안전준수, 코칭, 인식, 소통, 적극적 배려, 모델링 등이다. 쿠퍼는 환경 요인을 조직과 안전관리 시스템을 포함하여 상황 요인으로 표기하였다. 츄드리(Choudhry, R. M)는 건설 안전문화 모델을 안전풍토, 안전행동, 안전 시스템으로 구성하였다.[23] 대표적인 안전문화 모델은 결국 사람, 환경, 행동의 상호작용이다.

사람 요인은 안전지식, 동기, 참여, 준수 등으로 개인의 인식에 관한 것이다. 안전풍토 질문지, 인터뷰, 포커스 그룹 면담 등의 방식으로 측정할 수 있다. 소통, 자원 지원, 절차, 작업 압력, 개인 보호구, 안전 장비, 안전규칙, 안전 태도, 안전교육, 책임, 동료 압력, 동료 배려, 위험성 인식, 안전 역량, 안전 시스템, 안전 참여, 안전 준수 등이다. 환경 요인은 현장 안전 계획, 위험 점검, 안전 회의, 툴박스, 정기적 감사, 오류 분석, 예방 전략 개발 및 피드백 설계, 교육, 안전 관리 등의 항목이며 시스템 감사로 검증이 가능하다. 시스템 감사는 조직의 객관적인 환경 상황을 검증할 수 있다. 현 상황을 고려하면 중대재해처벌법의 자율안전체계구축이나 ISO 45001 시스템 검증이 최선의 방법이다. 행동 요인은 자원 지원, 행동 체크리스트 준비, 관찰 수행 및 기준 점수 설정, 피드백 제공, 개선 요인들이다. 제3자나 내부 훈련자에 의한 행동 관찰로 검증이 가능하다.

4단계 두뇌한국 21 연구 경쟁력 강화 계획에 질적 평가를 확대하겠다는 선언이 담겨있다. 질적 평가와 양적 평가의 업체 선정 비율을 8대 2로 조정했다. 정성평가와 정량평가의 연구 평가 비율을 7대 3으로 배정했다.[24] [25] 21세기 학문적 연구 방향과 두뇌형 인재의 기준이 질적 연구자의 양성이다. 안전문화 연구가 가야 할 방향이기도 하다. 안전문화와 안전풍토 연구를 가장 많이 발표한 안전의 대학자 Dov Zohar는 구조화된 설문지 기법으로 문화의 측정은 불가하다고 단언했다. "측정할 수 없으면 개선할 수 없다"는 정량적 원칙에 집착하여 발생된 오류이다."라고 심각한 용어로 표현을 했다.

안전문화가 몇 개의 단어로 측정되고 개선될 수 있다는 착각과 과신에서 벗어나야 한다는 경고이다. 측정의 본질을 이해하고 그 목적에 적합한 설계를 해야 한다. 컨설팅적 접근, 쉬운 측정과 성과 보고서, 설명의 편리성, 접근 지식 및 도구의 한계성이라는 한 가지 관점에 너무 몰입되어 큰 세상을 보지 못한다. 측정이 편향 오염되어 오히려 피해를 가중시키는 경우이다. 진정성 있는 안전문화 개선을 위해 필요한 측정의 지식과 활용 방법에 대해 논의를 하고자 하는 이유이다.

안전문화 성숙도 측정 평가 및 활용

안전성숙도 모델은 현재의 안전 성과를 평가하고 이해하기 위한 체계적인 도구이다. 안전 우수성을 달성하고 견고한 안전문화를 조성하는 것은 하루아침에 이루어지는 것이 아니다. 안전성숙도 모델과 함께하는 지속적인 개선 여정이다. 모델의 활용은 조직에 몇 가지 중요한 이점을 제공한다. 측정 가능하고 구조화된 안전 평가 관리가 가능하다. 벤치마킹 도구로서 강점을 식별하고 필요한 개선 부분을 정확히 알 수 있다. 과학적 기반의 구체적 계획을 세울 수 있어 목표 설정이 가능하고 지속적인 개선을 촉진한다. 효과적인 자원 배분을 안내하고 발전을 위한 조치를 할 수 있어 안전문화 및 행동 변화를 향한 여정을 장려한다. 안전성숙도 측정은 설문조사, 인터뷰, 워크샵 등 자기 평가로 할 수 있다. 행동 관찰로도 측정이 가능하다. 업계 모범 사례와 비교하고 개선할 점을 찾아내는 벤치마킹 방법을 활용할 수도 있다.

안전문화 성숙도를 올바르게 측정하고 평가하기 위해서는 3가지 핵심 요인을 잘 구조화하여야 한다.

첫째는 직무의 상황에 맞는 올바른 측정 변인들을 선정하는 것이다. 성숙도 연구 문헌을 통하여 예상 가능한 변인들을 검토하였다. 정보, 소통, 조직학습, 참여, 헌신, 책임, 리더십, 보상, 안전회의, 작업 절차, 작업 중지, 사고보고, 감사, 역량, 조직 목표, 조직 가치, 자원 지원, 훈련, 동료 영향, 시스템 신뢰 등이다. 가장 많이 사용된 요인들은 정보 공유, 조직

학습, 참여, 소통, 역량, 경영자 책임과 헌신, 리더십이며 개념적 정의는 아래와 같다.

정보 공유는 실수, 사고, 아차 사고의 정보를 제공하고 리더의 정책과 정보를 전달하고 알리는 방법이다. 조직 학습은 조직의 정보처리 방법, 사고 분석 방법, 사고 결과를 공유하고 전달하는 교육이다. 참여는 안전 문제, 사고 분석, 안전 절차 및 규칙 검토에 직원들이 함께하는 것이며, 위원회 및 회의에 참여하는 수준이다. 소통은 의사 전달의 방법과 절차 유무, 개방성이다. 역량은 각 직원이 안전 직무 설명에 따라 안전 업무를 관리하고 수행할 수 있는 능력이다. 책임과 헌신은 계획, 우선순위, 교육, 감사, 계약자, 보상, 투자, 절차 및 팀 구성에 관한 조직의 지원 방법, 구축된 시스템, 경영진의 일관성과 솔선 수범의 정도이다. 조직의 목표를 달성하기 위해 구성원들의 참여를 촉진하고 영향력을 행사하는 능력이다.

둘째는 조사대상의 구성이다. 전체 구성원을 대상으로 조사하는 방법과 관리 감독자, 안전관리자, 작업자로 구분하여 측정하는 방법이 있다. 안전관리자의 측정은 계획된 안전 프로그램이 잘 구성되어 있고 제대로 수행되는지에 대한 인식이다. 구성원들이 프로그램을 잘 이해하고 있으며 절차대로 행동하는지의 조사이다. 관리 감독자 측정은 구성된 프로그램의 이해와 관리상의 인식이다. 작업자 측정은 안전에 대한 자신의 인식과 관리 감독자의 관리와 수행에 대한 평가 인식이다.

셋째는 측정 방법이다. 두 가지로 접근이 가능하다. "소통" 항목을 사례로 상세히 설명하고자 한다.

소통에 대해 다섯 단계의 성숙도 설명을 주고 현재의 인식 수준 하나를 선택하는 방법이다.

- 조직은 직원들에게 안전과 관련된 문제를 전달하지 않습니다.
- 중대한 사고가 발생한 경우에만 안전과 관련된 문제를 전달합니다.
- 조직은 직원들에게 안전과 관련된 문제의 최소한의 부분을 전달합니다.

• 조직은 직원들에게 안전과 관련된 정보의 대부분을 전달합니다.
• 조직은 직원들에게 안전 모든 안전 관련 정보를 전달합니다.

또 다른 방법은 단일 문장으로 질문하고 주어진 단계를 선택하는 방법이다. “안전 정보는 어떻게 전달되는가?”의 질문에 대해 1에서 5까지의 주어진 등급 하나를 선택한다.

안전문화가 잘 기능하는 조직은 성공할 수 있는 특징이 존재하며 그것은 데이터 기반 시스템 관리이다. 안전성숙도의 측정 평가는 안전문화의 방향성을 제시하고 인도하는 모든 것이 될 수 있기 때문에 몇 개의 변인으로 규정하고 평가하여 방향성을 제시하는 것에 신중해야 한다. 안전문화 성숙도 측정은 우리나라가 안전문화 강국이 되기 위한 여정에서 올바른 방향성을 제시하고 안내하는 기준이라는 것을 항상 기억해야 한다.

행동기반 안전관찰 평가 운영

행동기반 안전의 측정은 관찰할 수 없는 태도보다는 관찰할 수 있는 안전 행동에 집중한다. 규정, 절차, 사고 보고서, JSA(작업 안전 분석)의 자료를 기반으로 관찰 항목을 선정한다. 모든 종류의 행동을 관찰하고 개입하려는 욕심은 어렵고 효율적이지 않다. 초기 관찰은 정부에서 정책으로 추진하고 있는 3대 사고유형과 8대 위험요인에 집중하고 항목을 점점 넓혀 가는 것이 효과적이다. 추락은 비계, 지붕, 사다리, 고소작업대 작업이다. 끼임은 방호장치, LOTO이다. 부딪힘은 혼재작업, 충돌방지장치이다. 안전풍토 조사 결과, 아차 사고, 안전 관리 시스템의 구성 요소 등을 관찰 항목에 수시로 반영한다.

행동기반 안전 관리의 측정은 무조건 행동 관찰을 하고 불안전행동을 개선하는 것이 아니다. 효율적으로 측정하기 위한 올바른 실행 프로세스의 설계가 중요하다. 문제 진술 개발, 문제 행동 선택, 중요한 행동 식별,

문제 행동과 관련된 선행 사례 및 결과 식별, 개입 설계 및 구현, 개입의 효과 검증, 개입 결과의 측정 프로세스이다. 지표 개발, 기준선 설정, 목표설정, 개입 방법, 후속 관찰의 절차로 관리한다. 관리자 교육, 관리자의 근로자 교육, 근로자 동료 관찰 교육 프로그램을 운영한다. 연구 사례를 고려하면 BBS 프로그램 정착에 8주에서 12주의 기간이 소요된다. 최종 효과성 검증은 교육 훈련을 마친 후 개입을 하지 않는 상태에서 관찰을 실시하고 결과를 분석한다. 전체 점수는 구성된 범주 점수를 평균한다.

문제 행동의 분석은 안전문화 모델에 따라 인식, 행동, 상황 요인으로 구성한다. 개인의 인식을 결정하는 내부 요인은 불충분한 소통과 예상하지 못한 위험들이다. 왜곡, 무절제와 충동 성격, 피로, 건강 문제, 감정 조절의 실패 등이다. 인식 자체 요인은 잘못된 이해와 나쁜 습관이다. 행동 결정에 영향을 주는 요인은 편리함 등으로 불안전행동을 선택하는 태도, 동료나 관리자의 영향에 대한 주관적 규범, 과신과 무지로 인한 인지 행동 통제의 실패 등이다. 상황적 요인은 부적절한 설계, 불충분한 안전 장치, 절차, 정책, 규정 등이다.

1단계에서는 문제 해결안을 구상하고 절차를 작성한다.
2단계는 문제 행동을 선정하고 목록을 작성한다.
3단계는 사고 예방에 중요한 행동이 무엇인지 식별하고
　　이를 학습시킨다.
4단계는 문제 행동과 관련된 선행 사례 및 결과를 식별한다.
5단계는 문제 원인 도출, 개입 방법 설계, 실천이다.
6단계는 개입 결과의 측정이다.
7단계는 개입의 효과성 검증이다.

성공여부는 실질적 개선이 이루어 지니는지에 달려있다. 불안전행동의 원인 파악이 정확해야 한다. 관찰의 인과관계 분석 도구로 계획 행동

이론(TPB)이 효과적이다.[26] 안전하지 않은 행동의 원인과 빈도 및 그 영향을 파악할 수 있다. 행동관찰의 결과가 기준선보다 불안전한 행동이 감소한다면 행동관리의 효과성이 있다고 판단할 수 있다. 결과론적 접근법이다. 사회심리학자 홉킨스는 행동기반 안전은 작업자가 경영진을 불신할 때 효과성이 없다. 경영진의 적극적인 참여가 없는 안전 프로그램은 근로자에게 책임을 묻는 또 다른 방법일 뿐이다.[27]

관찰자 평가, 경영자 평가, 안전관리자와 관찰자들의 개입 운영에 대한 인식 수준 평가를 병행해야 한다. 관찰자의 수행 평가가 중요하다. 몰입 수준, 규정 준수 정도, 능동적 열정적 행동, 문제의 기록, 안전 문제에 대한 대응 등이다.

합의된 장소와 시간을 잘 지켰습니까?
필요시 주기적으로 현장을 방문하셨습니까?
조사관들에게 현장 활동과 조건의 변화에 대해 제대로 설명하셨습니까?
심각한 안전 문제 관찰 시 책임 관리자에게 통보하고 해결책을 제안했습니까?

경영진의 수행 평가는 또 하나의 중요한 축이다. 피드백 차트의 운영과 관심, 목표 설정 세션의 참가 여부, 관찰자 자원 배려, 안전비용 등이다. 행동 기반 프로그램이 성공하려면 경영진이 최소한 50% 이상은 참석해야 한다. 안전관리자와 관찰자의 개입 운영에 대한 인식 수준 평가는 수시로 수행되어야 한다. 선발, 훈련, 운영의 적정성에 대한 인식이다.

차트가 언제 업데이트 되는지 아십니까?
직원들과 성과 수준에 대해 논의한 적이 있습니까?
직원들이 개입으로 인해 안전행동이 향상되고 있다는 데 동의하십니까?
그 근거는 무엇입니까?

BBS는 사고 가능성이 있는 위험 행동에 초점을 맞춘다는 점에서 안전에 대한 업스트림 접근 방식이다. 문제가 발생했을 때 바로잡는 것이 아니다. 직원들이 안전한 행동을 취하고 안전하지 않은 행동을 피하도록 장려하는 것이다. 결과에만 집중할 때 경영진은 위험을 제거하는 방법에만 관심을 가지는 우를 범하게 된다. 작업자들이 보안경을 착용하지 않는다면 눈을 다칠 수 있다. 불편하고 부피가 크며 긁히거나 너무 더러워서 가시성의 문제로 착용하지 않을 수도 있다. 좋은 안전 관리 시스템과 프로세스가 마련되어 있지 않으면 BBS 기법은 작동하지 않는다. BBS를 '프로그램'으로 보지 않고 안전을 관리하는 '기술'로 보아야 한다. 협력과 소통의 안전문화가 필요하며 경영진은 좋은 성과를 인식하고 칭찬할 수 있어야 한다.

행동기반에서 특히 중요한 것이 경영자 참여, 안전 정책 반영, 관리감독자와 동료의 관찰 교육이다. 목표와 마일스톤 설정 및 논의에 경영진이 참여하고 정책이 반영되어야 한다. 기본 점수와 목표 점수를 명확히 하여 정량적이고 구체적으로 운영되어야 한다. 최소한 분기별로 성과를 모니터링하고 체크리스트를 검토하여 안전 행동을 최적화하고 안전 관리 시스템의 효율성과 안전문화의 개선을 검증한다. 관찰자들은 BBS 측정을 위한 적절한 교육을 받아야 한다.

행동주의 접근법은 근로자의 사고 원인이 되는 안전과 불안전행동에 대한 직접적인 통제에 초점을 맞추고 있다. 안전과 불안전행동의 발생 여부는 행동이 일어나는 상황이나 제시되는 자극과 행동의 결과에 영향을 받는다 추후 발생가능성에는 결과에 더 많은 영향을 미친다.[28] 현재 수행되고 있는 위험성평가는 위험요인 파악, 개선대책, 작업자에게 전달, 작업 수행의 절차이다. 작업자의 적극적인 참여를 강조하고 있지만 절차자체가 수동적인 참여의 방법이다. 효과성의 검증, 불안전행동의 원인 파악, 개선대책에 대한 탐구가 부족하다. 행동기반 안전관리는 위험성평가를 더 보완하여 완전체로 운영할 수 있는 효과적이고 능률적인 도구이다.

회복탄력성(Resilience) 안전문화 측정

회복탄력성은 예측하지 못한 상황에서 발생하는 시스템의 손상을 최소화하고 인간의 성과와 팀워크를 통해 신속하게 정상 상태로 복원하기 위한 인적 접근법이며 회복탄력성의 측정을 활용한 사전 안전관리이다.[29] 다양한 방해에 대응하는 능력, 시스템 성능 및 진행 상황을 유연하게 모니터링할 수 있는 기능, 현재 상황과 가까운 미래의 혼란과 압박, 그 결과를 예측할 수 있는 능력, 경험을 학습한다. 안전은 우선순위가 아니라 가치이며 현재의 예방적 안전관리를 미래의 관점으로 바꾼다. 매우 사소한 실수나 사건이라도 보고하는 개방적이고 공정한 환경이다. 인간 스스로가 안전 확보의 주인이며 그 핵심이 뇌의 인지 시스템이다.

오하이오 주립대 인지시스템 교수 Woods는 컬럼비아호 사고 연구에서 회복탄력성 공학을 조직 재난을 예방하기 위한 대안으로 제안하였다. 회복탄력성 공학은 사고가 왜 발생했는지를 설명할 수 있고 예방적 조치를 할 수 있다. 시스템에는 작업량이나 비용 압력으로 인간의 실수가 불가피함을 인정하고 변동성이 반영되어야 한다. 그는 컬럼비아호 사고에서 재난 이전에 조직에 만연하고 있는 세가지 주요 요인을 확인했다.[30] 파괴로 이어진 직접적인 물리적 고장, 재앙적인 실패의 길을 닦은 미국항공우주국(NASA) 조직의 근본적인 약점, 사고 자체와 무관한 기타 중요한 관찰이다.

동시에 이들에게서 나타난 네 가지의 일반적인 행동 패턴을 발견했다.

1) 생산 압력으로 방어가 약화되면서 실패로 향하였다.
2) 과거의 성공을 자신감으로 받아들였고 미래의 실패 가능성을 염두에 두고 노력하지 않았다.
3) 새로운 증거가 등장해도 위험 평가를 수정하고 관리할 수 없는 환경이었다.

4) 조직 단위에서 발생한 문제로 인해 경계선 간의 의사소통과 조정의 실패였다.

심리학자로 노벨 경제학을 수상한 다니엘 카네만도 인간의 심리, 행동, 경제적 결정에 다양한 편향이 발생하며 이것이 인지적 오류를 유발한다고 했다. 스위스 치즈모델은 여러 계층의 방어가 잠재 요인과 트리거에 의해 어떻게 무너지는지에 대한 설명이다. 잠재적 사고 요인이 있고 오류가 발생하더라도 사전 예방을 잘한다면 방어가 가능하다는 것이 새로운 해석이다.[31] 마인드셋(Mindset)은 주의 집중, 알아차림, 책임 부여, 성찰, 스트레스 감소에 효과적이며 예상치 못한 상황별 회복력에 긍정적이다. 위험 상황, 심리의 자각, 행동의 오류에 대한 대처, 적응 및 복구할 수 있는 조직 및 개인의 인사이트(insight)이다.

이것이 회복탄력성이며 잠재 요인은 불안전행동과 결합 전에 예방 시스템에 의해 감지되고 통제될 수 있다. 기존 안전문화의 한계성에 대한 예방적 대안이며 습관의 개발과 연습을 통해 발전 가능하다. 위험의 예측, 모니터링, 대응 및 학습의 기능을 가지며 안전 역량을 창출한다.[32]

현대의 안전관리 핵심은 사고를 예방하는 것이며 회복탄력성을 가지는 조직으로 어떻게 훈련할 것인가의 문제이다. 조직의 회복탄력성을 어떻게 측정 평가하며 개선할 것인가에 대한 도전이다. 효과적으로 기능할 수 있는 대표 변인, 대상, 측정 방법의 결정이다.

회복탄력성 측정 변인에서 고려해야 할 2가지 요인이 있다.

첫 번째 변인은 문화 모델 3가지 차원에 대한 회복 능력이다. 사건의 원인은 개인 심리, 환경, 행동과 연결되어 있으며 이것이 안전문화 모델의 구성 요인이다.이 요인들에 대한 실패 예방과 회복 능력이 있다면 사고로 이어지지 않을 것이다. 예측, 모니터링, 대응 및 학습할 수 있는 역량이며 회복탄력성 엔지니어링이다.

심리적 회복탄력성은 정기적이고 불규칙적인 안전 위험에 대한 해석, 분석, 대응 능력이다. 현실에 대한 강력한 지식과 근본적인 가정에 의문을 제기하고 비판하는 것이 심리적 회복력이다. 긍정적이고 건설적인 사고 개념(Mindset)과 목적의식, 핵심 가치, 진정한 비전을 얻을 수 있다. 모순되는 자신감과 전문성, 주의 및 새로운 정보 탐색의 균형을 얻는다. **환경적 회복탄력성**은 변화하는 위험 상황에 대한 대응 환경을 제공하는 회사의 역량이다. 측정 요인은 경영자의 헌신, 정책, 규정, 관리 감독, 교육, 자원 등과 같은 회사 시스템의 구축과 운영이다. 대인 관계, 자원 관리 및 공급, 심리적 안전, 협업, 소통, 권한과 책임의 조합이다. 작업자가 인지 및 행동을 연결 통합할 수 있는 역량은 회사가 필요 자원을 제공함으로써 가능하다. **행동적 회복탄력성**은 위험 상황을 인식, 이해, 예측 및 반응하는 능력과 행동 패턴이다. 반 직관적 민첩성을 개발하고 강력한 반응, 유연성 습관, 협업 습관을 향한다. 학습된 안전 지식과 기술로 무장된 신념 체계의 자동적 행동 반응으로 예기치 않은 상황의 대응 역량이다. 이를 통해 조직은 위험의 기회를 신속하게 발견할 수 있다. 조직이 상황에 대해 배우고 자원을 최대한 활용할 수 있도록 인도한다.

상황적, 심리적, 행동적 회복력은 동등하게 중요하지만, 인간의 신념이 행동에 가장 큰 영향 요인이라는 점을 고려하면 심리적 회복력은 더 강조될 수밖에 없다. 경영자는 신념이 핵심 가치이며 조직의 정책, 비전, 구성, 운영에 가장 큰 영향 요인이다. 개인의 신념은 행동을 결정하는 동기와 태도이다. 안전하지 않은 행동에 어떻게 관여하는지에 대한 알아차림이다. 관리나 통제가 잘 이루어질 수 있고 근로자는 더 안전하게 행동할 것이다.

두 번째 변인은 잠재해 있는 위협의 마음챙김 조직화, 오류관리 관행, 예기치 않은 실패에 대한 대응력으로 위험예방 관행이다.

마음챙김 조직화(Mindful Organizing)는 잠재적인 문제에 주의를 집중하고 신속하게 대응하는 과정이다. 예기치 않은 사건을 예측하고 회복할 수 있도록 돕는 집단적 역량으로 위기 관리를 개선한다. 측정 변인은 실패에 대한 주의력, 단순 해석의 거부감, 운영 민감성, 회복력 헌신, 전문성 존중 등이다. **오류 관리 관행**의 측정 변인은 오류에 대한 학습, 주의력, 역량, 커뮤니케이션 등이다. **위험예방 관행**의 측정은 정책, 조직, 위험 평가 및 분석, 점검, 보호구, 안전 회의, 교육, 경영 지원 등이다.

몇 가지의 질문으로 회복탄력성을 측정하는 간략한 기법의 활용도 가능하다. 안전은 안전관리팀만의 업무입니까? 작업자가 실수를 할 것으로 예상하고 이를 감지하고 대응하는 교육을 받습니까? 경영자는 안전을 증진하기 위해 진정으로 헌신하고 이를 위해 적절한 자원을 제공합니까? 사건은 고위 회의에서 철저히 검토되고 교훈은 조직 전체의 개혁으로 구현됩니까? 경영진은 안전에 대한 선제적 입장을 채택합니까? 반복적인 오류 함정을 식별하고 제거하는 방법을 학습합니까? 사고 기여 요인이 예상되는 실패 시나리오에 대해 정기적인 감사를 수행합니까? 안전을 유지하기 위해 필요한 기술뿐만 아니라 정신 훈련도 실시합니까? 오류를 예측하고 적절하게 대응하는 회복탄력성 연습을 합니까? 이러한 측정 방법은 사용에 신중해야 하며 이해를 돕기 위한 참고용 정도로 추천한다.

현재의 산업 시스템은 더 이상 설명할 수 없을 정도로 커졌다. 원인과 결과의 예상 추론으로 설명이 불가능하며 실제로 예상하지 못한 결과가 발생한다. 기술적 진보는 대처를 더 어렵게 만드는 새로운 형태의 복잡성을 만들어내고 있다. 실제가 예상과 다르거나 정보나 도구 등의 자원이 누락되어 예측할 수 없는 위험과 사고 가능성이 있다. 인식하지 못하는 위험은 관리나 통제의 확립이 불가하고 근로자는 안전 행동을 할 수 없다. 시스템에 대한 교육이 유일한 대책이 아니며 자동화도 충분한 해결책이 아니다. 안전은 개인이 가진 자산을 환경에 적용하여 시스템을 적절히 기능할 수 있을 때 가능하다. 인간은 불안전 행동의 원인 제공자가 아니며 안전을 유지하는 중요한 자산이다. 인간의 인지적 능력을 증폭시키고 확장시키는 새로운 안전관이다. 안전문화와 함께하면서 새롭게 창조해 나가야 우리 시대의 연구 과제이다. 회복탄력성 안전문화의 측정도구가 안전문화 수준에 비하면 매우 부족하다. 이 또한 우리의 도전 과제이다.

스티븐 호킹(Stephan Hawking)은 2000년 1월 산호세 머큐리 뉴스(San Jose Mercury News)와의 인터뷰에서 "다음 세기는 복잡성의 세기가 될 것이다."라고 했다. 미래 추론에 더 많이 참여하면 사고 시나리오를 더 잘 추정하고 사고를 더 잘 피하는 것은 자명하다. 안전문화의 핵심은 환경적, 심리적, 행동적 회복탄력성을 유지하며 이들의 하위 요인인 위험예방, 마음챙김 조직화, 오류관리의 수행이다. 문화 시대를 넘어 회복탄력성 엔지니어링 시대를 의미한다.[33] 회복탄력성 안전문화에 집중하는 것은 기존의 안전문화를 버리는 것이 아니다. 안전의 중심이 조직의 시스템에서 인간이 안전의 주인으로 복귀하는 것이다. 회복탄력성 안전문화는 우리가 가야 할 새로운 안전의 길이 될 수 있다.

PART

04

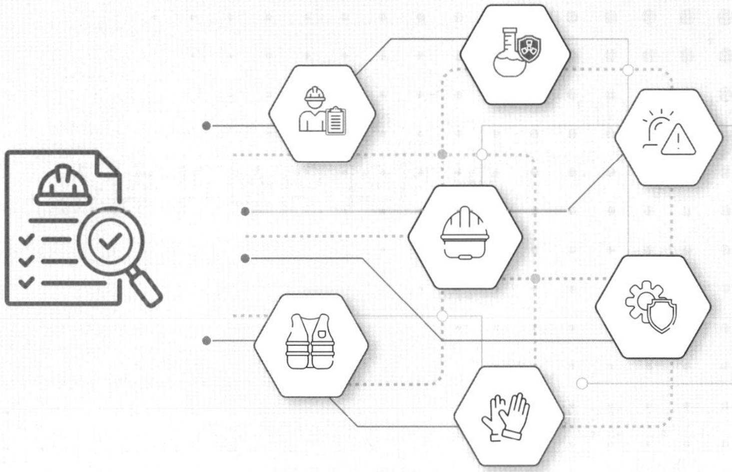

한국형 안전문화

CHAPTER 07

안전의 역설과 착각

안전제일의 역설

사고 트라우마

그날은 아침 일찍부터 부서의 무전기가 무척이나 소란스러웠다. 왠지 모를 불안감이 엄습해 왔다. 예상대로 사고가 발생했다는 보고였다. 즉시, 일체의 생산작업은 중지되었다. 안전은 내가 신입사원 때 차갑게 식어가던 어느 사망자의 손을 잡고 약속했던 절대 타협할 수 없는 다짐이었다. 수십 년이 지난 세월이지만 내가 경험한 첫 번째 사망사고의 기억은 지금도 너무나 또렷하다. 크레인을 사용하여 아주 작은 펌프를 건물 내에 설치하는 작업이었다. 크레인 훅크가 떨어지면서 신호수를 강타하였고 대퇴부가 거의 절단된 사고였다. 사고자는 첫날 혼수 상태였다. 둘째 날 간간히 의식이 있을 때 조금씩 말을 했다. 자신은 해병대 출신이므로 이 정도의 어려움은 반드시 극복하고 살 수 있다고 했다. 다리가 거의 절단된 고통 속에서 생존하려는 의지에 나는 그냥 눈물만 흘렸다. 3일 만에 파열된 정맥을 찾지 못해 과다 출혈로 사망했다. 내 손을 잡고 정말 참혹하고 쓸쓸하게 세상을 떠났다. 사망자는 나와 또래였다. 이 사건은 신입사원이었던 나에게 큰 충격이었다 평생 안전에 절실했고 '안전한 세상을 구현하겠다는 각오'는 나의 생애 사명이 되었다.

“안전제일”

프로젝트의 안전 책임자가 되었을 때 당연히 내 가슴에서 튀어 오른 첫 번째 단어였다. 수행하는 프로젝트들마다 노력하는 만큼 안전성과는 훌륭했다. 끊임없이 도전했던 안전제일의 노력에도 이번 프로젝트에서 추락 사고가 발생했다. 발주처는 안전의지를 보여주려는 듯 강경한 태도였다. 작업중단이 계속되었다. 5천 명의 작업자들이 청소만 한 지 3주가 되도록 작업이 언제 허용될지 모르는 상황이었다. 대기하고 있는 인원과 장비의 비용에 대한 불만과 지연된 스케줄에 대한 우려들이 나타나기 시작했다. 준공일정의 준수와 수십 억의 손실비용 등이 거의 감당할 수 없는 수준이었다. 이러한 마음이 전해졌는지 청소만 집중한 지 4주가 되어서 마침내 작업이 허가되었다.

이제 단 한 번의 사고라도 발생한다면 프로젝트는 완전한 실패였다. 안전이 절대적으로 중요하다는 긴장 속에서, 동시에 나는 어느새 이 전쟁에서 어떻게 승리할 것인가를 고민하고 있었다. 한 달이나 작업을 못했으니 지연된 공정 만회를 심각하게 생각하지 않을 수 없는 상황이었다. 지연 시 발생되는 추가 비용의 부담으로 나는 매일 가위에 눌렸다. 안전에 필요 이상의 압박을 받으면서 작업진행이 거의 불가능한 상태였다. 큰 사고를 경험한 조직에서 나타나는 부작용이다. 안전이 제일이고 생산은 그 다음이라는 생각이 지배하는 한 이 상황을 극복하기는 쉽지 않다. 준공일이 다가올수록 생산에 대한 압박이 거세질 것이고 이 시기가 되면 조직은 암묵적으로 생산제일의 환경으로 바뀔 것이다. 불안과 강박으로 지쳐가며 조직원 모두가 실패하는 악몽이 그려졌다. 안전제일의 약속을 지키기가 어려워질 수 있다는 강박과 불안으로 심장이 멈출 것 같았다.

안전을 지키면서 생산을 독려해야 하는 특단의 대책이 필요했다. 나는 수천 명이 참여하는 프로젝트를 책임지고 있는 안전 리더였다. 회사의 무형적 손실과 프로젝트에서 실제적으로 발생되는 유형의 비용은 상상 이상이다. 더 어려워질수록 인간에게는 이를 극복할 수 있는 회복탄력성이 증가한다. 안전을 담당하는 리더가 가져야 할 숙명적 강점이다. 나는 어느덧 스스로에게 끊임없이 질문하고 있었다.

안전이 왜 필요한가? 안전만을 위한 안전이 아니다. 생산에 필요한 안전이 필요했다. 아주 쉬운 분석이지만 이 질문에서 나는 큰 깨달음을 얻었다. 무조건적인 안전제일의 위험성을 극복하고 생산과 병행하는 안전관리가 가능하다는 지혜의 길을 보았다. 안전제일에서 안전과 생산의 융합관리 전략은 새로운 도전이었다. 기존의 안전관리 관점에서는 역설적인 현상에 불안했던 것도 사실이지만 다른 선택의 여지가 없다. 작업절차, 조직구성, 지시체계, 안전교육, 안전참여, 회의방법 등을 생산과 함께 하는 맞춤형으로 과감하게 전환시켰다. 극한의 상황에서 선택한 전략이었지만 이것이 반전이었다. 한 달 동안 작업이 중지되었음에도 불구하고 프로젝트를 가장 일찍 마칠 수 있었다.

안전제일의 역설

당신은 안전제일에 동의하는가? 대부분 동의할 것이다. 우리 모두는 정말 안전을 최우선으로 확신하고 그렇게 행동하는가? 가슴속의 대답은 머뭇거린다. 왜 그런가? 안전에 집착하고 싶은 기대를 반영한 과대포장이기 때문이다.

미국국가안전위원회(NSC: National Safety Council)가 2015년에 2,000명의 근로자들을 대상으로 실시한 안전과 생산에 관한 설문조사 결과가 이를 잘 보여주고 있다. 근로자의 33%가 조직이 안전보다 생산성을 더 중요하게 생각한다고 응답한 충격적인 결과였다. 고위험 산업 종사자들은 이 비율이 훨씬 더 높다. 건설업 응답자의 60%와 농림어업에 종사하는 응답자의 52%는 생산이 우선이라고 생각했다. 이런 믿음이 결국은 근로자들의 작업수행 방법을 결정한다. 안전하다고 생각했던 미국인 근로자들이 직장 내 사고로 매년 4,500명이 사망한다. 일을 마치고 가족들에게 돌아갈 거라고 믿었던 평범한 사람들이다. 이 결과가 발표되면서 NSC의 의장이자 CEO인 데보라 허스먼(Deborah A. P. Hersman)은 "안전이 최우선 순위로 보장받기 위해 우리가 얼마나 더 멀리 가야 하는지를 극명하게 상기시킨 결과이다"라고 했다.

생산과 안전이 같은 방향으로 작동하지 않는 이유는 무엇인가? 많은 직원들은 생산성과 안전이 다른 방향이라고 느끼기 때문이다. 안전은 안전전문가가 수행하고 관리감독자나 조직의 리더는 생산에 대부분의 시간을 투자한다. 중간 리더들이 조직에서 인정받기 위해 생산에 더 몰두한다. 안전과 생산에 대한 관리 전략이나 우선 순위는 작업자들에게 위임된다. 계단을 올라가던 작업자가 넘어져서 다쳤다. 만약 그가 한 손으로 안전난간을 잡았다면 더 많은 자재를 운반할 수 없었을 것이다. 자재를 더 빨리 옮기라는 감독관의 압력이 있었고, 회사 정책에 따르기 위한 선택이었다. 왜 불안전행동이 일어났는지 묻기 시작하면 경영진까지 이르는 다양한 사슬이 나온다. '생산제일' 분위기가 야기한 결과이다.

챌린저호 폭발 사고는 고무 O링이 추운 날씨로 얼어서 제 기능을 다하지 못해서 발생했다. 발사 73초 후 7명의 대원 전원이 희생되었고 4,865억원의 금전적 손실이 발생했다. 영하의 날씨는 O링에 문제가 된다는 엔지니어의 의견이 있었다. 이미 일주일이나 연기되었고 더 이상 지연할 수 없는 상황이었다. 결정자들은 이것을 무시했고 결과는 참혹했다. 1994년 호주의 모우라 광산이 폭발(Moura mine explosion)하여 11명이 사망했다. 경영진은 지하 터널에 가스 농도가 상승하고 있다는 것을 알았지만 그날 밤 작업자들을 철수시키지 않기로 결정했다.

안전을 제일로 전념한다고 믿지만 이익이야말로 기업의 생존이다. 생산은 직원들에게 급여를 지급하고 회사를 운영 유지하는 데 절대적이다. 이익이 없으면 회사도 없다. 경영의 관점에서 보면 안전제일이라는 목표는 비즈니스의 진정한 목표와 상충된다. 생산과 안전을 공통의 기반으로 구축할 수 있는 방법은 없는가?

해답은 안전이 생산의 기초라는 것을 아는 것이다. 운전 기법만 안다고 면허가 발급되지 않는다. 교통법규, 자동차의 이해, 도로표지판 등 안전에 관련된 모든 지식이 선행되어야 한다. 기능과 안전이 통합되어야 운전을 할 수 있듯이 안전과 생산도 이와 같다. 생산이라는 단어 자체가 안전한 생산이라는 단어의 함축이다.

안전은 무엇인가? 성공적인 비즈니스 운영을 위해 꼭 필요한 또 다른 요소일 뿐이다. 안전은 순위를 놓고 경쟁하는 이분법적인 목표가 아니다. 생산과정에서 안전이 후 순위라는 의미가 아니고 생산작업의 부수적인 업무라는 의미도 아니다. 안전이 제일이라는 순위를 포함하고 있는 한 안전 대 생산은 항상 경쟁 구도가 된다. 유동적인 목표가 되어 안전우선은 언제든지 생산에 주도권을 양보해야 할 위험이 있다.

심각한 사고 없이 몇 달을 보내는 조직들은 이미 해야 할 일을 다 하고 있다고 오판한다. 안전을 잘 지키고 있다는 착각이다. 스스로를 기만하는 상황이 연출되면서 안전의 집중도는 현저히 낮아진다. 안전을 위한 의미 있는 선도적 지표를 활용하지 못하고 위험을 맞이한다. 생산이 지연될 때 서로를 비난하게 되고 안전이 생산성 저하의 원인이라는 지적에 굴복한다. 표면적으로는 안전제일이지만 실질 작업은 생산 우선의 상황이 연출된다. 혼란스럽고 불안전한 위험의 선택은 근로자들에게 던져진다.

둘 중 하나에 집중하면 동등한 다른 하나는 훼손될 수밖에 없다. 훼손된 다른 하나를 동등하게 하는 과정에서 우월했던 것이 다시 훼손되면서 피해가 발생한다. 누구도 나의 회사가 가장 안전한 파산기업이 되기를 희망하지 않는다. 어느 누구도 더 나은 이익을 위해 안전을 희생하는 데 동의하지 않는다. 생산성을 희생하면서 안전만으로는 기업이 유지될 수 없듯이 반대의 경우도 마찬가지이다. 두 개의 개념 자체가 기업의 생존에 중요한 공통의 가치이기 때문이다. 안전 대 생산의 경쟁구도에서 벗어나서 안전한 생산이라는 통합된 비전으로 바뀌어야 한다. 스위스 치즈 모델의 개발자로 잘 알려진 리즌은 'Target Zero'의 슬로건에 의문을 제기한다.[1] 안전 전쟁에서 결정적인 승리를 거둘 수 있다는 잠재적인 압박이기 때문이다. 복잡한 조직일수록 백업 시스템이나 더 완벽한 안전장치를 장착한다. 안전 시스템에 오류가 없다는 믿음은 결국 허상으로 전략하는 위험을 맞이한다.

Richard Fulwiler 박사는 미국의 안전 분야에서 가장 영향력 있는 리더 5명의 전문가 중 한 명이다. 그는 안전문화가 조직문화를 뛰어 넘을 수 없다는 사실을 자각하도록 질문했다. 안전이 생산에 우선한다는 안전제일이 착각이듯이 안전문화가 조직문화에 우선한다는 것도 착각이다. 위대한 기업은 안전과 보건을 포함한 모든 중요한 요소들을 포함하는 단일 문화를 가지고 있다.

안전문화는 상황적 압박으로부터 발전한 보호의 한 형태이다. 잘못된 생각과 잘못된 사람이 조직에 들어가는 것을 애초에 방지한다. 인체에 바이러스와 박테리아가 침투하는 것을 방지하기 위해 인간 전체의 면역체계가 작동한다. 안전 항체는 조직 면역 체계의 일부가 되어야 한다. 안전문화가 조직문화와 별개로 움직인다면 어떤 상황이 예상되는가? 한 부서에 생산에는 뛰어나지만 안전 기록이 평균 이하인 관리자가 있다. 승진할 가능성은 충분하다. 안전이 비용, 품질, 생산, 고객 서비스 등의 기업문화에 강하게 녹아 있다면 어떻겠는가? 경영자가 생산성과 안전 성과를 한 묶음으로 평가할 것이다. 아마도 승진이 어려울 것이다.

중대재해처벌법으로 기소된 사건 중 안전관련자의 평가 실시 위반과 누락이 매우 높다. 생산에 대한 평가가 누락된 기업은 들어보지 못했다. 기업들이 안전제일을 외치지만 현실은 생산에 몰두하고 있는 사실을 말하고 있다.

문화에서 공통적인 특성 중 하나는 기업과 사람의 관계성이다. 기업이 진정으로 사람들의 행복을 가치 있게 여기는 것인가? 기업도 물질이 우선이고 조직 구성원도 돈의 가치가 우선이라면 어떻게 될까? 진정 안전이 무엇인지 잘 살펴야 내면의 가치를 알 수 있다. 안전문화는 행복의 가치관을 바르게 정립하는 것이다. 한국에서는 모든 가치의 중심이 물질에 있다. 안전제일의 착각에 대한 경고이다.

안전 피라미드의 신화

법칙의 귀인오류

재해 발생을 행동관찰에 의거 확률적으로 예측하는 바이블이 있다. 하인리히(Herbert W. Heinrich)가 1931년 발표한 사고 피라미드 법칙이다 그는 55만 건의 기계적 사고를 집계했다. 사망 및 중상은 1666건, 경상은 48,334건, 나머지는 부상이 아닌 아차 사고이고 비율은 1:29:300이었다. 330건의 사고에서 사망 또는 중대 사고가 1건 발생한다는 통계이다.[2] 중대재해가 발생했다면 동일 원인의 작은 상해가 29번, 무재해 사고가 300번 이미 있었다는 것이다. 그는 재해의 88%를 인적 요인으로 분석하였고 "반복되는 재해의 주요 원인은 결국 사람이다"라고 했다. 하인리히 이론이 끈질긴 생명력을 가진 이유가 있다. 재해예측을 관리하고 예방할 수 있는 통계적 기본모형으로서의 탁월성 때문이다. 단계별로 인과관계를 논리적으로 설명할 수 있어 결론을 쉽게 도출할 수 있다. 분석에 근거하여 책임자를 특정할 수 있으며 재발방지가 가능한 전문적 분석 및 대안 설명이 가능하다. 태동기에 안전에 관심을 유발할 수 있었던 선구자로서의 가치이다. 장점에도 불구하고 어두운 면도 있다. 항상 불안전행동이 사고의 원인이다. 인간은 불확실성을 생산하는 주체로 낙인 되어 문제의 대상이 되었다. 사고 요인을 인간행동에 국한함으로써 귀인 오류의 가능성이 간과되고 있다. 피라미드에 따라 사고를 분석하고 원인을 도출하는 과정은 이미 정해진 결과물을 생산할 뿐이다. 불안전행동이라는 단어 자체가 안전의 모든 것을 지배하는 확증편향을 낳는다. 반복되는 사고의 분석결과가 불안전행동이고 안전무의식뿐이다. 안전전문가들의 면밀한 원인조사에도 매번 동일하게 정해진 답이 도출되는 이유이다.

이들 자료들은 논문이나 책으로 설명되고 전문가들에 의해 토론되면서 인간오류의 위험성이 더 강화된다. 불안전행동을 예방하는 것이 안전의 유일한 길이라는 일반적인 해결책만 넘친다. 하인리히의 유산은 불확실하지만 아직도 안전피라미드를 기업의 브랜드로 만드는 회사들이 있다. 대표적인 기업이 코노코필립스(ConocoPhilips Company)이다. 2003년도 해양부분의 실증적 연구를 수행하여 한 건의 사망사고 대비 불안전행동이 1 : 300,000이라는 사실을 밝혔다. 사망자 1명당 30일의 근무손실일, 기록 가능한 부상자 300명, 아차사고는 3,000명, 불안전한 행동은 300,000명이다.[3)]

선형적 이론들은 불안전행동을 더 강조하고 집중한다. 옳고 그름만 따지는 이원적 관점의 테두리를 맴도는 것이다. 어떻게 잘하고 있는지에 대한 긍정의 부분보다는 왜 못하는지에 더 몰입한다. 하인리히의 성과를 폄훼하는 것은 아니지만 비판도 귀담아 들어야 할 이유이다. 긍정성향의 안전행동은 관리 범위 밖으로 쫓아내고 불안전행동에만 집착하게 했다. 사고의 책임을 개인에게 돌리는 피해이다. 불안전행동의 예방대책으로 공포감, 징계, 비난 및 수치심을 활용하는 점도 문제이다. 원인에만 집중하게 되어 피라미드의 하향식 관리가 될 수밖에 없는 운영상의 한계다. 관찰의 범위를 인위적으로 불안전행동에 몰입함으로써 사고 징후의 발견과 예방 기능을 스스로 제한한다.

피라미드의 기본은 사소한 사고를 줄이면 반드시 대형 사고를 예방할 수 있다는 원칙이다. 통계 분석 기법이 발달되면서 하인리히의 논리를 부정하는 함정이 발견되었다. 하인리히 삼각형은 서술적으로 정확하지만 예측적으로 정확하지 않다. 사고 건수는 크게 감소했지만 사망자 수와 심각한 사고 수는 감소하지 않았다. 안전문화 전문 컨설턴트 도날드(Donald K. Martin)는 사고 피라미드 모델의 치명적인 결과를 예측했고 새로운 논의의 필요성을 강하게 제기하였다. 일반 사고와 중대사고의 원인을 조사하기 위해 글로벌 근로자 100만 명 사고 사례 1,028건 중 571건을 정밀 분석했다. 참여 기업의 산업분야는 식품 서비스업, 유기 화학 제조업, 가스 제조업, 원유 및 천연 가스 추출업, 해양 화물 운송업, 곡물 농업 및 광석 채굴업이었다. 추정 근로자수는 5,000명에서 230,000명 규모의 다국적 기업 7개였다. 맥락을 조사한 결과 중대재해로 쉽게 변경될 수 있는 수많은 사례를 발견했다. 아차사고나 무사고의 통계 기반으로 예상되는 중대재해는 약 21%로 산정되었다. 이 사건들은 심각한 부상이나 치명적인 결과를 초래했거나 다시 발생할 경우 중대 결과를 초래할 수 있음을 의미한다.[4] 통계는 불안전행동에 치우친 안전 분석과 관리에 경종을 울리고 있다. 미국 노동 통계국에서 1983년도부터 2013년도까지 30년간의 자료를 추적하였다. 지난 10년 동안 심각한 작업장 부상은 감소했지만 사망자는 훨씬 더 느린 속도로 증가했다. 미국에서 치명적이지 않은 기록 가능한 사건들은 지난 20년 동안 꾸준히 감소했다. 15년 동안 51%, 10년을 비교해도 34% 감소했다. 사망 재해도 감소했지만 감소는 거의 정체수준이다. 15년 동안 25.5%, 10년은 12.5%에 불과하다. 이 문제는 일선 감독자부터 최고 경영진, 정부 규제 기관에 이르기까지 모든 안전 지도자들에게 심각한 질문과 시사점을 제기하고 있다. 사망률을 개선하기 위해서는 덜 심각한 사건과 중대재해 사건이 다르다는 인식 전환이다.

빈도가 높은 이벤트에만 초점을 맞출 것이 아니라 발생할 가능성이 낮지만 심각한 결과를 초래하는 이벤트는 중점관리 대상이 되어야 한다. 정부에서 강력한 의지로 추진하고 있는 추락, 끼임, 부딪힘의 3대 사고유형에 대한 비계, 지붕, 사다리, 고소작업대, 방호장치, LOTO, 혼재작업, 충돌방지장치의 8대 위험요인에 대한 특별관리는 현명한 대응이다.

하중을 들어올릴 때 생기는 허리 변형률은 중대재해 노출 가능성이 거의 없는 반면, 높은 작업 위치에서 떨어지는 경우 중대재해 노출이 높다. 분석에 따르면 중대재해 노출 가능성이 있는 심각한 부상의 비율은 기업마다 10%에서 36%까지 다양했다. 중대재해 기여 요인은 일반 재해의 기초 요인과 다르며 기업 특성, 작업 형태, 작업 위치에 따라 다르다. 관리통제가 부재하거나 적절한 대책이 없다면 치명적인 재해 위험은 반복될 것이다. 인터뷰와 관찰의 추가 조사를 통해 87%의 사례에서 중대재해의 잠재적 사례 가능성을 발견할 수 있었다.

미국 국가 안전 위원회(National Safety Council)는 중대재해 관리에 대해 동일한 우려를 표했다.[5] 1941년부터 2001년까지 고용은 280% 이상 증가하였고 사망자 수는 67%, 치명률은 88% 이상 감소했다. 경이롭고 칭찬할 만한 기록이다. 2002년부터 2006년까지의 데이터에는 사망자 수는 3.2% 증가했으며 치명률은 동일하다. 6년 이상의 치명률은 크게 변하지 않고 사망자 수는 증가하고 있다. 1941년부터 2001년까지 현저하게 감소하였던 치명률의 추이는 최근 20년간 더 이상 나타나지 않고 있다. 심각한 작업장 부상은 감소했지만 사망자는 훨씬 더 느린 속도로 감소하고 있다. 기여 요인은 덜 심각한 사건과 심각한 부상 및 사망 사건 사이에 차이가 있다. 대부분의 조직에 심각한 부상 및 사망자 발생의 전조가 존재하며 식별 및 측정이 가능하다. 중대재해를 예방하기 위해서는 새로운 패러다임이 필요하다.

전조 증상을 신속히 발굴해야 하고 이에 대한 대책도 필요하다. 행동관찰 능력 개발과 잠재적 중대재해를 발굴할 수 있는 인터뷰나 포커스 그룹 전문가 양성이 시급하다. 안전 전문가는 이러한 현상에 답을 해야 할 책임이 있다.

정상사고

현재 문제가 되고 있는 대형사고는 안전 피라미드나 도미노분석으로 접근이 불가능한 사건들이다. 안전을 위해 기업과 정부가 많은 노력을 경주하고 있지만 10년 전과 동일한 사고가 반복되는 이유이다. 1979년 3월 28일 미국 펜실베이니아주 스리마일섬 원자력 발전소 2호기에서 노심용융(nuclear meltdown) 사고가 발생했다. 자동밸브 장치의 이상, 열교환

기의 냉각수 자동공급 장치 미가동, 운전원의 실수로 비상 노심냉각장치의 정지, 통제실 계기판 오작동 등의 문제가 연속적으로 발생하고 있음에도 기술자들은 원인을 발견하지 못했다. 냉각수 배관이 파열되면서 원자로가 자동 정지되었고 연료봉이 녹아내리는 사고였다. 여러 겹의 방어장치가 있었지만 네 번째 방호막까지 파손되었다. 사고를 조사한 찰스 페로(Charles Perrow)는 사고원인을 시스템 자체의 요인이라고 했고 이를 정상사고로 명명하였다.[6)]

이를 기초하여 『정상사고, 고위험기술과 함께 살기(Normal Accidents: Living with High-Risk Technologies)』라는 제목의 책을 1984년 발간했다. 그는 사회학자로서 기술 위험의 사회적 측면을 분석했다. 사고는 필연적이니 항상 긴장하고 대처를 해야 한다는 메시지이다. 시스템의 복잡성으로 고장을 피할 수 없으며 더 개선된 안전장치나 경고 시스템과 같은 기존의 행동관리와 공학적 접근 방식은 실패한다는 주장이다. 체르노빌에서는 시스템에 인간이 이해할 수 없는 사건이 발생했고 이를 통제하지 못하면서 하나의 안전 시스템이 붕괴되고 화재와 폭발의 원인이 되었다. 일반적인 예방 조치가 복잡성을 가중시킴으로써 새로운 범주의 사고를 일으킨다.

1989년 10월 23일 텍사스 패서디나에 위치한 필립스 66 화학 단지(Phillips 66 chemicals complex)에서 화재와 폭발이 발생하고 이어서 텍사스 채널뷰에 있는 ARCO 화학 시설(ARCO Chemicals facility in Channelview)에서 동일한 화재 폭발 사고가 발생했다. 제품의 이익이 호황을 누리던 1980년대 후반, 많은 화학공장들이 보장된 설계 성능 이상의 생산을 하는 것은 당연했다. 생산량을 더욱 극대화하기 위해 정비 일정을 뒤로 변경하는 것은 자연스러운 현상이었다. 정비가 지연되면서 동일한 폭발이 9개월 간격으로 일어났다.

이들이 폭발을 사전에 예단하지 못하고 정비를 미루었던 근거는 무엇인가? 고신뢰성 조직(HRO: High Reliability Organization) 학파가 주장하는 신뢰성을 받아들였기 때문이다. 여기에는 중대한 착각이 있다. 신뢰성은 적절한 조직 개입이 반드시 필요하다는 사실의 망각이다. 고 신뢰성은 철학이나 수학과 같이 절대적 가치가 아니다. 신뢰성은 명시된 조건에서 고장 없는 성능의 지속 기간 또는 확률이다. 수만 번의 기회마다 하나의 재앙적 사건을 경험한다. 모든 고위험 기술이 고장 날 것이라는 예측은 명확하지 않지만 적절한 개입은 필수적이다. 영국의 북해 유전에 발생한 Piper Alpha도 정상사고의 한 사례이다. 미 체결된 배관에서 가스가 누출되면서 연속 폭발로 이어졌고 방호벽마저 날라갔다. 중앙운전실이 파손되어 시설의 통제를 완전히 상실하면서 큰 재앙으로 이어졌다. 체르노빌 참사도 마찬가지이다. 인적, 기술적, 조직적 문제를 모두 내포하고 있는 정상사고의 유형이다. 원자로의 출력을 높이기 위해 조작하는 과정에서 제어봉의 핵반응이 이상상태로 증가하였다. 대응과정에서 운영자들은 절차를 몰랐고 위반하였다.

이러한 사고들을 통해서 학습해야 할 것들이 있다. 최신 기술로 무장된 완벽한 방호장치를 설비한다고 해도 위험에서 완전히 자유로울 수 없다. 미래에는 불안전행동으로만 특정할 수 없는 사고가 더 자주 발생할 것이다. 오로지 사람에게서 원인을 찾는 것은 안전에 더 큰 위험이다. 고 신뢰성의 안전 장치를 장착한 시스템이라도 경계해야 한다. 사고의 원인이 되는 트리거들은 불안전행동이 발생하기 훨씬 전부터 조직에 잠재적으로 존재한다. 설계부터 발생하여 시스템에 정주하고 있으며 운전을 하면서 지속적으로 추가된다. 시스템 관리와 병행해야 하는 이유이다. 잠재적 조건과 현장운영에서 오류를 유발하는 요인들의 사전발굴과 예방적 관리가 필요하다.

충북 청주에는 2023년 7월 13일부터 사흘간 약 500ml의 물폭탄이 쏟아졌다. 오송 지하도 침수로 일반 시민 14명이 운명을 달리했다. 사고발생 4시간 전에 미호천에 이미 홍수 경보가 발령되었다. 사고 발생 10분 전에는 하천의 수위가 홍수 수위보다 10m 이상 높았다. 36번 국도 미호천교 확장공사로 임시제방의 위험은 이미 예견된 상황이었다. 지하도에 최소한 50cm 높이의 물이 차야 통제한다는 기준은 현장의 상황을 반영하지 못한 매뉴얼이다. 침수를 대비해 설치된 4개의 배수펌프도 작동할 수 없는 구조였다. 1분도 작동하지 못한 체 침수된 배수펌프의 설계는 영국 Piper Alpha 해상사고와 같은 설계 문제다. 방호벽을 설치하지 않은 중앙통제실이 제일 먼저 폭발했고 모든 위험 통제는 불가하였다.

발생한 일련의 사고들을 분석해보면 조직요인에 인간의 에러와 기술의 복합적인 작용이다. 이상기후, 집중 호우, 미호천교 임시제방, 배수펌프의 설계에러, 도로통제의 잘못된 절차서는 이미 내재되어 있는 잠재위험이다. 비상대응체계 부실, 중앙 통제시스템 부재, 모니터로 분석하는 현장상황의 잘못된 인식 등의 문제로 위기대응에 대한 의사결정이 미루어졌고 참사가 발생했다. 위기상황에서는 인간의 판단이 부실해지고 과오가 발생할 확률이 높다. 도청, 시청, 구청, 경찰, 소방, 도로관리청 중 하나의 조직에서라도 비상대응 훈련이 잘 되어 있고 실제로 가동되었다면 참사는 막을 수 있었을 것이다. 안전을 확보할 수 있는 대안은 시스템 설계 및 운영, 그리고 반복훈련이다.

페로는 다양한 유형의 사고와 재난으로부터 얻은 거대한 증거를 살펴봄으로써 자신의 사례를 구축했다. 불안전행동을 특정할 수 없음에도 사고가 발생하였고 많은 인명피해가 발생했다. 불안전행동에만 집착하면 잠재적 요인을 관리하지 못할 것이고 대참사는 피할 수 없다. 모든 안전관리를 시스템적으로 접근해야 하는 것은 아니다. 인간의 행동 관찰에서 오류를 찾고 개선하는 관리 방법은 안전의 기본이고 반드시 필요하다. 피라미드 신화에 매몰되어 모든 안전 관리가 피라미드 접근법으로 진행되어서는 안 된다는 경고이다.

착각과 과신

유창성의 착각

"나는 내가 아무것도 모른다는 것을 안다." 소크라테스의 명언이다. 내가 알고 있다는 확신이 사실인가에 대한 회의이다. 이 깨우침이 불가능하기에 수천 년의 생명력을 가진 어록으로 존경받는 것이다. 무지할수록 안전을 잘 안다는 신념은 강력하고 절대적이다. 원시 뇌에 심어진 '생존 유전자' 유창성 때문이다 진화적 관점에서 유창성은 종을 지키고 성공의 기회를 증가시키는 강력한 무기이다. 타인과의 관계, 존재감, 문제해결 및 창의성의 에너지이다.

생존도구가 어떻게 위험이 되고 있는가? 아리스토텔레스의 조언이 없더라도 가족, 직장, 사회의 구성원으로 함께 살아야 하는 것이 인간의 숙명이다. 사람들은 생존과 안전이 분리되어 있지만 본성의 프로그램에 따라 안전하게 행동할 수 있다고 착각한다. 안전불감증과 안전무의식을 잉태하는 요인이다. 이러한 현상을 깨우치는 것이 불안전행동과 안전불감증을 예방하는 답이 될 수 있다. 본능을 넘어서야 하는 이성적 선택이기 때문에 이것이 쉽지 않다. 우리 모두는 안전을 잘 안다는 확신이 넘친다. "내가 잘 아는데 똑같은 소리하고 있네", "들어야 뻔한 이야기인데" 하며 과신으로 거부감이 강하다. 무지로 무장된 자신만만한 사람들은 교육에 흥미가 없고 피드백에 저항한다. 이렇듯 이성적 접근은 본능의 차단에 막혀버린다. 이들에게 교육과 훈련의 성과를 기대할 수 없다. 무지를 탈출하는 방법에는 두 가지가 있다. 사고를 경험하여 후회하거나 사고 전에 안전을 모른다는 깨달음을 얻는 것이다. 사고자들과 함께하면서 느낀 확실한 경험이다. 무지를 자각하기 위해 사고를 경험할 수는 없지 않은가? 결국은 어떻게 무지와 과신을 깨닫고 성찰을 얻을 것인가의 문제이다.

카다스와 오브라이언(Kardas & O'Brien)의 연구는 사람들이 어떻게 과신에 빠지는지를 잘 설명하고 있다. 다트 던지기 시범 영상을 보고 얼마나 잘할 수 있는지 질문한 후 실제로 하게 했다. 영상을 한 번 본 그룹과 스무 번 본 그룹으로 구분하여 검증했다. 마이클 잭슨의 문 워크 영상으로 똑같은 실험을 했다. 실험 참가자들은 영상을 한 번만 보고도 잘할 수 있다고 확신했다. 스무 번 본 사람들은 한 번 본 사람들보다 월등이 잘할 수 있다고 과신했다. 다트 던지기 영상을 스무 번 본 사람들의 72%가 잘 던질 수 있다고 확신했다. 실제로는 36%만 성공했다. 반면, 한 번만 본 사람들의 57%가 할 수 있다고 인식했고 실제로 45%가 성공했다.[7)] 여러 번 보는 것은 실제 수행에 도움이 되지 않고 반복적인 관찰은 사람들의 인식을 부풀린다.

당신은 사고 위험을 사전에 모두 관찰할 수 있는가? 갑작스런 화재로 연기가 자욱한 미로를 탈출할 수 있는가? 깊이 생각해 본 적이 없을 것이다. 그래도 당신은 대처할 수 있다고 확신할 것이다. 대처 능력이 있다는 것을 어떻게 검증하였는가? 매일 무사히 작업한 것이 당신의 대처 능력이라면 사실은 단지 익숙한 것일 뿐이다. 당신은 유창성이 탁월한 사람이며 세상을 잘 살아갈 수 있는 능력자이다. 유창성이 과신으로 변질되고 착각을 일으키면 안전에는 치명적이다. 당신의 유창성에 대해 스스로에게 질문하고 이를 검증해야 한다. 연기 자욱한 미로를 탈출하기 위해 작업장의 대피지도를 숙지하고 있는가? 당신도 혹시 안전에 무지하지만 과신하는 것은 아닌가?

2024년 8월 22일 19시 39분경, 경기도 부천의 8층 규모 호텔에서 화재가 발생했다. 4분 만에 소방대원들이 신속하게 대응했지만 7명이 사망하고 12명이 부상했다. 스프링클러 미설치, 전기배선 문제, 경보기 차단 등의 시설과 운영의 문제점들이 발견되었다. 사망자 2명은 에어매트로 뛰어내렸으나 매트가 뒤집혔고 생명을 지키지 못했다. 이들이 건물의 3층 이상에는 완강기가 설치되어 있다는 정보와 사용방법을 알고 있었다면 어땠을까? 사용하지 않았다는 것은 이것에 대한 지식이 없었다고 가정할 수 있다. 화재 사망자들 모두는 행복한 삶을 꿈꾸었던 사람들이지만 젊은 나이에 세상을 떠났다. 사고 후 언론과 소방 등에서는 완강기 사용법을 앞다퉈 알리는 등 열을 올리는 분위기이지만 많은 사람들은 관심을 보이지 않았다. 사고자의 희생에 슬퍼하고 추모하였지만 자신의 안전의식에 대해서는 성찰하지 않았다. 내가 완강기를 사용해야 할 순간은 절대 오지 않을 것이라는 무관심과 무의식에 나를 위탁하며 사는 사람들이다. 나 자신을 사랑해야 안전의식을 가지며 어떤 화재에서도 나는 탈출할 수 있다는 근거 없는 과신과 착각을 배제한다. 나의 뇌가 안전의 지혜에 관심을 가지면 안전행동을 기억하고 행동으로 실천할 수 있다. 한국은 경제 선진국이지만 안전에서는 사고 오명국이라는 이미지에 갇혀 있다. 화재, 폭발, 붕괴, 추락 등의 다양한 사고가 반복되며 재해율은 OECD 하위 그룹이다. 강력한 처벌법까지 제정되었지만 현재도 동일한 사고는 반복되고 있다. 원인은 무엇이고 어떻게 대책을 만들 것인가? 안전불감증과 안전무의식을 원인으로 규정하고 있지만 이것이 사실인가? 수많은 대책이 발표되지만 개선의 징후조차 보이지 않고 있다. 원인이나 대책에 의심을 가져야 하는 이유이다. 질문에 호응이라도 하듯 2022년 11월 30일 정부에서는 관계부처합동으로 중대재해감축 새로운 로드맵을 제시했다. 규제가 아닌 자기규율이라는 안전정책으로 4년 내 OECD 수준인 0.29‱가 목표다. 본능단계와 처벌감독단계의 대책을 넘어서겠다는 의지다. 불안전행동과 안전불감증을 벗어나는 것이 안전문화의 기본일 것이다. 위험을 과소평가하는 과신을 아는 것이고 안전을 잘 안다는 착각을 깨닫는 것이다.

찰스 다윈(Charles Robert Darwin)이 100년 전에 이미 세상에 경고하였지만 무지의 위험은 아직도 진행형이다. "지식보다 더 큰 자신감을 낳는 것이 있다. 그것이 바로 무지이며 이 시대의 아픔이다"라는 말을 남겼다. 코넬대학교에서 학생들을 대상으로 재능, 논리, 규칙으로 나누어 인식 능력과 실제의 차이를 검증했다. 가장 무지한 25%의 최하위그룹은 과신이 50% 수준이었다. 유능한 상위 그룹은 인식능력과 실제의 차이가 거의 없었다.[8)] 오히려 자신의 능력을 더 낮게 인식하는 경향을 보였다. 안전을 모르는 사람은 안전을 잘 안다고 과신할 수 있다. 안전을 잘 아는 사람은 위험에 대처하는 능력이 실제보다 더 부족하다는 생각을 할 수 있다. 아래의 인식과 실제의 연구 결과표는 안전을 모를수록 더 자만하고 안전을 잘 알수록 조심한다는 역설을 보여주는 좋은 사례이다

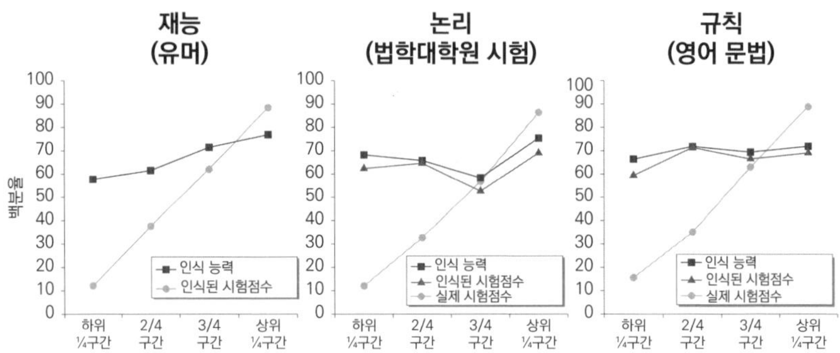

인식과 결과 비교표[8]

과신과 착각은 모든 분야에서 만연하고 있다. 감정지능, 논리력, 안전지식, 토론 및 재정 지식 같은 추론 능력의 평가에서도 과신은 심하다. 성적이 낮은 체스 선수나 브리지 선수도 자신의 능력이 실제보다 매우 우수하다고 인식한다. 운전능력은 어떤가? 미국인 대상 연구에서 운전실력이 평균 이상이라고 대답한 운전자가 88%였다. 고령자들까지도 자신의 운전실력이 월등하다고 했다.[9] 우리에게도 이 질문을 했다면 대부분 본인이 월등하다며 평균보다 높게 대답을 했을 것이다.

과신의 경향이 멍청한 사람들에게만 해당된다고 생각한다면 당신은 틀렸다. 교수들에게 자신의 능력을 동료들과 비교해 달라는 질문을 했더니 94%가 평균 이상이라고 대답했다.[10] 물리학, 생물학, 정치, 지리의 특정 개념에 익숙한 학생들에게 전공과 관련된 듯한 가공의 용어를 질문했다. 응답자의 90%가 이들 중 하나 이상에 대해 잘 알고 있다고 했다. 친숙하게 느끼면 허구라도 잘 안다고 확신한다.[11] 미국 재무부와 금융산업

규제청(Financial Industry Regulatory Authority)이 2008년 세계금융위기의 원인을 조사하기 위해 25,000명의 재무지식 수준을 분석하였다. 파산자 800명은 하위 37% 수준이었지만 스스로는 재무 능력이 매우 월등하다고 답했다. 무지한 소비자들이 주택 거품 전략에 동조하여 만들어진 참극이지만 피해자들만 자신의 무지를 모른다. 더닝과 크루거(Dunning-Kruger effect) 현상으로 불리는 무지의 함정들이다.

일반인들에게 핵 분리기술이나 천체물리학에 대해 질문한다면 어떻게 대답할까? 과신하지 않는다. 자신이 이 분야에 대해 정말 모른다는 것을 알기 때문이다. 반면에, 글쓰기, 문법, 논리 혹은 운전과 같은 일상적인 일들이나 사회적 주제들은 스스로를 과대평가하기에 아주 이상적인 먹잇감이다. 사안에 무지할수록 실체를 더 알지 못한다. 얼마나 큰 한계가 있는지 자신의 수준을 깨닫지 못한다. 이러한 현상이 나타날 가능성이 큰 분야가 안전이다. 병상에서 만났던 다수의 사고자들이 떠오른다. 무지라는 바보 봉우리에 발 하나 걸치고 위험하게 서있던 자신을 알지 못했던 사람들이다. 안전을 잘 안다는 자만이 하늘을 찌르던 사람들이다. 안전 학습에도 관심이 없었던 스스로를 후회했던 사람들이다. 이들의 손을 잡고 울분과 회한을 나누었던 그 절망의 순간을 나는 기억한다. 사고 후에 깨달음을 얻고 무지와 무능에서 벗어나 안전능력자가 되는 것은 너무 늦다. 작업자들이 병상에 가기 전에 무지와 과신을 어떻게 깨닫게 할 것인가? 이 질문에 답을 찾아 지혜를 나누는 것이 나의 사명이다.

비합리성의 합리성

지금은 행동의 규칙을 재구성해야 하는 혁신의 시대이다. 수세기의 노력으로 확립된 경제행동 이론이 뇌 과학과 심리학에 의해 부정되고 있다. 아르스토텔레스의 이성 철학부터 17세기에 르네 데카르트, 베네딕트 스피노자, 빌헤름 라이프니츠와 같은 사상가들의 합리성 연구는 세상의 화두였다. 개인이 수행하는 최적의 행동을 객관적으로 설명하려는 노력이다. 19세기에 아담 스미스, 칼 마르크스, 막스 베버와 같은 사회 이론가들이 이것을 정교화했다. 합리성에 대한 인류의 장구한 역사적 노력으로 현대에 이르러 주류 경제학이 출현하었고 수요와 공급, 한계효용, 생산 비용 가치론의 개념에 함의를 이루었다. 마셜의 경제학 원리(Principle of Economics)가 이 내용을 집대성하였다. 이익과 손실의 행동을 결정하는 경제학의 기본서였다. 전통적인 경제학에서는 인간이 이성적이고 합리적인 행동을 한다는 가정이 기반이다. 사람들은 스스로의 합리성에 대해 의심한적이 없다. 자신의 욕구를 잘 알고 합리적으로 행동하며 내가 알고 있는 정보는 완벽하다고 확신한다. 상황이 변하더라도 몇 번을 반복 선택하더라도 같은 결과라는 가정이다.

심리학자 카너먼(Daniel Kahneman)과 트버스키(Amos Tversky)는 1979년에 '위험 상황에서의 의사결정 분석' 주제의 전망이론을 발표하여 전통경제학이 주장하는 행동의 합리성에 반기를 들었다. 이득과 손실을 결정하는 행동의 선택 기준은 합리성과 효용성이 아니다. 사람들마다 주관적으로 설정한 기준점과 손실보다 더 큰 이익을 얻으려는 심리적 작용이다.[12] 고전이론의 완전한 폐기는 아니더라도 심리학을 기반으로 하는 새로운 관점의 태동이다. 심리학자들에게 2002년 노벨경제학상이 주어진 이유이다. 철학을 기반으로 했던 전통적인 행동개념이 심리학에 의해 새로운 전환점을 맞고 있다. 심리학자인 리처드 탈러(Richard H. Thaler)는 2017년 넛지 이론으로 노벨 경제학상을 수상했다. 심리학자의 두 번째 경제학 상이다. 그는 노벨상 수상 연설에서 "우리 인간은 정신이 없고 지나치게 자신감이 넘치기로 악명이 높다. 인간이 실수하기 쉬운 생물이라는 것을 인정하면 우리는 어떻게 사람들이 더 나은 결정을 내리도록 도울 수 있는지 찾을 수 있다"고 인간의 비합리성을 경고했다. 우리의 안전도 이제 이 역설적 질문에 답해야 한다. 합리적인 사람으로 착각하며 안전 무관심이라는 죽음의 병을 얻을 것인가? 비합리적인 나 자신과 마주하며 더 안전한 세상을 알 수 있는 지혜를 찾아 나설것인가?

A. 콘서트장 현장에서 100달러짜리 티켓을 사려고 하는데 100달러 지폐를 잃은 사실을 알았다. 100달러를 지불하고 티켓을 구매하겠는가?

B. 콘서트 전날 100달러짜리 티켓을 미리 구매했는데 콘서트장에 도착해서 분실되었다는 것을 알았다. 동일한 티켓을 다시 구매하겠는가?

A 질문에 티켓을 구매한다고 답한 사람은 87%였다. B 질문에 티켓을 구매한다고 답한 사람은 46%였다. 동일한 기대 가격인데 왜 이렇게 차별적인가? 이성적 접근으로 계산하면 동일한 가치이지만 결과는 거의 두 배이다. A는 현금 100달러를 잃었지만 이것을 티켓의 대가로 보지 않았다. B는 티켓 분실을 이미 지불한 문화비에 대한 손실로 보았다. 심리적 회계이론이다. 이미 확보한 이득의 손실에 대한 감정적 손실이 계산된 결과이다.

비합리적인 행동 유형은 일관된 선택을 선호하는 전통적인 기대 효용 접근법으로는 설명이 불가하다. 전망이론은 이것을 이익의 확실성, 손실 회피성, 고립 효과의 편향으로 보고 있다. 고립효과는 전체를 보지 않고 현재를 기준으로 하는 상대적 비교이다. A와 B의 현재 자산이 똑같이 1억이다. A는 얼마 전 자산이 2억이었다가 1억이 됐고 B는 5천만 원에서 1억이 됐다. A는 자신이 가난하다고 느끼고 B는 부자로 느낀다. 각자가 생각하는 기준점이 다르기 때문이다. 닻 내림효과 또는 고립효과이다.

고립효과는 한국인들이 왜 물질적 행복이 삶의 최고 가치라고 여기는지에 대한 관철 지점이 될 수 있다. 한국은 절대적 빈곤은 탈피한 국가이다. 물질을 상대적 가치로 생각하는 것은 기준점의 문제이고 비교에 대한 빈곤의 감정이다. 경제적, 정치적 문제를 포함하고 있지만 사회 심리적 문제가 복합적으로 작용할 때 더 심각하다. 이익에 대한 욕심으로 대형사고가 많이 발생한다. 감정의 영향으로 물질 빈곤을 느끼는 고립효과를 벗어난다면 사고위험은 현격이 감소할 것이다. 뇌 과학과 심리학 기반의 학문으로 비합리적이고 감성적인 스스로를 이해하고 수용하기 때문이다. 전망이론을 안전관리에 반영한다면 안전을 한 단계 도약시킬 수 있는 계기가 될 수 있다.

위험의 착각

시카고의 해변도로(North Lake Shore Road)는 미국인들이 가장 좋아하는 드라이브 코스이다. 고층 건물과 어울려 펼쳐 있는 해변의 풍광은 열광하기에 충분하다. 문제는 곡선 구간이 많아 속도를 제어하지 못하고 추돌 사고가 자주 발생한다. 인명사고 다발 지역이다. 시 당국은 속도를 30마일 이하로 줄이는 것을 목표로 수년째 도전하고 있다. 제한속도 표시판과 과속 카메라를 설치하고 더 많은 경찰을 배치하였다. 이러한 노력에도 효과는 없었다. 오히려 매년 10% 이상씩 사고가 증가하고 있다.

커브 길 시작 지점부터 간격이 점점 좁아지게 도로를 가로지르는 선들을 그렸다. 행동경제학으로 노벨상을 수상한 리차드 탈레(Richard H. Thaler)의 넛지 이론이다. 차선의 간격이 좁아지면서 운전자는 과속 착시 현상을 느끼게 되어 본능적 공포로 브레이크를 밟는다. 1년 내 교통사고가 36% 감소되었다. 좁아지는 선의 간격을 뇌는 속도 증가로 인식했기 때문이다. 사고 예방의 근원적인 대책은 심리의 작동과 뇌의 기능을 아는 것이다. 곡선 도로는 위험이지만 속도의 착각은 공포이다. 공포가 본능이라면 위험은 이성의 영역이다. 인간 행동의 우선 순위에서 위험 인식은 중요도가 낮지만 우리는 공포를 위험과 동일시하는 착각을 범한다. 공포는 회피가 생존이지만 위험은 도전이 생존이다. 생존은 얼마나 처절한가? 모든 유기체에게 위험은 생존을 위해 기꺼이 감수해야 하는 아주 작은 도구일 뿐이다.

포식자들이 먹이 활동에서 큰 상처를 입는다면 이것이 위험한 행동인가? 포식자들도 사냥 성공률이 30% 수준이다. 굶주림이 극한에 달하면 표범이 하이애나에게 덤비기도 한다. 절대 이길 수 없는 도전이다. 생존은 이처럼 절대적인 위험도 감수한다. 치타는 10초 내 사냥이 가능해야 하며 그 이상은 달릴 수 없다. 생존을 위한 위험의 선택이고 목숨을 거는 투쟁이다.

나는 원시 인간을 그려본다. 하루의 삶이 지금의 포식자들과 같았을 것이다. 생존회로는 인간을 왜 위험에 도전하게 하는가?

건널목을 건널 때가 위험한가? 숲에서 뱀을 보았을 때가 위험한가? 당신은 어느 것에 더 위험을 느끼는가? 2014년에서 2019년까지 5년 동안 뱀 물림 사망자는 2명이다. 2022년 우리나라에서 자동차 사고로 사망한 보행자는 922명이다. 우리는 횡단보도를 건널 때 주의하지 않는다. 길 한복판에서 스마트폰을 보고 이야기를 하면서도 그 행동이 위험과 무관하다는 표정들이다. 차가 급발진하여 횡단보도나 인도를 덮쳤다는 뉴스에 귀 기울이지 않는다.

모기가 위험한가, 상어가 위험한가? 상어에 물려 죽는 건수는 연 평균 5건 이하이다. 미국 국립과학원회보(PNAS; Proceedings of the National Academy of Sciences)의 발표에 의하면 모기로 인한 사망자는 매년 백만 명 수준이다. 세계 전체를 합하여 5명 이내 사망하는 상어는 공포이기 때문에 상어 출몰 지역은 절대적으로 회피한다. 채광창이 많은 지붕 공사 중 추락 사고로 우리나라에서만 한해 5명 정도 사망한다. 그러나 지붕 위에서 작업하는 대부분의 작업자들은 위험을 느끼지 않는다. 채광창 추락 사고가 반복되는 이유이다.

자동차가 위험한가, 비행기가 위험한가? 질문이 끝나기도 전에 당신은 이미 선택을 하였을 것이다. 위험을 부르는 착각이라는 것을 알지 못한 채 확신한다. 2023년 미국안전협회(National Safety Council)는 지난 10년 동안 이동시 발생한 사망사고 통계를 발표했다. 자동차 이용 사망자가 가장 많았다. 승객 1억 마일 주행 당 사망률은 버스보다 20배, 열차보다 17배, 항공보다 595배 높았다. 비행기의 안전성이 월등함에도 불구하고 2001년 9·11테러 사고 후 비행기 승객이 50% 감소하였다. 이러한 감소경향은 약 2년간 이어졌다. 이 기간동안 자동차를 대안으로 이용했다. 합리적 선택인가? 이 사람들은 9·11 사고가 비행기의 안전과 관련이 있는가를 질문했는가? 10월과 11월에 비행기 대신 자동차를 이용한 것으로 추정되는 추가 사망자가 344명이었다. 공포가 완전히 사라진 2년의 추가 기간을 고려하면 2,170명의 추가 사망자가 발생했다.[13)]

시카고 도로의 위험을 경고하는 표지판, 자동차의 위험, 모기의 위험에는 왜 반응하지 않는가? 이성적인 자극이기 때문이다. 좁은 차선의 착시, 뱀, 비행기는 뇌가 공포를 느끼는 본능적 자극이다. 공포는 생존과 연결된 유전적 대응으로 자동적이며 강력하지만 위험은 부정적인 사건이 발생할 확률과 연관된다. 당신은 길을 건너다 차에 치일 수도 있다. 당신이 위험을 알고 있는지 아닌지는 무관하다. 당신이 그 위험이 진짜라고 믿는지 아닌지도 관련이 없다. 그 수학은 여전히 유효하며 당신이 그 대상이 될 가능성은 이 확률 내에 포함되어 있다. 하지만 우리 모두는 절대 나는 아니라고 확신한다.

사람들은 어리석게도 결과에 따라 위험을 결정한다. 절단기를 멈추지 않고 잠깐 보수를 했으나 사고를 당하지 않았다면 위험도가 높지 않다고 단정한다. 왜냐면 나는 죽지 않았고 다치지 않았기 때문이다. 끼임 사망 뉴스가 전해져도 나와는 무관하다고 확신한다. 내가 매일 하던 대로 절단기를 멈추지 않고 안전 조처 없이 작업한다. 당신도 사고 확률의 대상이라는 것을 거부한채…… 바다에서 수영을 하다가 상어의 공격으로 사망한 사람에 대한 뉴스 보도를 본다. 그곳에 가면 죽을 수 있다는 생각이 머리에 바로 떠오르면서 절대 가지 않는다. 끼임 사망과 상어에 물려 사망하는 소식을 똑같이 접했지만 받아들이는 인식은 완전히 다르다. 위험에 대한 사람들의 인식은 부정확하기로 악명 높다. 끼임 사망이 상어 사망보다 수백배나 높지만 이러한 통계는 전혀 고려대상이 아니다.

인간들에게 왜 이러한 착각이 존재하는가? 공포는 편도체와 연결된 감정의 산물로 즉시적이다. 위험은 이성, 감성, 지각으로 추정하기 때문에 심리 경로와 뇌의 작동 부위가 다르다. 불안전 상태에서 작업을 잘 마쳤다면 이 작업자에게 그 장소는 이미 위험한 곳이 아니다. 어제도 안전했는데 오늘은 당연히 안전하다는 확신을 가지기 때문이다. 내가 진실이라고 믿는 것이 사실인지 확인하지 않고 무조건 믿는 것이 확신 편향이고 위험이다. 우리가 이미 진실이라고 믿으면 이것을 뒷받침하는 정보만 찾고 확신은 강해진다. 뇌는 믿고 있는 증거를 찾는 데 꽤 능숙하다.

지나친 낙관주의와 통제에 대한 환상은 위험 인식에 특히 위험하다. 내가 잘한다는 착각이 위험을 낮게 보고 안전의식이 결여되는 이유가 된다. 10년 후 심장마비를 예방하기 위해 오늘 운동을 해야 한다. 노년기에 이를 건강하게 유지하기 위해 지금 치실을 사용해야 한다. 당신은 이것을 지키는가? 인스턴트 음식을 조심해야 한다고 생각하지만 햄버거 가게의 감자튀김 냄새에 견디지 못한다. 자신도 모르게 이미 매장에 들어서고 있다. 만약 우리가 이성적인 존재라면 올바른 선택을 하기 위해 이런 고민을 할 필요가 없다. 이성은 생존을 위한 본능의 선택 앞에는 파리 목숨만도 못한 존재이다.

음식 조절을 하지 않으면 3개월 내 죽을 수 있다는 진단을 받으면 어떤 행동을 할 것인가? 절대 지킬 것이다. 공포 자극이며 감정을 충동하는 생존 본능이기 때문이다. 현대 사회에서 공포에 반응해야 할 사건은 거의 없다. 위험을 인식해야 될 사건들만 있다. 공포와 위험의 판단을 착각하지 말아야 한다. 병에 걸린 후, 인스턴트 음식을 끊으라고 했던 10년 전 의사의 말에 적극적으로 조치하지 못했던 자신이 후회스럽다. 작업장의 여러 곳에 잠재해 있는 위험도 그렇다. 위험은 자연스럽게 느끼는 공포가 아니다. 사고 후 후회하지 않도록 지금 자세히 봐야 알 수 있는 인지의 영역이다.

인간오류 완벽의 환상

오류의 무지

인간은 완벽하다. 지구상의 어떤 생물체보다 모든 면에서 우수하고 최상위에 위치해 있는 종이다. 내게 결점이 있다고 인정하는 사람은 많지 않다. 오류라는 위험의 홍수 속에 살고 있는 자신을 모르는 인간들의 환상이다. 합리성이라는 단어에는 애초부터 관심이 없다. 뇌는 시간과 에너지를 대량 소비하는 인지 처리를 선호하지 않는다. 아무리 합리적이고 신뢰성이 높고 일관적이라도 그렇다. 빠르고 효율적이라면 그것을 더 선호한다. 인간은 태생부터 안전에 취약한 종으로 살아야 하는 운명이다.

인간 공학자인 라스무센(Rasmussen)은 안전 과학과 위험 예방 분야에서 20세기의 매우 영향력 있는 사상가이다. 사람의 인지 프로세스에 따라 작업 수행을 기술-규칙-지식기반의 3단계로 구분하였다.[14] 경험을 통해 내면화된 무의식 프로세스가 감각 입력에 의해 촉발되는 인지 행동 과정의 설명이다. 기술기반은 몸이 기억하는 자동 행동이다. 정상적인 작업 루틴이며 무의식적이다. 규칙기반은 규칙에 따라 행하는 인식된 행동이며 훈련된 기억이다. 특정 작업을 수행하기 위해 의식적으로 활성화하는 명시적이고 알려진 규칙이다. 지식기반은 지식에 따른 인지적 행동이다. 새로운 환경에 대응할 수 있는 필요 정보의 응답을 구하는 주의와 집중 능력이다. 매우 상세한 물리적, 기술적 특성을 요구하는 예측하지 못한 상태에 대한 인지 활동이다. 운영 목표와 안전 목표 간의 의식적인 절충이기도 하다.

리즌의 인적 오류 모델(Human error model)은 라스무센의 3단계 모델에 하부 항목을 추가한 형태이다.

인적오류			내용
비의도적 활동	실수 (SLIP)	기술기반 오류	부주의로 인한 수행오류 중복선택, 지각혼란, 간섭오류, 뒤바뀜, 시간오류
	망각 (LAPSE)	기술기반 오류	기억실패의 수행오류 계획 의도 장소의 망각, 생략 반복 축소의 오류
의도적 행동	착오 (MISTAKE)	규칙기반 오류	규칙의 잘못 적용, 훈련 경험 교육의 오류
		지식기반 오류	잘못된 규칙 적용, 추론 유추 등의 인지오류, 편향
	위반 (VIOLATION)	일상적위반	습관적 규칙과 절차 위반
		상황적위반	특정 상황으로 인한 위반
		예외적위반	새로운 상황의 대처를 위한 규칙 위반

불안전행동을 의도의 유무와 원인을 기준으로 두 그룹으로 구분하고 하위 세부 항목 네 가지를 만들었다. 첫 번째 오류는 비의도적행동이며 실수(Slip)와 망각(Lapse)이다. 계획은 적절했지만 행동이 의도한 대로 진행되지 않은 기술기반 오류이다. 실수(Slip)는 관찰 가능한 행동과 관련이 있으며 일반적으로 주의력 또는 지각의 실패이다. 중복 선택, 지각 혼란, 간섭 오류, 반대, 뒤바뀜, 순서 오류, 시간 오류 등이다. 망각(Lapse)은 더 내부적인 사건이며 일반적으로 기억의 실패를 수반한다. 계획, 의도, 장소의 망각이며 생략, 반복, 축소, 의도성 등이 원인이다. 실수(Slip)와 망각(Lapse)은 일반적으로 익숙한 환경에서 발생한다. 주의를 산만하게 하거나 다른 것에 몰두하는 주의 이탈과 관련이 있다. 두 번째는 착오(Mistake)이다. 착오는 규칙 기반과 지식 기반으로 구분된다. 행동은 계획대로 진행되었지만 의도한 결과를 얻지 못한 경우이다. 좋은 규칙의 잘못된 적용이나 나쁜 규칙을 적용하는 두 가지이다. 판단 및 추론 과정의 결함 또는

그것을 달성하기 위한 수단의 실패이다. 다양한 시나리오를 준비하여 비상 상황에서도 즉각적인 조치가 이루어질 수 있도록 반복 훈련해야 한다.

리즌의 인간오류 모델에서 특별히 주의해야 할 변화가 있다. 초기 오류 모델에는 실수(Slip), 망각(Lapse), 착오(Mistake), 위반(Violation) 네 가지가 한 개의 그림이었다. 1995년 발표한 논문에는 인간오류 기본요인 세 개만 표기하고 위반(Violation)은 분리하여 설명하고 있다.[15] 위반은 일종의 의도된 행동으로 인간의 기본적인 오류와 차별화하려는 것으로 볼 수 있다. 오류는 인식, 주의, 기억, 선택의 실패이지만 위반은 인지의 선택이기 때문이다. 오류는 의식의 문제이고 위반은 동기의 관점으로, 개선 대책도 각각 다르다. 위반은 시설 운영 및 유지 관리 규칙, 절차, 지침 또는 규정을 의도적으로 이탈하는 것이다. 위반은 편안하게 일하기, 이익, 시간절약, 비현실적인 안전 절차 및 운영 지침, 자만감, 상사의 압력 등이다. 위반이 전체 인간오류 사고의 약 70%로 상당한 기여를 하고 있다는 사실을 직시해야 한다. 이것이 리즌도 위반을 독립적으로 분류했던 이유였을 것이다.

위반은 매우 복잡한 매커니즘으로 작동하기 때문에 직접 동기 자체보다는 배후가 더 중요하다. 위반에는 일상적 위반, 상황적 위반, 예외적 위반, 최적화 위반의 네 가지 등급이 있다. 일상적인 위반은 정상적이거나 자동적인 행동 방식으로 규정된 규칙, 절차, 지시에 반하는 행동이다. 상황 위반은 작업 공간이나 환경과 작업자 간의 상호성에 의해 발생한다. 예외적인 위반은 간헐적이고 비상사태와 같은 긴급 상황에서만 발생한다. 최적화 위반은 작업 상황을 최적화하려는 동기에 의해 발생한다.

Hollnagel의 예측대로 인간의 오류는 급속도로 많아지고 있다. 1960년대와 1990년대 사이에 사고에 기여한 인간의 오류가 최소 4배 증가했다. 자동화된 설비와 더 완벽한 안전 장치는 안전을 과신하고 오류에 무감각하게 만들고 있다. 부주의, 무지, 무모함의 결과라기보다는 언제든 마주할 수 있는 기회의 문제가 되었다. 인간 오류를 완전히 방어할 수는 없다는 가정을 상기하면 인간 행동은 현대 기술 시스템의 위험이다. 이러한 경고에도 인간은 나에게 오류는 없다고 확신하고 자만한다. 스스로를 지키고 싶은가? 행복을 이어가고 싶은가? 우리 모두는 인간오류에 대해 무지하다는 경고를 귀담아 들어야 한다.

인간 오류, 모든 사고의 근본 원인인가? 개인의 실수를 비난하고 망각, 부주의 또는 도덕적 약점을 원인으로 규정하고 있지는 않은가? 건망증, 잘못된 동기, 과실 및 무모함과 같은 기본 오류를 비정상적인 정신 상태로 매도하고 있지는 않은가? 스리마일섬 원자로 사고, 챌린저 우주왕복선 폭발, 킹스 크로스 지하 화재, 헤럴드 오브 프리 엔터프라이즈, Piper Alpha 폭발 및 화재 등 주요 사고를 통해 인적 원인이 실제 사건 이전 몇 년에 걸쳐 조직 전체에 매우 광범위하게 분포되어 있음을 알 수 있다. 몇 년 전만해도 이러한 사고는 인간의 오류이며 실수라는 꼬리표로 모든 논란을 잠재울 수 있었다. 심리학은 인간이 사고의 유발자라는 오명에서 벗어나게 해주었다. 모든 사고의 원인이 인간의 오류이고 실수라고 규정하는 것은 사고 예방에 전혀 도움이 되지 않는다. 아직도 더 철저한 관리 감독과 재교육만이 최고의 안전대책이라고 확신하고 있는가? 부정적 방법으로는 작업자의 안전 참여는 불가하다. 불안전행동의 심층적 원인을 시스템 맥락에서 격리시켜 잠재 원인을 제거할 수 있는 기회마저 잃게 된다. 유사 사고가 반복되는 과정이다.

최근에는 오류 문제를 사람이 아닌 인간-기술 상호작용으로 보는 연구가 증가하고 있다. 활성 장애가 시스템에 침투해서 사고 전부터 장기간 존재했던 잠재적 장애였는지, 또는 즉각적인 부작용을 초래하는 인간의 오류였는지를 분류하는 방법의 개발이다. 대표적인 연구가 리즌이 1995년 발표한 "조직 사고 발달 모델"이다.[15)]

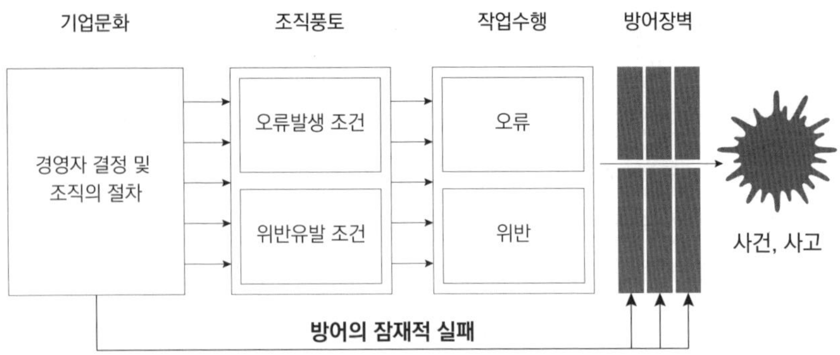

리즌의 조직사고 발달 단계도

이 모델은 인과관계의 방향이 왼쪽에서 오른쪽으로 이동하는 조직 사고의 해부학적 구조이다. 계획, 일정, 예측, 설계, 정책, 소통, 규제, 유지보수 등의 의사결정과 조직 프로세스 검토가 핵심이다. 경영자의 안전 철학과 헌신도 중요 요인이다. 사고는 선행 부분에서 생성된 잠재적 실패가 다양한 조직 및 부서 경로를 통해 작업장으로 전달된다. 인력 부족, 높은 업무량, 복잡한 인간 기계 인터페이스 등의 원인으로 오류 및 위반 환경이 조성된다. 방어벽이 잠재적 실패 및 적극적 실패로 무너진다. 작업자가 최종 단계에서 사고를 유발하는 상속자로 보이지만 이것은 올바른 추리가 아니다.

핵심은 앞선 그림에서 조직문화의 상층부에 위치한 프로세스와 경영 결정이 방어벽에 화살표로 직접 연결된 부분이다. 조직은 경제나 정치 문제 등 다양한 제약 조건에 의해 운영된다. 정부 기관, 전문가, 관리자, 작업자, 협력업체 등 많은 상호 의존적인 요인이 시스템 속에 있다. 프로세스 관리만으로 잠재적인 장애의 발생을 완벽하게 막을 수가 없다. 지역적인 트리거와 결합하여 시스템의 방어를 깨뜨리기 전에 부정적인 기업문화와 조직풍토가 있다. 이것을 포착하여 제거하고 관리하는 시스템을 구축하는 것이 현실적인 안전확보의 핵심이다. 누가 파괴했는지가 아니라 방어가 어떻게 그리고 왜 실패했는지에 집중해야 한다. 인간이 사고의 원인 제공자에서 방어의 주도자가 되기 위한 준비이다.

안전관리와 사고는 질병과 건강 관리로 비교가 가능하다. 질병이 발생하면 그 부분에만 집중 치료를 하지만 정기적인 건강을 검진을 할 때는 심혈관, 폐, 배설물, 신경계 등 여러 중요한 신체 시스템의 전체를 검사한다. 의사 문진 등의 개별 측정을 추가하여 전문적인 판단을 내린다. 건강 검진은 생리학적 징후와 생활 지표에서 추론된 창발적 특성이다. 질병이 아니기 때문에 직접적이고 확정적인 진단이 아니다. 위험 시스템의 관리 방법도 이와 같다. 상태의 평가는 잠재적으로 다양한 지수를 선택하여 정기적으로 관리한다. 첫째는 하드웨어 관리이다. 시설의 결함, 운영 절차, 인력 부족, 높은 작업량, 부적절한 교육 등의 병원체를 확실히 찾아야 한다. 두번째는 소프트웨어 관리이다. 설계, 시스템 구축, 운영, 유지, 관리, 소통 등 조직의 대표적인 프로세스 요인을 발췌하여야 한다. Shell International에서 운영중인 조직 건강성 측정 요인들의 사례는 좋은 자료이다. 시설, 설계, 유지관리, 절차, 오류 감독, 청결, 상충하는 목표 관리, 조직 체계, 소통, 훈련, 방어, 도구와 장비, 자재, 감독, 작업 환경, 직원 태도, 도급관리, 기획, 규정, 관리 등이다. 이들 항목은 사업 분야가 석유화학, 철도 교통, 항공에 따라 요인이 구분되어 있다.

이제는 인간 행동에 대한 관점을 바꾸어야 한다. 불안전행동이 인간의 오류라는 레이블 아래 희생양이 되어서는 안 된다. 인간의 가변성과 변화 적응력은 사고의 원인이 아니고 시스템의 가장 중요한 안전 장치이다. 실패를 개인의 탓으로 비난하고 격리하는 대신 실패를 공론화하고 일반화하여 시스템 개혁에 더 집중해야 한다. 개인에게 인적오류의 위험성이 있다는 것을 고려하여 조직의 잠재적 위험, 인간의 불안전한 행동, 이들의 활성화 과정까지 포함할 때 최고 수준의 안전문화가 작동하는 것이다. 하지만 인간오류와 시스템의 잠재 요인에 대한 예방 대책은 일반적인 문화 개념으로 해결할 수 없다. Chapter 08에서 한국인의 고유한 문화와 특성을 반영하여 대안을 제시하고자 하는 이유이다.

NASA의 안전 DNA

1986년 1월 28일 챌린저호가 10번째 비행을 위해 궤도에 섰다. 발사는 당초 1985년 7월 예정이었지만 11월로, 그리고 1986년 1월 26일로 두 번이나 연기되었다. 이것이 끝이 아니었다. 몇 번의 서류 작업과 기술적인 지연 끝에 1월 28일로 다시 연기되었다. 더 이상 지연이 불가하다는 결정은 변경할 수 없는 암묵적 약속이었다. 이날 아침 날씨는 이례적으로 추웠고 발사대와 장비 곳곳에 얼음이 쌓였다. 적외선 카메라로 중요부위의 온도를 측정하니 화씨 9도였다(섭씨 영하 12도). 이는 만약 발사가 된다면 오링의 온도가 레드 라인 아래에 있을 것이라는 것을 의미했다. 오링 제작사인 모튼-티오콜(Morton Thiokol)의 공학자들은 얼음을 보면서 우려의 목소리를 냈다. 그러나 그들은 발사를 진행하라는 지시를 받았고 미국 동부표준시 11시 38분에 챌린저호는 발사되었다. 비행 시작 73초 만에 모든 것이 바뀌었다. 챌린저호는 사고로 파괴된 최초의 우주왕복선이 되었다. 미국인의 17%가 우주왕복선이 폭발하는 것을 보았다. 7명의 승무원이 모두 사망했다. 그날 오후 레이건 대통령은 연두교서 연설을 하기로 되어 있었지만 대신 비극에 대해 애도를 표해야 했다.

1988년 3월, 모튼-티오콜은 고소를 당했고 소송의 60%인 4,641,000달러를 지불했다. 나머지는 미국 정부에서 지불했다. 이 재난 이후, 나사는 우주왕복선과 그들이 사용했던 부품에 많은 기술적인 변화를 주었다. 기관의 책임과 안전문화를 바꾸었다. 특히 사고로부터 학습하는 교육의 유산을 만들었다. 참사의 비극적인 사건은 직장 문화가 기업의 성공에 어떻게 작용하는지를 상기시키는 중요한 기회였다. 컬럼비아 대학의 사회학 교수이며 『챌린저 발사 결정: NASA의 위험한 기술, 문화 및 일탈(The Challenger Launch Decision: Risky Technology, Culture, and Deviance at NASA)』의 저자인 다이앤(Diane Vaughan)은 나사가 일정 압박으로 안전문제를 간과하거나 축소하도록 유도한 것이 확인되었다고 사고 원인을 분석했다. 챌린저호의 사고 조사관들은 나사의 안전문화를 강하게 비난했다. 안전프로그램에 안전문화가 없다고 하였고 고장난 안전문화(broken safety culture)에 빠졌다고 질타했다. NASA의 경영진도 이 참사는 안전 책임에 대한 직장 문화의 중요성을 가르쳐 주었다고 했다.

슬프게도, 이들은 2003년에 컬럼비아호와 승무원들을 잃으면서 이러한 교훈을 다시 배워야 했다. 컬럼비아 사고조사팀(CAIB: Columbia Accident Investigation Board)은 컬럼비아호가 사망한 지 7개월 만에 놀라울 정도로 빠른 방식으로 조사결과를 발표했다. 위원회는 이 참사의 강력하고 충격적인 원인을 밝혀냈다. NASA의 조직문화가 거품만큼 이 사고와 많은 관련이 있다는 견해를 추가했다. CAIB는 많은 사고 조사가 기술적 결함과 개인의 실패로 원인을 정의하는 실수에 정확하게 주목했다. NASA는 기술적 우선순위와 경영적 우선순위 사이에서 효과적인 점검과 균형을 이루지 못했고, 독립적인 안전 프로그램도 없었으며, 학습조직의 특성도 입증하지 못했다. 위원회는 17년 전인 1986년 1월 28일에 챌린저호 참사를 일으켰던 바로 그 요인들이 컬럼비아호 참사에서 작동했다는 것을 발견했다. 챌린저 호의 똑같은 원인이 콜럼비아호의 사고에서 반복되었다. 컬럼비아호의 운명적인 귀환 비행 전에도 비슷한 의구심이 제기되었지만 기각되었다. 엔지니어들은 발사 비디오를 본 후 열 보호 시스템이 심각하게 손상될 수 있다고 경영진에게 경고했다. 어처구니없게도 몇 차례의 협의 끝에 더 이상의 사진 촬영 등의 조사도 진행하지 않기로 결정했다. CAIB는 발사 날짜가 국제 우주 정거장의 완공 일정과 밀접하게 연관되어 있다고 관찰했다. 발사 날짜는 자금 지원에 대한 나사의 합법성과 연결되어 있었고 마감일을 충족해야 했다.

대통령 직속 로저스 위원회는 나사가 대단히 위험한 철학을 가지고 운영한다는 것을 발견했다. 이 철학은 나사가 이전의 우주왕복선 비행 동안 나타난 이상 현상들을 제대로 조사하는 것을 막았다. 최종 보고서의 공식 부록에 문제의 핵심이 설명되어 있다. 위험이 실패 없이 비행했다면 다시 그것을 받아들이는 안전성에 대한 주장으로 환원되었다. 명백한 약점이지만 심각한 해결 시도 없이 다시 받아들여졌다. 잠재적인 문제는 해결되지 않았고 계속 존재하기 때문에 사고는 당연했다. 대통령 직속 로저스 위원회와 컬럼비아호 사고조사팀은 모두 나사의 안전문화에 대해 매우 비판적이었다. 로저스 위원회는 나사가 안전 프로그램을 잃어버린 안전문화 속에 있었다고 언급했다. 일정 압박으로 안전이 간과되거나 축소하도록 유도하는 상황에서도 안전문화가 잘 작동한다고 자부했다. 독립적인 안전 프로그램도 없었고 학습조직의 특성도 입증하지 못했다.

컬럼비아호의 사례에서 보듯이 안전문화가 없는 조직임에도 올바른 안전문화를 운영하고 있다는 확신과 착각이 사고의 원인이었다. 가능한 빠른 시간에 사고를 줄이기 위해서는 올바른 안전문화의 정착이 급한 것이 우리의 현실이다. 하지만 문화는 급하게 서두른다고 갑자기 바뀌지 않음을 많은 연구로 검증하고 있다.

조지타운대 정치심리학자 모하담과 크리스탈(Moghaddam & Crystal)은 수세기에 걸쳐 이란, 중국, 일본 여성들의 권위 변화에 대해 연구했다. 평등주의, 위계질서, 자율성, 보수주의 가치의 진화에 대한 분석이다. 정치와 경제적으로 큰 변화가 있었음에도 근본적인 가치와 사회적 관행이 거의 변화하지 않았다.[16] 이스라엘과 슬로바키아의 사회학자들은 공동으로 1980년대 말 공산정권이 붕괴한 이후 10년 동안 동유럽과 중유럽 시민들이 가지고 있던 기본 가치관이 변화했는지를 분석했다. 공산주의의 붕괴는 정치적, 법적, 경제적 제도와 사회적 기회에서 엄청난 변화였다. 붕괴 이후 10년 동안 보수주의, 위계질서, 평등주의, 지적 자율성, 정의적 자율성 등의 가치관 변화는 거의 발견할 수 없었다.[17] 이탈리아의 민주주의 제도와 시민 참여의 영향에 대한 하버드대 정치학 교수인 Putnam의 연구는 더 유명하다. 약 1,000년 전으로 시간을 돌려보면 북부 이탈리아는 비교적 수평적이고 민주적인 통치 체제였고 남부 이탈리아는 봉건적이고 독재적인 체제를 가졌었다.[18] 현재도 이러한 문화적 차이가 존재한다고 주장하였다.

NASA는 챌린저호 사고 후 안전 혁신을 했지만 컬럼비아호의 폭발을 막지 못했다. 두 개의 우주 왕복선 폭발이라는 대참사에서 핵심적으로 지적된 사고 원인이 안전문화였다. NASA는 조직의 DNA를 개조해야 문화가 바뀐다는 교훈을 얻었고 그렇게 생긴 NASA의 안전문화가 바로 DNA Logo이다. DNA는 모든 생명체의 종을 유지하고 발달과 기능을 안내하는 유전적 지침이다. 한 구성 요소가 누락되면 전체 시스템이 고장 난다. 최신 기술자부터 최고 경영진까지 안전에 적극적인 역할을 한다는 약속이다.

현재 대한민국은 더 많은 사람들이 죽기 전에 올바른 안전문화를 창출하는 것이 시급하다. 급하게 가야 하지만 어떻게 개척할 것인가는 더 중대한 문제이다. 해결안과 방향성을 제시하고 길을 안내하는 것이 안전 전문가들의 책임이다. 우리의 뇌에 올바른 안전 DNA를 정확하게 구축하는 것이 대안이다.

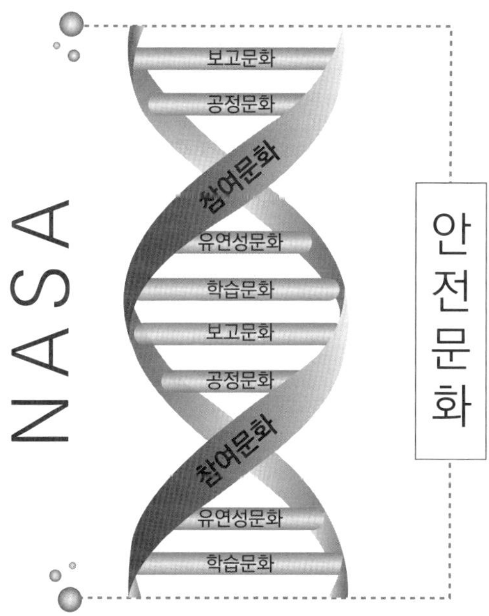

NASA 안전문화 로고[19)]

CHAPTER 08

한국형 안전문화 실천 전략

한국인, 안전의 길

한국인, 우리는 어떻게 안전불감증과 안전무의식의 DNA를 가지게 되었는가? 첫째는 물질 웰빙 가치관 때문이다. 속도와 성과, 물질 추구의 가치관이 우리가 물려 받은 사회적 유전자이다. 돈을 어떻게 더 벌까 하는 생각뿐이니 안전의식이 물질에 억제당하는 것은 당연하다. 위험과 함께 뒹굴어도 성과에 집착하는 한국인의 사회적 DNA이고 본능적 행동이다.

당신의 삶을 의미 있게 하는 것은 무엇인가? 2021년 미국 여론조사업체 퓨리서치센터(Pew research center)가 17개 선진국 성인 1만 9,000명에게 물었다. 17개국 가운데 14개국 국민이 첫번째로 가족을 꼽았다. 한국은 최고의 가치로 물질적 행복(Material well-being)을 선택했다.[1] 네덜란드, 벨기에, 일본처럼 물질적 행복을 가족 다음 2순위로 꼽은 나라는 있지만 1위는 한국이 유일했다. 미국, 영국은 가족 다음으로 친구였고 호주, 스웨덴, 프랑스, 싱가포르는 직업이었다. 가족이 우선인가? 물질이 우선인가? 의식과 가치관이 어디를 향하고 있는가에 따라 자신의 생각, 감정, 정신 세계가 다를 것이다. 의식자립을 하지 못한 채 상대적 비교에만 몰두하는 부정적 집념의 폭풍 속에 자신을 가두고 안전 미숙아로 살고 있는 한국인들의 자화상이다.

둘째는 과장적 사고이다. 한국인, 무엇이든지 잘할 수 있다는 신념으로 선진국이 되었다. 안전에 대한 확신과 자신감은 근거 없는 허구이지만 알아차림이 없다. 한국인의 안전의식을 더닝 크루거 효과(Dunning-Kruger effect) 이론이 가장 잘 표현하고 있다. 안전을 모르는 자신을 모른다. 사고의 함정이다.

셋째는 확신적 편향에 대한 자동 사고의 관성을 알지 못하는 것이다. 살아 남기 위해서 개념보다는 답을 먼저 찾아야 했고 현상만 보고 빨리 성과를 내야 했다. 완전한 안전, 본질을 보는 능력을 학습하지 못했다. 당연히 위험을 인지하고 관찰하는 능력이 부족하다. 안전하다는 확신이 없어도 사고가 나지 않았다는 경험을 믿는다. 삶에 대한 지혜의 부족이고 인간 유기체에 대한 지식이 전무하다. 어제도 안전했으니 오늘도 안전하다는 자동적 사고에 스스로를 맡긴다. 물질과 성과 우선으로 활성화되어 있는 한 불안전행동이라는 객관적 증거는 보지 못한다. 이것이 안전 사고 오명 국가이며 안전문화 최하위 수준인 반응적 단계를 못 벗어나는 이유이다.

생존회로의 관점에서 공포를 제거하거나 결핍을 보상하려는 욕구가 행동이다. 생존의 결핍이 커질수록 편도체는 더 활성화되고 감정들은 날뛰는 폭군이 되어 전두엽의 기능은 차단된다. 학습된 안전지식과 안전 경험의 활동은 납치되고 원시인의 뇌로 사는 인간으로 전락한다. 안전무의식, 안전불감증의 원인이다. 돈에 집착하는 행동이 반복될수록 생존회로에 각인되고 안전을 희생하는 순환사이클로 이어진다. 신피실에 서장되고 해마가 인출하는 교육, 훈련, 경험으로 얻은 안전지식의 명시적 기억은 폐쇄된다. 위험을 보지 못하는 맹시가 된다.[2)]

모두들 안전이 우선이라고 믿고(태도), 규칙을 따르고(행동), 부상 없이 집으로 돌아가기를 기대(결과)한다. 그러나 약속이 지켜지지 않아 사고로 집에 돌아오지 못한 작업자들이 있다. 그 이유는 무엇인가? 사고자가 일을 더 빨리 끝내기 위해 지름길을 택한 것은 이번이 처음이 아닐 것이다. 생산 압력이 있었을 때 작은 지름길을 택했고 부상 없이 시간을 절약했고 더 많은 이익을 남겼을 것이다. 불안전행동의 뇌 회로는 더 견고해지고 안전에 방해적인 태도가 발달되어 점차 일반화되었다. 부정 감정을 유발하는 중심에는 행복에 대한 과도한 집착이 있다. 가장 신뢰받는 행복 척도가 심리학자 에드(Ed Diener)의 연구이다. 행복지수가 높은 국가의 행복은 목적 있는 삶, 보람 있는 사회적 관계, 봉사활동, 가치 있는 활동 능력, 스스로 느끼는 좋은 사람, 낙관적 미래, 존중받는 삶이다.[3] 주관적으로 만족하고 기쁨과 즐거움을 자주 느끼며 슬픔과 분노는 거의 경험하지 않는다면 행복이다. 한국의 행복 기준은 물질이나 자산 가치, 재산, 수입원, 직업, 출세가 기준이다. 남을 의식하고 부화뇌동하는 의식이 강할 수밖에 없다. 우월하고 무엇인가 특별해야 행복할 것이라는 부정의 허상이다. SNS에 멋진 사진을 보고 그 사람의 일상으로 착각하는 것과 같다. 남에게 잘 보이기 위해 올린 사진은 그 사람에게 최고의 순간이다. 우리 모두가 항상 편하게 도달할 수 있는 일상이 아니다. 그러나 우리는 이것을 일상으로 착각하는 평균의 함정에 빠져 있다. 소수만이 달성할 수 있고 다수는 실패자가 될 수밖에 없는 기준이다.

부의 축적이 행복과 연관성은 있지만 행복 조건의 하나일 뿐이라는 것이 행복학자들의 공통된 지적이다. 이스털린의 역설로 잘 알려진 이스털린은 소득 대비 행복의 정도를 10년 이상 장기적으로 관찰했을 때 관계성이 없다고 단언한다. 한국, 중국, 칠레를 사례로 제시하였다. 이들 나라들은 10년의 기간 동안 소득이 약 2배에서 3배 정도 증가했지만 행복지수는 오히려 낮아지고 있다. 어느 시점에서 소득에 따라 행복감이 상승할 수 있지만 시간이 지남에 따라 한 국가의 행복은 소득이 올라가면서 증가하지 않는다.[4] 수입과 행복의 관계성 연구에 따르면 그 기준점이 약 15,000~20,000불 수준이다. 한국은 이 영역을 훨씬 상회하고 있다. 우리가 행복의 절대적 가치로 욕망하는 물질의 한계를 다시 생각하게 한다.

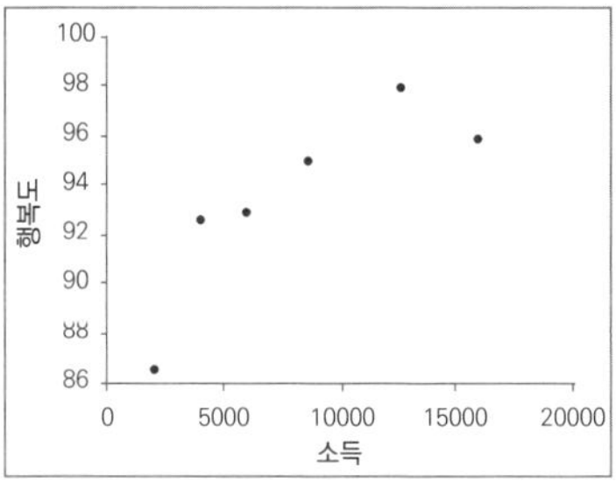

소득과 행복의 관계도

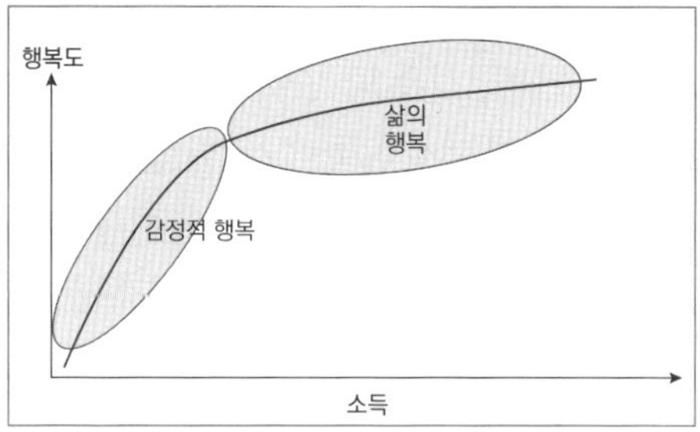

수입과 감정적 행복 삶의 행복 관계[5)]

그리스 에게해에 이카리아 섬이 있다. 새 날개에 밀랍을 붙여 하늘을 날았던 이카로스의 신화에서 붙여진 이름이다. 태양 가까이 높이 비행하지 말라는 아버지의 당부를 잊은 결과 밀랍이 녹아 바다에 추락해 익사한다. 이카로스의 날개는 미지의 세계에 대한 인간의 동경이며 동시에 한계의 상징이다. 행복이 추구하는 물질의 욕구는 끝이 없다. 물질과 행복의 역학에 대해 우리는 많은 것을 모르고 있다. 부의 상승은 계속 목마름을 겪는 고통이 될 것이고 끝내 만족하지 못할 이상이다. 물질의 성취에 더 집중하는 만큼 안전을 희생해야 되고 우리는 행복에서 멀어진다.

> 한국인, 어떻게 안전 사회를 이룰 수 있는가? 생각(Mind), 감정(Heart), 정신(Soul)의 DNA를 바꾸어야 한다. 첫째는 생각이 바뀌어야 한다(Mind). 당신의 삶에서 정말 안전이 최우선인가? 당신의 조직은 생산만큼 안전에 관심을 가지는가? 생산에 집착하고 물질적 웰빙이 최우선 가치로 유지되는 한 당연히 안전은 후 순위이다. 두 번째는 감정을 읽는 능력이 있어야 한다(Heart). 우리의 생각이 어떤 방향을 향하면 감정은 후행하면서 이것을 지원한다. 안전사고를 예방하려면 지금 현재가 안전하지 않다는 불편한 감정을 느껴야 한다. 그래야 불안전을 볼 수 있다. 당신은 자신의 감정을 관찰할 수 있는 능력이 있는가? 셋째는 정신세계의 알아차림이다(Soul). 안전사고가 높은 이유는 우리가 가진 신념, 가치, 평가, 해석에 따른 행동의 결과물이다. 인간의 본능은 자기보존적이고 행복, 올바

른 생각, 성장과 자기실현, 안전 추구이다. 동시에 자기파괴, 생각의 기피, 실수의 반복, 성급함, 리스크 감내, 오류의 경향성도 추구한다. 진화심리학에서 위험은 생존을 위해 감수해야 하는 유전자이다. 한국인의 DNA이며 안전을 위협하는 문화적 특성이다.

리차드 도킨스(Richard Dawkins)는 그의 저서 「이기적 유전자(The Selfish Gene)」에서 사람의 행동을 이해하려면 그 행동발달의 근간인 사회적 유전자를 알아야 한다고 했다. 인간은 유전자의 지배를 받지만 변화하려는 본능 또한 존재한다. 사회적 유전자는 변화할 수 있는 가능성이 더 열려 있다. 심리학과 뇌 신경과학이 사회적 유전자의 구축 방법을 과학적으로 검증하고 있다. 우리의 의식을 바꿀 수 있는 첫째 대안은 자신의 행동을 바꾸는 것이다. 대릴 벰은 『Self-perception theory』 논문에서 자신의 행동에 대한 관찰은 자기지식의 중요한 원천이라고 했다. 행동이 바뀌면, 그 행동을 통해 의식과 자기 지각을 바꿀 수 있다.[6] 행동을 반복할수록 그 행동은 무의식이 되고 자동적이 된다. 심리치료사 테렌스 릴(terrence real)은 『How Can I Get Through to You?』라는 책에서 먼저 행동을 하면 그 다음에 감정이 자연스럽게 따라온다고 했다. 안전문화 1의 행동기반 자율안전체계 구축과 수행을 기본으로 제안하는 이유이다.

'작업자가 안전 법규를 지켜야 하기 때문에 준수하고 있습니까?' 행동과학이다. '원하기 때문에 준수하고 싶은 것입니까?' 인지 심리학이다. 심리학과 사회 의학부 교수들이 심리학, 사회학, 경제학, 인류학 분야의 행동 변화 관련 연구 논문 2,060개를 메타 분석하였다. 제안된 이론이 82개였다.[7] 행동변화에 대한 일치된 답을 찾는 것은 어렵다. 유전자를 바꾸는 것이 최종 목표가 되어야 한다. 사회적 유전은 사회마다 선호되는 가치 혹은 태도에 따라 뇌에 심어진 후천적 기능이지만 본능적이다. 유전자를 바꾸는 것은 초식동물에게 육식을 먹으라는 강요와 동일한 상황이다. 상당한 저항이 있고 거의 불가능에 가까운 어려움이다. 심리학과 뇌 과학 기반의 안전문화에 답이 있다. 기억의 생성, 단기 저장, 장기 저장으로 이어지는 안전 습관 뇌 회로의 구축이다. 사회적 유전은 뇌에 심어진 후천적 기능이지만 본능적이기 때문에 힘이 강력하다.

가장 우선해야 될 것이 감정의 생산자 편도체의 하이재킹 예방이다. 편도체는 부정 감정, 특히 공포와 두려움에 매우 민감하여 잠재적 위협에 즉각적이고 압도적이다. 내가 그것을 먹는가, 아니면 그것이 나를 먹는가? 편도체가 위협을 감지하면 그 사람은 비이성적이고 파괴적인 반응을 보일 수 있다. 밀리초 안에 뇌의 나머지 부분을 강력하게 장악한다. 납치자의 손아귀에 들어가면 변연계에 박힌 기억의 인출이 불가하며 논리나 이성의 도움을 받을 수 없다. 돈의 집착, 이익의 탐욕, 인정 의식, 생산 압박, 중독, 스트레스 등이 부정 감정의 유발 인자들이다. 부정 감정에 몰입되어 있는 자신을 자각하고 해독해야 안전이 보이고 습관화할 수 있다. 긍정 마인드, 위험에 대한 주의력과 인식력, 그리고 통찰력 훈련이다. 창의성, 문제 해결, 추론 및 의사 결정과 관련된 전두엽 기능의 참여를 촉진한다. 물질에 중독된 도파민 과다 활성화를 낮추고 위험에 관심을 가지는 새로운 도파민 경로를 창출하는 것이다. 행동기반 자율안전관리체계 구축(안전문화 1)과 심리기반 안전문화 구축(안전문화 2)을 대안으로 제시한다.

문화의 사회적 동조효과

위험성평가 기반 자율안전관리체계 구축은 탑다운으로 시작하라.

위계질서의 상층부에 있는 믿음이 왜 그렇게 강렬하고 사회적인가? 하향식 통제는 다른 사람들로부터 온다는 것을 생각하면 답은 명확하다. 다른 사람들의 문화적 선택이 나의 선택에 절대적이다. 그 선택이 리더로부터 부여된 것이라면 동조효과는 더욱 강력하다.

1961년 예일 대학교 심리학 교수 밀그램(Stanley Milgram)이 실시한 '권위에 의한 복종' 실험과[8] 사회심리학자 애쉬(Solomon Asch)의 '동조실험'이 좋은 사례이다.

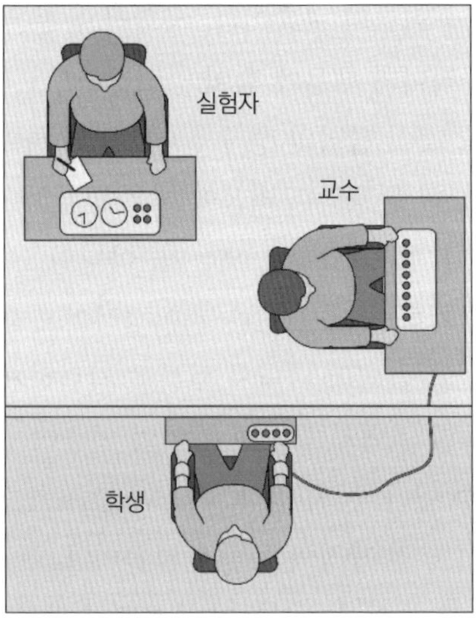

밀그램의 순응실험[9)]

밀그램은 '징벌에 의한 학습 효과'라는 위장 실험을 실시했다. 굉장히 설득력 있는 상황이 생기면 아무리 이성적인 사람이라도 윤리적, 도덕적인 규칙을 무시하고 명령에 따라 잔혹한 행위까지 저지른다. 전기 충격 발전기에는 15V부터 450V까지 15V씩 증가하도록 총 30개의 스위치가 달려있다. 문제를 냈을 때 틀리면 전기 충격을 가할 수 있다. 실제로는 학생 역할의 피실험자는 배우였으며 전기 충격 장치도 가짜였다. 밀그램은 명령이 있는 상황이라도 사람들은 자신의 도덕심에 따라 행동할 것이라고 생각했다. 피실험자들이 450볼트까지 전압을 올릴 것이라고 생각하지 않았다. 많아야 0.1% 이하이고 3% 정도가 인체에 치명적인 300볼트 정도까지 올릴 것으로 보았다. 기계에 300V 이상의 충격을 주면 위험하다는 표시가 되지만 충격적이게도 65%의 피실험자가 450볼트까지 전압을 올렸다. 300V에 도달한 순간부터 학생 역할의 배우는 고통스럽게 비명을 질렀고 죽은 듯이 연기까지 했다. 지시자가 "실험을 계속하십시오"라고 말하는 정도였는데도 대부분의 사람들은 결국 지시를 따랐다. 교사는 자신이 죽인 것처럼 보이는 사람에게도 지시에 따라 계속 전기 충격을 가했다. 권위자에 의해 지시되는 강박감은 상상 이상으로 강력했다.

Asch의 동조 실험도 이와 같다.[10] 8명의 피험자 중 일곱번째 피험자외에는 7명 모두 실험자가 사전에 교육시킨 협력자들이다.

첫 번째와 두 번째 시행까지는 협력자들 모두 정답을 말하다가 세 번째 시행에서 실험설계대로 정해진 오답을 의도적으로 동일하게 말하고 8명째 피험자들이 어떻게 대답하는지 조사했다. 놀랍게도 실험참여자 123명중 75%가 한 번은 오답을 따라갔고 37%는 매 시행마다 집단의 오답을 그대로 따라갔다. 동일한 과제를 혼자 수행하게 했을 때의 오답률은 1% 미만이다.

애쉬의 동조실험[11]

동조는 집단의 압력을 느끼게 되어 자의적으로 나타나는 행동 또는 태도의 변화이다. 타인의 행동을 따르는 것이 아니라 타인의 행동에 영향을 받아 나타나는 심리적 현상이다. 이것이 심리학 역사에서 가장 센세이셔널한 대중적 실험으로 평가받고 있는 애쉬(S. Asch)의 동조 실험이다. 동조의 이유는 경험적으로 옳은 다수 또는 집단으로부터 배척되는 것을 피하기 위해서다. 애쉬는 충분한 지적 능력이 있는 사람들도 기꺼이 흰 것을 검다고 말할 수 있다고 했다. 왜 이런 문화적 동조 현상이 생기는가? 뇌 활동에서 관찰이 가능하다. 뇌에 각인된 인간의 생존 본능이다. 개인의 자신감은 내측 전전두엽 피질이 활성화되지만 공적인 자신감은 측두엽에서 관찰된다. 권위자가 그들의 결정에 자신감을 표현한다면 개인은 그들이 올바른 선택을 했다고 기대한다. 여러 사람이 함께 의사 결정을 내릴 때 유용한 휴리스틱은 더 권위있고 자신감 있는 사람의 선택을 따른다. 이러한 자신감은 이점을 얻기 위해 조작될 수 있다는 사실은 전혀 고려 대상이 아니다. 인간이 사회적 동물로 살기 위해 장착된 유전적 요인이기 때문이다.

안전 시스템의 구성은 조직문화 속의 안전문화라는 특성을 고려할 때 리더 주도형의 하향식 안전문화 창출 및 전파 방식이 올바른 방향이다. 많은 장점이 있다는 것이 단점을 무시하라는 뜻은 아니다. 하향식 안전문화 창출 및 전파에서 반드시 고려해야 될 내용도 함께 검토하고 대책이 반영되어야 한다.

하향식 접근 방식은 혼란과 위험을 줄이고 대규모 팀이 진행하는 이니셔티브를 흐트러짐 없이 유지할 수 있다는 점 때문에 많은 조직이 선호한다. 하향식 유형 자체가 본질적으로 안정적이고 신뢰할 만하기 때문에 IBM이나 New York Times처럼 전통적인 조직이 이 방식에 따라 회사를 운영하고 있다.

이 방식은 명확하고 잘 정리된 프로세스를 도출할 수 있다. 모든 결정이 한 곳에서 한 방향 소통으로 이루어지기 때문에 혼동과 오해가 적다. 안전정책의 변경이 필요하거나 비상 대응 시 결정이 빠르고 이를 신속히 공유하고 실행할 수 있다. 의사 결정은 기업의 상황이나 수준을 고려하여 상위 차원의 인사이트를 반영한다. 회사의 목표, 예산안, 예측, 지표는 경영자의 의도가 반영되지 않는다면 진행될 수 없는 내용이다. 하향식의 가장 큰 장점은 강력한 추진력이다. '배에 사공이 너무 많아지는 상황'으로 인한 문제점을 사전에 예방할 수 있다. 하향식 문화 창출 방법에는 많은 장점이 있지만 성공하기 위해서는 단점을 철저히 보완해야 한다. 소통이 일방향이 될 수 있으므로 구성원들이 고립감을 느끼기 쉽다. 의사 결정권자가 자신의 의견과 견해를 고려하지 않을 때 의욕을 잃게 될 수 있다. 참여 부족은 조직의 성공을 위해 헌신할 가능성이 낮아진다. 구성원들이 문화 창출에 참여하고 연결되고 존중받을 수 있도록 다양한 기회를 보장해야 한다.

리더는 조직을 혁신할 수 있는 무한한 힘을 가진 사람이다. 정책 결정, 시스템 구축, 프로그램 구성, 자원 선발 등 모든 것들이 리더의 승인이 필요하다. 안전문화의 탑 다운 창출 전략에서 리더의 역할은 성공의 절대적 요인이다.

심리기반 안전문화는 바텀업 창출 문화이다.

올바른 리더십은 모든 권력을 독점하는 것이 아니다. 초기의 안전문화 구축에는 강력한 리더십이 요구되지만 이것만을 고집하는 것은 올바른 방향이 아니다. 조직 구성원들에게 권력을 이양하여 바텀 업 안전문화가 자생할 수 있는 기회를 제공해야 한다. 회복탄력성의 더 중요한 순간은 바텀 업 경로가 작동할 때이다. 시스템의 변화 혹은 사건이 발생하기 전, 또는 발생 중이거나 이후에도 급박한 대응 체계에 직면하는 사람들은 일선 작업자와 관리 감독자이다. 리더는 작업의 최전선에 있는 이들의 전문성을 존중해야 하며 작업자는 안전지식, 안전기술, 시스템 운영, 피드백, 소통의 역량을 갖추는 것이 회복탄력성이 기능할 수 있는 준비이다. 심리기반 안전문화는 탑 다운 안전문화를 수용하고 자생적 바텀 업 문화를 창출하는 융합적 안전문화 시스템이다.

안전과 생산 알아차림과 의식자립

'안전제일'이라는 구호는 잊어라. 지속 가능한 안전은 안전과 생산의 합이다.

남녀 관계의 바이블, 연애 교과서로 세계적인 베스트 셀러가 된 책이 있다. 『화성에서 온 남자, 금성에서 온 여자』이다. 저자 존 그레이(John Gray) 박사는 2만 5000명과 상담을 통해 남녀 사이에 일어나는 갈등의 원인을 규명했다. 서로의 본질적인 차이점을 인식하지 못하기 때문에 발생된 문제였다. 남녀는 전혀 다른 언어와 사고방식을 가진 행성에서 왔지만 지구에서 오랫동안 살고 적응하면서 서로가 다른 존재라는 것을 잊어버렸다. 서로에게 비판을 쏟아내고 갈등한다. 상식이라는 이원론적 논리의 세계에 습관적으로 익숙해진 폐단이다. 현상의 접근 방식을 모두 참 또는 거짓, 선과 악, 좋음과 악함, 객관성과 주관성 등으로 구분한다. 'OR'이라는 분리는 이원론적 접근 환경에서는 기본 규칙이다. 필요한 것 하나를 확립하기 때문에 강력하다. 현실의 적응적 관점에서는 극단적으로 하나를 선택하는 것이 모순적인 상황이 대부분이다. 신중함이 있다며 좋아했는데 느리다고 불평한다. 배려심이 있어서 좋았는데 지금은 실속이 없는 사람으로 느껴진다. 한 사람의 내면에는 정과 반의 상반된 논리가 동시에 내재해 있지만 양면을 생각하지 않는다. 그 순간에 떠오르는 한 쪽의 모습만 보고 대상을 판단하며 긍정과 부정을 결정한다. 양면성이 하나로 결정되는 순간 오류를 잉태하는 것은 필연성이다.

헤겔은 정과 반의 모순 속에는 반드시 이 두 가지가 모두 필요한 공통성이 있으며 이것을 '합'이라고 했다. 긍정의 '정'이 있으면 반드시 부정의 '반'이 있다. 정과 반으로 구분하여 하나로 매도하는 순간 편견과 오류의 굴레에 갇히게 된다. 근본적으로 두 개를 가졌기 때문이다. 우리의 삶 자체가 이원적 구조 'OR'의 양극단 선택이 아닌 'AND'의 삼원적 구조이다. 합의 관점을 가질 때 올바른 결정을 할 수 있다.

안전은 정신적, 신체적, 정서적, 사회적 요인들의 연결성이다. 자기 인식, 현실의 깨달음, 가정 환경, 개인의 성향, 안전문화, 내면의 갈등, 회사의 정책, 동료 관계 등 이 인지해야 할 것들이다. 모든 문제를 스스로 자각, 판단, 결정하는 것이 어려운 이유이다. 안전코칭에서 모든 사람은 자신이 모든 답을 가지고 있다고 했다. 대부분의 사람들도 그렇게 확신하고 있지만 내면의 답을 스스로 끄집어 내는 것이 매우 어렵다. 코칭에서 답을 찾기 위해 파트너가 필요하다고 하는 이유이기도 하다. 안전이 잘 지켜지지 않은 이유도 합을 무시하고 우리의 내면을 이원적으로 구분하기 때문이다. 안전제일을 당연하다고 강조하지만 기업이나 개인은 생산과 이익에 더 많은 비용과 시간을 투자한다. 생산과 이익은 생존의 유전자 활동이므로 안전을 우선하라는 강제성은 인간에게 실현 불가하다. 우리는 때때로 공존할 수 없는 두 가지를 원하는 양면성을 느끼나 이것을 알아차리지 못한다. 하나를 선택해야 한다는 강박으로 다른 하나를 심하게 억제하는 기제가 무의식적으로 작용한다. 자동사고의 기능이기에 개인의 가치나 신념에 따른 작동이지 옳고 그름, 좋고 나쁜 판단을 안 한다. 인지부조화에 대한 우려이다.

양가감정은 하나의 대상에 대해 상충되는 반응이나 행동 생각이다. 불확실성, 불안, 상충되는 감정, 의심, 모호성으로 표현할 수 있다. 행동을 변화시킬 때 나타나는 정상적인 감정이다. 잘못된 선택에 대해 자신을 자책하기보다는 알아차리고 받아들여서 활용하는 지혜가 필요하다. 편하고 익숙한 이분법적 사고를 걷어내고 정과 반이 아닌 합의 삼원적 접근 방식을 선택한다. 일상의 렌즈로는 이해할 수 없었던 통찰력을 얻는다. 대립적인 두 속성이 절묘하게 조화를 이루는 기적을 만난다.

안전이 정이고 생산이 반이라는 이분법에 갇혀 있던 잘못의 깨달음이다. 생산 없이는 안전이 필요 없으며 안전 없이는 영속적인 생산은 불가하다. 안전과 생산은 별개의 것이 아니며 서로 상극적이고 대립적인 속성도 아니다. 안전제일은 생산이라는 백곰을 생각하지 말라는 것과 같다. 백곰을 생각하지 않으려고 노력하는 만큼 끈질기게 우리의 머릿속에 남아서 지워지지 않는다. 생산에 몰두하여 안전을 무시하는 것은 죄악이고 생산을 희생하여 안전에 전념하는 것이 선이 아니다. 안전이 정이고 생산이 반이라는 이분법이 아니고 생산과 이익을 함께하는 합의 개념이다. 정과 반의 의식을 수용하고 한발 물러서서 안전도 같이해야 한다는 알아차림이다. 안전 속에 생산이 있고 생산 속에 안전이 있다. 부분 속에 전체를 볼 수 있는 지혜가 안전과 생산의 합을 자각하는 것이고 의식 자립이다.

의식 자립이 왜 중요한가? 안전무의식과 안전불감증의 해답이기 때문이다. 올바른 신념과 가치관을 가지며 현재를 알아차리는 능력이다. 우리가 마주하고 있는 현상과 관계없이 우리가 보는 것은 자신의 신념과 가치이다. 인간은 사물을 눈으로 보는 것이 아니라 뇌에 기억된 시각 주도적 의식으로 관찰한다. 인간의 뇌에서 가장 강하게 진화해온 부분이 시각 처리이고 중심이 시상베개(pulvinar)이다.[12] 시상베개는 망막에서 정보를 받아 피질로 보내는 역할을 하며 감각정보를 여과한다. 수많은 시각정보 중에서 중요한 것만 선택해 대뇌피질로 전송한다. 시상베개에 어떠한 의식을 주입하는가에 따라 위험을 예지하는 능력은 달라진다. 물질에 집착하는 만큼 비례해서 위험은 더 크게 증가한다. 현대의 돈은 원시의 먹이이고 이것이 삶의 핵심 가치이고 신념이 된다. 물질을 의식하는 순간 생존의 공포회로가 작동하여 위험에 도전한다. 위험을 인지하고 안전행동을 할 수 있는 지식과 경험의 저장소인 피질은 차단된다. 건물을 상부부터 안전하게 철거하지 않고 더 빨리 하기 위해 아래층을 절단해서 넘어트린다. 자신이 있는 방향으로 넘어지면서 사망하게 된다. 광주 철거 건물 사망 사고이다. 모든 사고의 이면에는 물질 욕구가 있다.

개인만 물질에 집착하는가? 일본 도시샤 대학교의 국제 경제학부 노리카(Norika Hama) 교수가 2005년 OECD에 기고한 사례에서 안전제일은 절대적이 아니라 항상 순위와 관련되어 있다는 사실을 잘 보여주고 있다. 일본의 제조업은 오랫동안 세계 표준으로 인정받아 왔다. 이러한 평가는 이제 막을 내렸다. 많은 기업들이 사업 손실과 안전사고로 심각한 타격을 받고 있다. 일본이 직면하고 있는 디플레이션 상황에서 이미 기업들은 이익이 최우선이 되었다. 사업을 구조조정하고 비용을 절감하기 위해 모든 노력을 경주해야 한다. 수년 전에 교체하거나 갱신되었을 시설과 장비를 계속 사용한다. 더 열악한 상황은 감원으로 노후 장비를 보수하고 유지할 수 있는 전문가도 없었다. 사고 위험이 증가 할 수밖에 없는 상황이다.

15명의 사망자와 180명의 부상자를 낸 2005년 텍사스 주 BP(British

Petroleum)의 폭발사고도 이와 같다. 미국 화학물질 안전 및 유해성 평가 조사국(Chemical Safety and Hazard Investigation Board)의 사고 보고서에 따르면 몇 년 동안 계속해서 BP의 모든 조직에서 안전 결함이 발견되었다. 재난 가능성에 대한 경고 신호가 계속되었지만 어떤 조처도 하지 않았다. 사고는 투자 실패로 단기간에 이익을 극대화해야 했고 비용절감이 절실했던 순간이었다. 손상된 시설과 장비의 유지 보수가 필요함에도 1999년, 2005년에 25%씩의 시설 개선 예산을 삭감했다. 사고 당시 회장이었던 메리트(Carolyn Merritt)는 비용 절감, 생산 압력 및 투자 실패로 인해 정유소의 안전성을 악화시키고 있던 시기였기에 작은 안전 결함의 위험을 인지하지 못했다고 고백했다. 기업 생존이 절실했고 모든 역량은 수익 창출에 집중했다. 경제가 사고의 원인이었던 사례는 너무나 많다. BP 사고 조사를 담당했던 미국화학안전위원회(The U.S Chemical Safety Board)는 사고 원인을 BP의 낮은 재해율이라고 했다. 안전이 생산에 우선한다는 착각과 사고가 없으면 안전하다는 착시를 경계해야 한다. 생산 속에서 안전을 관찰하고 생산과 안전이 함께할 때 그 진가를 발휘할 수 있다.

독서나 피아노 연주와 같이 '지능적' 또는 '의식적' 정보 처리 능력은 초당 최대 능력이 50비트 미만이다. 감각 기관의 엄청난 한계로 인지하는 정보보다 많은 양을 놓치고 있다. 뇌는 하향식으로 움직이고 관심있는 것만 인지한다. 저자는 이러한 뇌의 프로세스 과정을 비의식적 선택이며 양가감정으로 표기하고자 한다. 위험한 행동을 하지만 의식의 일부에는 위험을 일깨우는 메시지를 느낀다. 양가감정의 상태는 주의를 집중한다면 인지할 수 있다. 의식적으로 배제하는 비의식이기 때문이다. 안전은 의식 자립의 문제이고 의식자립은 비의식의 깨달음이다. 올바른 것이 보이고 이것을 통하여 현재의 상황과 행동의 알아차림이 가능하다. 의식 자립이 안전의식 자립으로 이어지고 안전교육에 관심을 가진다. 안전지식과 기술을 학습하여 안전지식 기술 자립의 상태가 된다. 의식 자립, 안전의식 자립, 안전지식 기술 자립이 선행되어야 안전행동 자립이 가능하다.

뇌는 시각이 약 80%, 청각이 약 10%, 두 가지 감각으로만 약 90%의 정보를 획득한다. 나머지 10%의 정보는 후각, 촉각, 미각 감각에 분포되어 있다.[13] 시각이 감지하는 정보가 80%이지만 이것도 뇌의 기억으로 대체된다. 위험을 시각적으로 인지하는 것이 얼마나 어려운지 알 수 있는 대목이다. 사고는 안전 가치가 후순위이고 위험 인지에 관심을 가지지 않기 때문이다. 이것을 그저 안전불감증, 안전무의식으로 치부한다면 영원히 고칠 수 없다. 의식 자립이 안전을 잊고 있는 순간을 알아차리는 것이고 안전하게 생산할 수 있는 길이다. 양가감정의 인지와 비의식의 알아차림이다.

경제적 자립을 못하는 사람은 경제 능력이 없다는 것과 같이 의식 자립이 없는 사람은 잘못된 신념과 가치관을 가지고 있지만 이를 알지 못한다. 내가 나의 주인으로 살지 못하고 이상과 환상을 쫓는 리플리 증후군에 걸려 눈앞의 위험을 보지 못한다. '화성에서 온 안전, 금성에서 온 생산'이 아니다. 안전과 생산은 정과 반의 개념이 아니고 합이며 같은 본질 속에 있다. 안전문화는 의식 자립, 안전의식 자립, 안전지식과 기술 자립, 안전행동 자립을 이루는 것이다. 의식 자립은 인간이 온전한 존재자로서 홀로서는 자립성이다. 의도하는 것을 할 수 있는 능력이다. 그 의도가 사고로부터 나를 안전하게 지키면서 생산성을 이루는 것이다.

한국형 안전문화의 구축과 실천

행동기반과 심리기반 안전문화가 모두 작동할 때 진정한 한국형 안전문화가 탄생한다.

올바른 안전문화는 한 순간에 이루어 지지 않는다. 경영진부터 작업자까지 헌신적인 노력으로 얻을 수 있다. 목표를 정하고 가는 길을 잘 안다면 그래도 편하게 갈 수 있을 것이다. 안전문화 성숙도 향상에 필요한 단계별 의식 수준과 행동의 통합 모형이 필요한 이유이다.

본서를 통하여 한국인의 문화가 안전에 취약한 원인을 분석하였고 이를 해결할 수 있는 대책을 제안하였다. 한국형 안전문화의 구축과 실질적 실천이 가능하도록 안전성숙도 행동 모형을 다음의 조건으로 구조화하였다. 문화의 개념이 의식의 행동 표현이라는 특성을 반영하여 의식과 행동 상태를 단계별로 명확히 하였다. 상위 문화로 향상될 수 있는 유용한 활용 도구를 안전공학, 심리학, 뇌 과학에 근거하여 제안하였다. 정부의 정책을 충실히 이행할 수 있도록 실천 방법을 행동기반과 심리기반으로 구분 접근하였다. 위험성평가 기반의 자율안전체계 구축 및 안전의식과 안전문화 확산 목표를 함께 할 수 있다.

한국형 안전문화 모형도

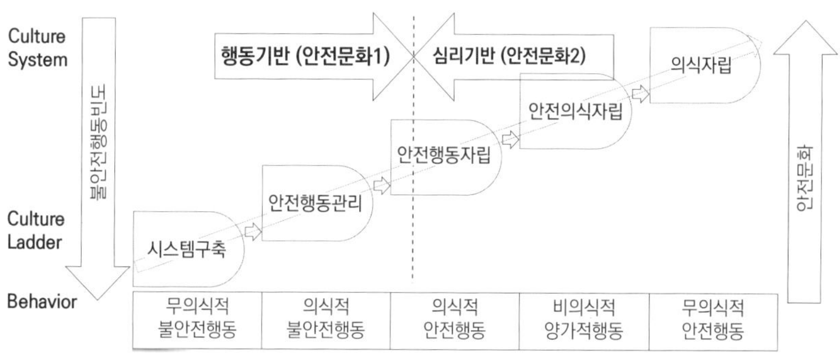

안전성숙도 행동 모형

한국형 안전문화 구축을 위한 단계별 정의는 아래와 같다.

1단계는 안전행동에 대한 개념적 이해가 없는 무의식적 불안전 행동 단계이다. 안진은 온진히 안전 관리지의 책임이라고 생각하며 관리 시스템이 부재하다. 조직은 자율안전관리체계를 구축하고 작업자에게는 교육과 훈련을 즉시 실시해야 한다. 절차의 구체화, 관리감독 강화, 피드백 등의 방법이며 지시적 개입이다.

2단계는 편익이 습관화되어 있어 의식적으로 불안전행동을 하는 상태이다. 위험행동의 긍정적 인식이 부정적인 결과보다 더 강력할 때 의도적 위험을 감수한다. 불안전행동을 함으로써 얻어지는 편리함과 생산성은 결과가 즉각적이고 확실하지만 사고는 가능성이다. 자신에게는 사고는 절대 존재하지 않는 다는 비이성적 확신이 만연하다. 교정 피드백이나 인센티브 보상 등의 동기부여 개입과 직접적인 행동 기반 안전관리가 효과적이다.

3단계는 의식적 안전행동을 추구하는 행동자립의 구축 단계이다. 안전문화가 완전히 정착되지 못한 수준이다. 안전행동이 지속적이지 못하며 상황에 따라 언제든 불안전행동을 할 수 있는 위험성이 존재한다. 타인지시적 안전행동을 하는 사람들이며 자율적 안전 행동 훈련 대상이다. 행동기반에서 심리기반 안전문화로 변화하는 단계이다.

4단계는 안전의 중요성을 인식하고 주도적 행동을 추구하는 안전의식 자립 단계이다. 의식과 비의식을 교차 경험하면서 안전 동기와 불안전행동의 유혹을 동시에 느끼는 양가성이다. 조직은 안전 관리, 사고 원인 분석 및 대책, 잠재적 위험 요인을 시스템적으로 관리하기 시작한다. 하지만 구성원들의 안전 행동은 무의식적 습관화까지 이르지 못한 비의식적이며 양가적 의식 수준이다. 주의 집중 훈련을 통해 비의식의 알아차림, 의식적 습관화, 안전의 유창성을 이룰 수 있다.

5단계는 자연스럽고 무의식적으로 안전하게 행동하는 의식적 자립 단계이다. 안전이 행복과 동일한 가치와 신념 체계를 가진다. 안전을 웰빙 수준으로 이상화하는 강력한 기법이며 행복의 길이다. 의식 자립이 이루어질 때 안전의식 자립이 가능하며 안전이 생존 DNA로 구축된다. 조직에는 안전문화가 최고의 가치로 정착되며 회복탄력성 문화가 창출된다. 의식과 무의식 상태에서도 변함없이 안전행동을 하는 모범인이 된다. 안전관찰, 성숙도 향상, 안전 개선 건의 등 선행지표 관리에 직원들이 적극 참여한다.

RAD 기반 안전문화 실천 전략

RAD기반 안전문화 실천은 우리의 뇌에 올바른 안전 신경회로를 구축하는 직접적 경로이다.

한국형 안전 사고의 근본 원인은 대부분 안전불감증과 안전무의식이다. 위험한 작업을 하면서도 위험하지 않다고 확신하는 뇌의 인식 상태이다. 안전을 의식하지 않고 안전을 무시하며 안전의 가치가 존재하지 않기 때문이다. 뇌가 위험을 예지하고 시스템의 잠재적 위험까지 관찰이 가능하다면 사고는 예방될 것이다. 안전문화는 결국 뇌가 어떻게 안전의 중요성을 인식하고 위험에 주의를 집중하게 할 것인가의 문제이다. RAD Learning and Teaching 세 가지 전략이 이를 해결할 수 있다.

RAD SYSTEM		수용기준
Reticular Activating System	망상활성화 시스템	가치와신념
AMYGDALA	편도체	공포, 불안, 분노, 위험, 전두엽과 상호작용
DOPAMINE	도파민	즐거움, 행복, 생존과 번식

RAD 학습과 교육

'R'은 망상활성화 시스템(RAS, Reticular Activating System), 'A'는 편도체(AMYGDALA), 'D'는 도파민(DOPAMINE)이다. RAS의 검열 기준은 입력된 정보가 주인의 가치와 신념에 따라 중요한가이다. 편도체의 기준은 생존이나 부정 감정의 상태인지와 이성적 판단이 추가로 필요한지의 여부이다. RAD기반 안전문화 실천 전략을 다음과 같이 제안한다.

망상 활성화 시스템(R-RAS, Reticular Activating System)이 안전에 관심과 주의를 가지도록 한다. 긍정 감정을 배양하여 **편도체**(A-AMYGDALA)가 인지 작용을 억제하지 않도록 한다. 안전의 가치가 행복의 신념으로 정착되어 전전두엽에 **도파민**(D-DOPAMINE)을 넘치게 해야 한다.

원인이 밝혀졌으니 대안만 찾으면 된다.

첫째는 과신과 무지를 깨치는 것이다. 뇌과학 기반 안전교육과 합리정서행동 이론의 신념 재구조화는 좋은 대안이다. 안전을 이미 잘 알고 있다는 잘못된 과신을 자각하게 하여 스스로 파괴하게 하는 것이다. 자성과 반추할 수 있는 질문이 해결안이 될 수 있다. 작업장소 확인했습니까? 안전합니까 또는 위험한 작업이 없습니까? 오히려 위험하지 않다고 과신을 부추기는 위험한 질문이다. 이런 수준의 질문을 받으면 뇌는 잠자는 상태에서 쉬운 의미로 다시 번역을 한다. 안전하다는 시각으로 대충 둘러보고 에너지를 소비하지 않는다. 뇌가 깨어나도록 질문을 고급스럽게 해야 한다. 근로자가 안전하다고 대답했다면 추가 질문으로 "위험하지 않다는 것을 어떻게 확인하셨는지요?"라고 뇌가 생각하고 관심을 가지도록 해야 한다. 교육의 효과성도 이해했는지 검증의 방법이 필요하다. 시험과 성찰 질문은 좋은 방법이다. 이들의 효과성에 대한 근거는 차고 넘친다. 동영상보다 글쓰기나 읽기를 활용하면 더 효과적이다. 뇌가 안전 신경회로를 신축하는 데 도움이 되는 활동이다. 동영상은 과신이나 착각을 유발하지만 글쓰기는 성찰을 얻는다. 사람들에게는 위험 도전의 편익성과 안전 준수이라는 양가감정이 항상 상존한다. 뇌의 신경회로를 재배선하여 편익과 안전이 의식과 무의식 속에서 갈등할 때 안전이 습관화되도록 훈련하는 것이 확실한 방법이다. 과신보다는 위험을 스스로 깨닫고 예지하는 역량을 훈련하는 것이 안전문화 리더십니다. 자신을 스스로 돌아보고 성찰하여 자기 주도적으로 올바른 행동을 선택한다. 안전코칭 대화법, 안전동기 강화, 안전 신념의 정착, 명상 등이 뇌의 안전회로를 재배선할 수 있는 매우 효과적인 도구들이다.

둘째는 RAS에게 주인의 안전 의도를 확실히 전달해야 한다. 의식이 있다는 것은 무엇을 의미하는가? 사고, 지식, 주의 집중, 행동 계획, 경험해석의 통합된 인식이다. 현대 신경과학은 의식이 뇌간의 특정 영역인 RAS에 의존한다고 밝혔다.[14] RAS의 기능 이상은 의식 장애를 유발한다. 눈이 감겨 있으며 의도적인 움직임이 없는 혼수 상태가 된다. RAS의 신경회로는 시상의 기저 전뇌, 시상하부 및 시상 내 핵까지 확장되어 있다. 척수와 뇌를 연결하고 의식과 무의식을 연결하는 의식 결정의 중추 기능이다. 우리가 출근하면서 수많은 프랭카드를 보지만 회사에 도착하여 기억하는 문구는 하나도 없다.

우리는 눈을 뜨고 있지만 뇌가 중요성을 인식하지 않은 것은 전혀 보지를 못하는 의식맹 상태이다. 이것은 인간의 생물학적 생존 법칙이다. 만약 나의 회사나 자신과 관련된 플랜카드가 있다면 어떤가? 내용, 설치된 위치, 나에게 미치는 영향이나 이익 등에 대해 정확하게 기억하고 동료에게 설명도 가능하다. 뇌가 안전을 최고의 신념으로 각인시키는 훈련이 절대적으로 필요한 이유이다. 위험성평가에서 조사된 위험에 대한 다중감각 시각화와 정신 영화 만들기의 명상 수련은 매우 효과적이다. 목표행동에 오감을 모두 참여시켜 생생한 정신적 시나리오를 만들고 스스로를 자극한다. 소리, 냄새, 질감, 취향 등을 목표와 연결시키는 감각 훈련이다. 목표나 상황이 전개되는 과정을 이미지 영상으로 볼 수 있는 멘탈 영화이다. 예상되는 위험 상황들을 상상하기만 해도 뇌는 현실로 인식하고 안전의 중요성을 각인한다. 안전의 가치는 영화의 사운드, 비수얼, 내화 및 세부 사항까지 주목하고 머릿속으로 자주 재생된다. 시각화는 자기암시를 하면서 RAS를 자극한다. 안전 신념이 의식과 무의식 회로에 장착되어 안전 구현의 목표가 실현될 수 있다. 안전의 중요성이 뇌의 시스템 1과 시스템 2에 모두 장착되는 강력한 인지상태가 유지된다.

셋째는 도파민을 활성화시키고 전두엽을 일하게 해야 한다. 스트레스나 두려움 상태일 때 뇌의 감각 정보는 편도체 필터를 통과하여 전전두엽 피질에 접근할 수 없다. 들어오는 정보는 스트레스, 불안, 중독, 공포의 대응 체계에 머물게 된다. 더 많은 시간을 생산과 이익에 집중하면 생기는 결과이다. 긍정성, 친절, 감사, 유머, 낙관주의, 성과, 내재적 만족감, 가족의 행복 활동은 이를 해소하는 데 도움이 된다. 자율성, 역량, 관련성, 가치, 자기효능감의 감정을 자주 느끼는 것이 좋다. 자율성은 자신이 선택하고 수행한다는 인식이다. 역량은 학습할 수 있는 능력이다. 관련성은 동료와의 관계성과 스스로에게 얼마나 관련이 있는지에 대한 인식이다. 가치는 안전이 자신의 행복한 삶에 절대적으로 필요하다는 인식이다. 자기효능감은 학습 내용에 대한 믿음이며 스스로를 통제할 수 있다는 자신에 대한 신뢰이다.

우리 뇌에 위험예지 신경회로를 구축하는 연습에는 비용이 들지 않는다. 제안된 방법 모두를 사용해야 되는 것도 아니다. 이들 중에서 한 가지만 선택하여도 되고 2~3가지를 조합하여 활용하여도 효과를 볼 수 있다. 안 할 이유가 없는 항상 수익을 얻을 수 있는 투자이며 생명을 지키는 활동이다. 과신의 자각, RAS에 안전 중요성 자극하기, 전두엽의 도파민 활성화 훈련이다. 이들은 안전불감증, 안전무의식, 과도한 부정의 사고 늪에서 벗어나기 위해 사용할 수 있는 안전의 밧줄이다. 우리는 지금 안전하지 않은 마음 상태에 발을 헛디뎠고 그 상태로 더 깊이 가라앉고 있다. 미끄러운 위험의 경사를 멈추기 위해 새로운 RAS 필터로 적극적으로 교체해야 한다. 우리는 RAS에 원하는 의미를 무엇이든 부여할 자유와 선택권이 있다. 그것을 반응적으로 할 것인가 아니면 의도적으로 할 것인가는 나의 선택이다.

내가 "운동을 좋아하지 않는다"면 RAS는 어떤 대가를 치르더라도 운동을 피할 수 있는 정보만 걸러낸다. 피트니스 성공에 대한 정보를 차단할 정도로 강력하다. RAS는 건강에 좋은지 나쁜지 신경 쓰지 않는다. 좋은 행동과 나쁜 행동을 구분할 수 없는 자동 프로세스이다. 신경 경로에 있는 것만 자동화하고 필터링한다. 반대로 "와! 나는 운동 정말 좋아해"라는 한 번의 의식만으로도 RAS는 그 행동을 자동화할 것이다. 태초부터 있었던 길은 없다. 모든 길은 사람들의 노력으로 만들어졌다. 안전 행동을 상상하고 반복함으로써 안전 신경회로가 구축되고 안전의 길이 된다. 충분히 많이 하면 습관으로 이어지고 뇌에 안전 신념의 신경회로가 재배선된다. 위험을 의도적으로 파악하려는 노력만큼 RAS는 응답할 것이다. 신경가소성의 은혜이다. 위험의 지속적 예지와 안전 무관심의 선택은 결국 자신의 결정이다.

안전 인지와 예방은 강의, 동영상, PPT, 강사의 열정만으로 채워질 수 없는 내용들이다. 안전지식이 없는데 동기만 강조한다고 안전행동을 할 수 없다. 의도적 불안전 행동을 하는 작업자에게는 교육만으로 치유될 수 없다. 팀 활동, 자기 분석, 자기 소통, 동료 토론, 게이미피케이션, 시각화 교육 등의 맞춤형 도구들이 효과적이다. 안전 동기, 안전 코칭, 비합리적 신념의 논박, 안전 명상 등의 활동이 대안이다. 결국은 행동과 심리의 의식자립이 안전문화이며 안전의 길이다. 제시된 방법들은 과학적으로 검증된 최신 연구들이다. 한국형 안전문화를 구축하고 한국인들에게 더 안전한 삶을 공헌할 수 있는 안내서가 될 것이라고 확신한다.

나를 살리는 멈춤, SOS 생존 모델

SOS 생존모델은 나를 항상 안전에 깨어있게 하는 생명줄이다.

우리는 평생 동안 씹고 삼키는 먹이 활동을 하지만 그 행동에 집중하지 않는다. 음식이 맛있다, 맛없다 정도를 느낄 뿐 생각은 다른 곳을 맴돈다. 매일 걸으면서 발바닥이 땅에 닿는 감각, 다리를 움직이는 동작, 걸음걸이 행동에 관심이 없다. 일상의 소리를 음악회와 같은 수준으로 집중해서 들은 적이 없다. 시끄럽다. 소란하다. 너무 크게 떠든다. 정도만 느낄 뿐이다. 먹기, 걷기, 듣기는 가장 중요한 생존 활동이지만 집중하고 관찰한 기억이 없다. 현상을 주관적으로 추론하고 생각을 느낄 뿐이다. 우리가 위험장소에 있다고 하여도 이 패턴은 동일하다. 환경과 행동에 주의하는 것이 아니고 주관적 느낌으로 위험여부를 판단한다. 착각과 과신이 항상 존재할 수밖에 없다. 대부분의 사고 원인이 안전무의식, 안전불감증인 이유이다. 인간이 위험 인지에 취약하다는 것을 인정하고 대안을 가지는 것이 안전이다. 멈춤과 마음챙김 관찰은 당신의 생명을 지키는 강력한 도구가 될 것이다.

고요한 연못에 여러 개의 돌들이 자동적으로 던져져서 큰 물결과 작은 물결들이 엉키어 혼란스러운 파형을 그린다. 자동으로 던져지는 돌을 멈추고 고요해진 후에 하나의 돌을 던져야 그 돌의 파형을 확실히 볼 수 있다. 우리의 뇌는 항상 생각의 홍수 속에 담겨 있어 위험의 파형을 보지 못한다. 안전을 잘 알고 있다. 위험하지 않다. 돈이 우선이다. 수많은 생각 속에 갇혀서 지금 무엇을 하고 있는지 알지 못한 체 안전하다고 확신한다. 생존의 유창성이다. 편향과 오류로 인해 위험에 노출될 수밖에 없다는 세계 석학들의 경고조차 무시한체 자신의 능력을 과신한다. 안전불감증과 안전무의식으로 포장되어 사고의 바구니에 담긴다. 이것은 현상이며 본질은 뇌에 장착된 생존의 기본값(Default) 때문이다.

수백만가지의 정보 중에 위험을 어떻게 인지할 것인가? 내가 위험한 설비, 시설, 환경, 물질과 마주하고 있다는 것을 인식하는 것이다. 잠깐의 멈춤이다. 생존을 보장하는 안전의 출발점이다. 사고의 길로 안내하는 뇌의 속삭임에 휩쓸리지 않고 한 걸음 떨어져서 바라볼 수 있다. 무의식적이며 자동사고로 속삭이는 뇌의 언어를 들을 수 있다. 위험을 보지 못하는 나의 생각, 감정, 느낌이 곧 내가 아니라 것을 분명히 깨닫는다. 인식의 주체자로서 나는 늘 고요하고 평온하고 흔들리지 않는 존재가 된다. 이것이 의식 자립이며 안전의 길이다. 이를 실천할 수 있는 프로그램이 나를 살리는 멈춤, SOS 생존 모델이다. 멈춤, 마음챙김 관찰, 안전 행동으로 이어지는 뇌 기반의 심리적, 인지적 안전활동이다.

SOS 생존 모델의 구성은 다음과 같다.

S는 멈춤(STOP)이다.

O는 마음챙김 관찰(Observing Mindfulness)이다.
S는 안전행동(Safe Behavior)이다.

Stop (멈춤)	Observing Mindfulness (관찰)	Safe Behavior (안전행동)
안전의 첫번째 방어선	위험 식별의 핵심	습관적 안전행동
• 순간을 인식하기 위한 멈춤 • 무의식의 자동반응을 의식화 • 부주의, 성급함, 심리적 함정 예방 • 뇌의 시스템2 이성적 판단 개입	• 마음챙김 기반 뇌 활동 • 감각, 생각, 감정의 알아차림 • 안전행동 인식 및 정보제공 • 회복탄력 안전 실천	• 위험성평가 안전수칙준수 • 자율안전체계운영 • 안전의식자립 • 의식자립
멈춤의 안전의식 형성	마음챙김 관찰의 위험 인지	안전행동의 위험통제 및 예방

SOS 생존 모델

멈춤(STOP)은 단순히 행동의 중단을 의미하는 것이 아니다.

현재의 순간을 비판단적으로 관찰하기 위한 생각의 준비이며 안전의 첫번째 방어선이다. 무의식적으로 일어나는 충동적인 행동이나 습관적인 반응을 제어하고 잠재적인 위험을 볼 수 있는 인지 과정의 첫 단계로 무의식적인 자동 반응을 의식적인 인지 과정으로 전환하는 결정적인 순간이다. 부정적 감정적으로 격앙되었거나, 돈의 중독으로 편도체가 하이젝킹 된 상태이거나, 시간적 압박을 받을 때 우리는 판단력을 잃고 위험한 결정을 내리기 쉽다. 대부분의 사고는 부주의, 서두름, 또는 '이 정도는 괜찮겠지' 하는 안일한 생각이 원인이다. 멈춤은 즉각적인 반응을 억제하여 위험한 상황으로 성급하게 뛰어드는 것을 알아차려 심리적 함정에 빠지는 것을 막아준다. 뇌가 시스템 1에 하이젝킹되어 충동적 행동으로 몰입하는 것을 제어하고, 시스템2의 이성적 판단이 개입할 여지를 마련해준다. 촉박한 마감 시간 때문에 안전 장비를 착용하지 않고 작업을 시작하려는 순간, 잠시 멈춰서 그로 인해 발생할 수 있는 잠재적 위험을 생각하는 것이다. 의도적으로 생각과 행동을 멈춤으로써 즉각적인 관찰이 가능하고 위험 예방 행동으로 이어진다.

마음챙김 관찰(Observing Mindfulness)은 위험 식별의 핵심이다. 산만함 없이 온전히 이루어지는 뇌의 활동으로 고도의 집중력을 동반하는 인식 행위이다. 눈에 보이는 위험뿐만 아니라 오감 전체의 인지 능력과 연결되어 감각, 생각, 감정, 외부 환경에서 일어나는 현재의 순간을 알아차린다. 편향적 판단이나 반응성 없이 의도적으로 감각 경험, 내적 감정, 외부 환경을 인지하고 인식한다. 비합리적인 신념에 저항하거나 밀어내는 것이 아니라 호기심을 가지고 받아들이는 태도로 지금을 관찰한다.

미래에 대한 걱정을 줄이고 과거에 집착하지 않도록 돕는다. 즐거운 경험이든, 평범한 일이든, 불편한 감정이든 상관없이 비판단적으로 현재의 순간에 완전히 몰입한다. 주변 환경과 상황을 능동적이고 비판적으로 스캔하여 위험 요소나 변화를 감지하고 파악한다. 자신의 피로도, 스트레스 수준, 집중력 저하, 신념과 가치 등 내적 위험 요소를 인지한다. 환경 변화를 알아차리는 역량이 강화되어 설비의 이상이나, 동료의 불안정한 행동 등을 포착할 수 있고 잠재적 사고를 미리 막을 수 있다.

마음챙김 관찰은 자신의 안전행동 수준을 인식할 수 있어 위험에 도전하지 않는 의식 자립을 이룰 수 있다. 순환 사이클을 체계적으로 반복 훈련함으로써 올바른 안전행동 신경 회로가 뇌에 구축된다. 위험의 사전 예측과 안전의식 역량이 강화된다. 안전동기가 활성화되며 자율안전의식을 장착하는 매우 수준 높은 안전습관이 형성된다. 작업에 몰입하면서도 순간적인 판단력을 높일 수 있고 주변의 위험이나 변화 환경에 주의를 더욱 강화할 수 있다. 위험 상황에 대한 인지적 민감성을 향상시켜 예상치 못한 위험에 대한 빠른 대처를 가능하게 하는 회복 탄력성 안전 실천의 기반이 된다.

안전행동(Safe Behavior)은 잘못된 판단과 성급한 행동을 멈추고 순

간을 있는 그대로 관찰함으로써 위험을 알아차리고 대처하는 유기적 과정의 총합이다.

멈춤으로써 성급함을 피하고, 마음챙김 관찰을 통해 자신의 양가성 비의식과 환경의 위험 요소에 대해 온전한 인식을 유지한다. 위험과 안전의 현상을 정확히 파악하고 안전하게 행동한다. 위험성평가에서 준수해야 할 현재에 온전히 집중할 수 있어 안전 수칙을 준수하고, 적절한 보호 장비를 착용하며, 위험한 상황에 대응하는 의식적, 무의식적인 안전 행동을 한다.

"Stop, Observing Mindfulness, and Safe Behavior"는 단계적으로 가동되지만 묶음으로 기능하는 안전 시스템이다. 세 요인들이 조화롭게 작동할 때, 우리는 위험에 대한 인식을 높이고, 궁극적으로 안전 행동을 통해 자신과 타인을 보호할 수 있다.

"Stop"은 "Observing Mindfulness"를 위한 필수적인 전제 조건이다. 멈춰야 자신의 내면과 주변의 환경을 주의 깊게 관찰할 수 있는 시간과 정신적 여유를 확보할 수 있다. 생각이 과거나 미래에 머물러 있거나 이익에 집중하여 현재에 주의하지 못하면 중요한 위험 신호를 관찰할 수 없다. 멈춤은 효과적인 관찰을 위한 물리적, 심리적 준비 단계이다.

"Observing Mindfulness"는 "Safe Behavior"를 위한 정보를 제공한다. 주의 깊은 관찰을 통해 위험 요소를 정확히 파악해야만 위험을 예방하고 안전행동을 할 수 있다. 관찰 수준이 안전 여부를 결정한다. 단지 보는 것으로는 위험을 인식하지 못한다. 마음챙김 관찰이 되어야 하는 이유이다. 안전행동을 통해 안전하게 작업을 수행한 후에도, 잠재적인 위험 요소를 다시 마음챙김 관찰을 하고 또 다시 멈춤을 통해 상황을 재평가하는 안전의식의 순환 기능이 지속되면서 위험에 대한 주의와 대처가 유지된다. 이 세 가지 요소는 멈춤의 안전의식 형성 → 알아차림 관찰의 위험 인지 → 안전행동의 위험 통제라는 안전의 핵심 프로세스를 통합적으로 구현한다. 멈추어서 지금을 관찰하고 예방적 행동을 하는 것이 생존이다. SOS

생존모델의 습관화가 안전문화이다. 의식자립, 안전의식자립을 이루는 것이다.

본서에서는 세계 석학들의 최신 연구사례를 통하여 안전 확보는 뇌에 본능적 안전 DNA가 장착되어야 가능하다는 것을 검증하였고 구체적인 실천 프로그램을 제안하였다. SOS 생존 모델은 Part 2 안전문화 실천편에서 제안한 프로그램들을 충분히 훈련한 후 작업 현장에서 실용적으로 실천할 수 있다. 안전교육이나 안전 툴박스(Tool Box) 시간에 활용할 수 있다. 이해와 수행이 쉽고 성과를 스스로 체험할 수 있어 도파민을 보상받으며 반복 행동을 욕구하도록 구성되어 있다. 본서에서 제안한 모든 프로그램을 축약적으로 실천할 수 있다.

작업 중 편도체가 위험 인지를 방해하는 영향에 대처할 수 있다. 안전행동을 유지하는 자기 주도적 신경 회로가 구축되어 강력한 안전 동기를 얻는다.[15)]

습관으로 이어지며 안전행동의 가치와 신념에 대한 올바른 안전 DNA 회로가 구축되어 본능적 안전 행동이 된다. 의식적, 무의식적 안전행동을 확실히 확보할 수 있는 뇌과학 기반 생존 실천프로그램이다.

나오며

30년 전, 낯선 이국의 한 현장에서 나는 한 젊은 근로자의 차가운 손을 꼭 붙잡은 채, 그의 마지막을 지켜보아야 했다. 그날의 충격은 내 삶 전체를 송두리째 흔들었고, 지금까지도 나의 뇌 깊숙한 곳에 선명한 흔적으로 남아 있다. 이 책은 그에게, 그리고 현장에서 묵묵히 일하고 있는 모든 근로자들에게 바치는 나의 고백이자 책임의 기록이다.

나는 엔지니어였다. 규정과 절차, 시스템에 따른 더 철저한 감독과 통제로 세상을 설명하려 했던 나에게 심리학은 '사람'이라는 우주를 만나게 해 주었다. 그 순간부터 안전은 더 이상 장비나 매뉴얼의 문제가 아니었다. 기술, 규칙, 시스템에 더하여 신념과 의식으로 깨어 있을 때 가능하다는 사실을 알게 되었다.

생산 현장은 언제나 긴장과 갈등 속에 있다. 이익을 극대화해야 할 때, 시간이 부족할 때, 혹은 그냥 '익숙한 방식'이 있을 때, 사고는 조용히 그 틈을 비집고 들어온다. 안전은 바로, 이 지점에서 우리가 어떤 존재로 살아가기를 원하는가에 대한 대답이다. 안전이 우리 속에 살아 숨쉬는 '삶의 철학'이 되어야 하는 이유이다. 사람이 죽지 않고, 다치지 않고, 병들지 않고 일할 수 있어야 한다는 그 당연하고도 간절한 신념을 이 사회의 공통 언어로 만드는 것이 바로 '안전문화'의 본질이다. 인간의 뇌는 반복된 가치와 신념 속에서 도파민 회로를 만들고, 그 회로는 습관이 되어 행동을 이끈다. 나는 이 책이 당신의 뇌 안에 작지만 강력한 '안전 회로'를 심는 첫 시작이 되기를 바란다.

이 길을 함께 걸어준 고마운 분들이 있다. 학문적 통찰을 아낌없이 나눠주신 한양대학교 조한익·하정희 교수님, 한국코치협회 안전문화 코칭팀의 동료들, 현장의 생생한 목소리를 들려준 수많은 교육생들과 관리자들, 그리고 이 책의 공동 저자이자 오랜 벗 이철희 작가님, 출판의 마지막까지 애써주신 박영사 임재무 전무님, 정성혁 과장님, 소다인 편집자님에게도 깊은 감사를 전한다. 마지막으로, 늘 곁에서 지켜봐 주고, 때로는 아픈 질문으로 나를 성장시켜준 사랑하는 아내에게 진심 어린 감사를 전한다. 나의 불안과 집착, 열정과 성찰이 모두 당신의 사랑 위에 있었음을 고백한다.

나의 바람은 단 하나이다.

이 책을 읽는 당신이 다치지 않고, 병들지 않고, 무사고의 일상을 누리는 것이다. 내가 이 책을 집필했던 마지막 사명이며, 이 사명을 독자 여러분과 함께 나누고 싶다는 간절함이다.

주석

Chapter 1 안전의 길을 묻다

1) https://www.hse.gov.uk/statistics/assets/docs/fatalinjuries.pdf

2) 1960대 영국은 산업재해로 1000명이 넘는 작업자가 사망했다. 광산, 농업, 공장, 철도 안전에 더 강력한 법을 도입하였지만 사망자 수는 계속 증가했다. 노동부장관 Barbara Castle은 특단의 조처가 필요했고 정부는 1970년 안전 및 건강에 관한 법률을 검토하기 위한 위원회를 만들었다. 노동조합 이사, 시의원, 국회의원, 노동부장관, 공기업 사장의 경력을 갖춘 Alfred Robens를 위원장으로 선임하여 2년 동안 조사를 하였으며 1972년 로벤스 보고서가 만들어 졌다. 위험은 "위험을 창출하는 사람들과 그 위험과 함께 일하는 사람들"에게 있다. 안전은 노사가 함께 참여하는 자율안전관리체계의 구축 및 운영으로 규범이 전환되어야 한다. 이 보고서는 영국의 안전 시스템이 자율안전관리로 전환하는 철학적 기반을 제공했다.

3) Hudson, P. T. W. (2001). Safety management and safety culture: the long, hard and winding road. Occupational health and safety management systems, 2001, 3-32.

4) Taylor, F. W. (1911). The principles of scientific management. NuVision Publications, LLC.

5) Munsterberg, H. (1998). Psychology and industrial efficiency (Vol. 49). A&C Black.

6) Hofmann, D. A., Burke, M. J., & Zohar, D. (2017). 100 years of occupational safety research: From basic protections and work analysis to a multilevel view of workplace safety and risk. Journal of applied psychology, 102(3), 375.

7) Turner, B. A. (1976). The organizational and interorganizational development of disasters. Administrative science quarterly, 378-397.

Chapter 2 행동기반 자율안전관리체계 구축 (안전문화 1)

1) Krause, T. R. (2000, June). Moving to the second generation in behavior-based safety. In ASSE Professional Development Conference and Exposition (pp. ASSE-00). ASSE.

2) CFIOSH, D. C. C. P. Behavior-Based Safety Still a Viable Strategy.

3) Krause, T. R., Seymour, K. J., & Sloat, K. C. M. (1999). Long-term evaluation of a behavior-based method for improving safety performance: a meta-analysis of 73 interrupted time-series replications. Safety Science, 32(1), 1-18.

4) Sulzer-Azaroff, B., & Austin, J. (2000). Does BBS work. Professional Safety, 45(7), 19-24.

5) 고용노동부 2022년 11월 30일 보도자료

6) 안전보건관리체계가이드북 고용노동부, 2021

7) 2023 새로운 위험성평가 안내서 고용노동부 안전보건공단

8) Geller, E. S. (2005). Behavior-based safety and occupational risk management. Behavior modification, 29(3), 539-561.

9) Williams, J. H. (2008). Employee engagement improving participation in safety. Professional safety, 53(12).

10) Garvin, D. A., & Roberto, M. A. (2001). What you don't know about making decisions. What Makes a Decisive Leadership Team, 24.

Chapter 3 심리기반 안전문화 구축 (안전문화 2)

1) 통계청 발표, 2024.10.04

2) Haynes, T. (2018). Dopamine, smartphones & you: A battle for your time. Science in the News, 1.

3) MacLeod, C. M. (2015). The stroop effect. Encyclopedia of color science and technology, 1–6.

4) Pogliano, C. (2017). Lucky Triune Brain: Chronicles of Paul D. MacLean's Neuro-Catchword. Nuncius, 32(2), 330–375.

5) Blanchard, D. C., Griebel, G., & Blanchard, R. J. (2003). Conditioning and residual emotionality effects of predator stimuli: some reflections on stress and emotion. Progress in Neuro-Psychopharmacology and Biological Psychiatry, 27(8), 1177–1185.

6) Smith, E. E., & Jonides, J. (1999). Storage and executive processes in the frontal lobes. Science, 283(5408), 1657–1661.

7) Marek, R., Sun, Y., & Sah, P. (2019). Neural circuits for a top-down control of fear and extinction. Psychopharmacology, 236(1), 313–320.

8) Kash, T. L. (2012). The role of biogenic amine signaling in the bed nucleus of the stria terminals in alcohol abuse. Alcohol, 46(4), 303–308.

9) Hammack, S. E., Roman, C. W., Lezak, K. R., Kocho-Shellenberg, M., Grimmig, B., Falls, W. A., ... & May, V. (2010). Roles for pituitary adenylate cyclase-activating peptide (PACAP) expression and signaling in the bed nucleus of the stria terminalis (BNST) in mediating the behavioral consequences of chronic stress. Journal of molecular neuroscience, 42, 327–340.

10) Cherry, E. C. (1953). Some experiments on the recognition of speech, with one and with two ears. The Journal of the acoustical society of America, 25(5), 975–979.

11) Cowan, N. (2015). George Miller's magical number of immediate memory in retrospect: Observations on the faltering progression of science. Psychological review, 122(3), 536.

12) Kardas, M., & O'Brien, E. (2018). Easier seen than done: Merely watching others perform can foster an illusion of skill acquisition. Psychological science.

13) Willis, J., & Ed, M. (2021). Powerful Classroom Strategies From Neuroscience Research. In Learning and the Brain Workshop. Lecture presented at the Learning and the Brain Workshop. Accessed April (Vol. 29).

14) Şahin, E. S., & Acar, N. V. (2019). Rational emotive behavior therapy from a new perspective. Journal of Human Sciences, 16(4), 894-906.

15) Passmore, J., Krauesslar, V., & Avery, R. (2015). Safety coaching: A literature review of coaching in high hazard industries. Industrial and Commercial Training, 47(4), 195-200.

16) Geller, E. S., Perdue, S. R., & French, A. (2004). Behavior-based safety coaching: 10 guidelines for successful application. Professional Safety, 49(7), 42.

17) Kines, P., Andersen, D., Andersen, L. P., Nielsen, K., & Pedersen, L. (2013). Improving safety in small enterprises through an integrated safety management intervention. Journal of safety research, 44, 87-95.

18) Jack, A. I., Boyatzis, R. E., Khawaja, M. S., Passarelli, A. M., & Leckie, R. L. (2013). Visioning in the brain: An fMRI study of inspirational coaching and mentoring. Social neuroscience, 8(4), 369-384.

19) Anderson, B. A., Kuwabara, H., Wong, D. F., Gean, E. G., Rahmim, A., Brašić, J. R., ... & Yantis, S. (2016). The role of dopamine in value-based attentional orienting. Current Biology, 26(4), 550-555.

20) Grant, A. M. (2015). Coaching the brain: Neuro-science or neuro-nonsense. The Coaching Psychologist, 11(1), 31-37.

21) 2022년 한국인의 의식 가치관 조사 결과보고서, 문화체육관광부

22) Congleton, C., Hölzel, B. K., & Lazar, S. W. (2015). Mindfulness can literally change your brain. Harvard Business Review, 45(4), 1-5.

23) Simons, D. J., & Levin, D. T. (1998). Failure to detect changes to people during a real-world interaction. Psychonomic Bulletin & Review, 5(4), 644-649.

24) Davidson, R. J., Kabat-Zinn, J., Schumacher, J., Rosenkranz, M., Muller, D., Santorelli, S. F., ... & Sheridan, J. F. (2003). Alterations in brain and immune function produced by mindfulness meditation. Psychosomatic medicine, 65(4), 564-570.

25) Brown, K. W., & Ryan, R. M. (2003). The benefits of being present: mindfulness and its role in psychological well-being. Journal of personality and social psychology, 84(4), 822.

26) Passmore, J., & Marianetti, O. (2022). The role of mindfulness in coaching. Coaching Practiced, 327-339.

Chapter 4 안전 발달 106년

1) Cambon, J. (2007). Vers une nouvelle méthodologie de mesure de la performance des systèmes de management de la santé-sécurité au travail (Doctoral dissertation, École Nationale Supérieure des Mines de Paris).

2) https://www.ilo.org/resource/article/ilo-work-hazards-kill-millions-cost-billions

3) Sidek, S., Ibrahim, S., & Jaharuddin, N. S. (2014). The alignment between theory and practice of road accident prevention program. Management Science: A Collection of Reading, Jaharuddin, NS and S. Ibrahim, 18-34.

4) Reason, J., Hollnagel, E., & Paries, J. (2006). Revisiting the Swiss cheese model of accidents. Journal of Clinical Engineering, 27(4), 110-115.

5) Hudson, P. (2014). Accident causation models, management and the law. Journal of Risk research, 17(6), 749-764.

6) Rasmussen, J. (1997). Risk management in a dynamic society: a modelling problem. Safety science, 27(2-3), 183-213.

7) Wienen, H. C., Bukhsh, F. A., Vriezekolk, E., & Wieringa, R. J. (2017). Accident analysis methods and models–a systematic literature review. Centre Telematics Inf Technol.

8) Ergai, A., Cohen, T., Sharp, J., Wiegmann, D., Gramopadhye, A., & Shappell, S. (2016). Assessment of the Human Factors Analysis and Classification System (HFACS): Intra–rater and inter–rater reliability. Safety science, 82, 393–398.

9) Fu, G., Xie, X., Jia, Q., Li, Z., Chen, P., & Ge, Y. (2020). The development history of accident causation models in the past 100 years: 24Model, a more modern accident causation model. Process Safety and Environmental Protection, 134, 47–82.

10) Rasmussen, J. (1997). Risk management in a dynamic society: a modelling problem. Safety science, 27(2–3), 183–213.

Chapter 5 안전문화 발달 47년

1) Robert, B. (2016). A formal concept of culture in the classification of Alfred L. Kroeber and Clyde Kluckhohn.

2) Sleet, D. A., Dahlberg, L. L., Basavaraju, S. V., Mercy, J. A., McGuire, L. C., Greenspan, A., & Centers for Disease Control and Prevention (CDC). (2011). Injury prevention, violence prevention, and trauma care: building the scientific base. MMWR Surveill Summ, 60(Suppl 4), 78–85.

3) Bandura, A., & Walters, R. H. (1977). Social learning theory (Vol. 1, pp. 141–154). Englewood Cliffs, NJ: Prentice hall.

4) Wood, R., & Bandura, A. (1989). Social cognitive theory of organizational management. Academy of management Review, 14(3), 361-384.

5) Igwesi-Chidobe, C. N., Kitchen, S., Sorinola, I. O., & Godfrey, E. L.

(2020). Evidence, theory and context: using intervention mapping in the development of a community-based self-management program for chronic low back pain in a rural African primary care setting-the good back program. BMC Public Health, 20, 1-21.
6) Bandura, A. (1989). Human agency in social cognitive theory. American psychologist, 44(9), 1175.
7) Cooper, M. D. (2000). Towards a model of safety culture. Safety science, 36(2), 111-136.
8) Boyatzis, R. E., Goleman, D., & Rhee, K. (2000). Clustering competence in emotional intelligence: Insights from the Emotional Competence Inventory (ECI). Handbook of emotional intelligence, 99(6), 343-362.
9) Schein, E. H. (1983). Organizational culture: A dynamic model.
10) Hollnagel, E., Wears, R. L., & Braithwaite, J. (2015). From Safety-I to Safety-II: a white paper. The resilient health care net: published simultaneously by the University of Southern Denmark, University of Florida, USA, and Macquarie University, Australia.
11) Siuta, D., Kukfisz, B., Kuczyńska, A., & Mitkowski, P. T. (2022). Methodology for the determination of a process safety culture index and safety culture maturity level in industries. International journal of environmental research and public health, 19(5), 2668.

Chapter 6 안전문화 측정 평가

1) Robert, B. (2016). A formal concept of culture in the classification of Alfred L. Kroeber and Clyde Kluckhohn.
2) INSAG, I. (7). 7, The Chernobyl Accident, Updating of INSAG-1. Safety Series No.
3) Baker, J., Bowman, F. L., Erwin, G., Gorton, S., Hendershot,

D., Leveson, N., ... & Wilson, L. (2007). The report of the BP US refineries independent safety review panel. BP US Refineries Independent Safety Review Panel.

4) https://www.linkedin.com/pulse/safety-culture-assessment-mission-impossible-ben-hutchinson/
5) Glendon, A. I., & Stanton, N. A. (2000). Perspectives on safety culture. Safety science, 34(1-3), 193-214.
6) Zohar, D. (2014). Safety climate: Conceptualization, measurement, and improvement. The Oxford handbook of organizational climate and culture, 317-334.
7) Chen, Q., & Jin, R. (2013). Multilevel safety culture and climate survey for assessing new safety program. Journal of Construction Engineering and Management, 139(7), 805-817.
8) Rasmussen, J. (1997). Risk management in a dynamic society: a modelling problem. Safety science, 27(2-3), 183-213.
9) Spangenberg, S., Mikkelsen, K. L., Kines, P., Dyreborg, J., & Baarts, C. (2002). The construction of the Øresund Link between Denmark and Sweden: the effect of a multi-faceted safety campaign. Safety Science, 40(5), 457-465.
10) Dyreborg, J., Lipscomb, H. J., Nielsen, K., Törner, M., Rasmussen, K., Frydendall, K. B., ... & Kines, P. (2022). Safety interventions for the prevention of accidents at work: A systematic review. Campbell systematic reviews, 18(2), e1234.
11) Lund, J., & Aarø, L. E. (2004). Accident prevention. Presentation of a model placing emphasis on human, structural and cultural factors. Safety science, 42(4), 271-324.
12) Ajzen, I. (1991). The Theory of planned behavior. Organizational Behavior and Human Decision Processes.
13) Beus, J. M., Payne, S. C., Bergman, M. E., & Arthur Jr, W. (2010).

Safety climate and injuries: an examination of theoretical and empirical relationships. Journal of applied psychology, 95(4), 713.

14) Vinodkumar, M. N., & Bhasi, M. (2010). Safety management practices and safety behaviour: Assessing the mediating role of safety knowledge and motivation. Accident Analysis & Prevention, 42(6), 2082-2093.

15) Zohar, D. (1980). Safety climate in industrial organizations: theoretical and applied implications. Journal of applied psychology, 65(1), 96.

16) Brown, R. L., & Holmes, H. (1986). The use of a factor-analytic procedure for assessing the validity of an employee safety climate model. Accident Analysis & Prevention, 18(6), 455-470.

17) Dedobbeleer, N., & Béland, F. (1991). A safety climate measure for construction sites. Journal of safety research, 22(2), 97-103.

18) Flin, R., Mearns, K., O'Connor, P., & Bryden, R. (2000). Measuring safety climate: identifying the common features. Safety science, 34(1-3), 177-192.

19) Mohamed, S. (2003). Scorecard approach to benchmarking organizational safety culture in construction. Journal of construction engineering and management, 129(1), 80-88.

20) Westaby, J. D., & Lee, B. C. (2003). Antecedents of injury among youth in agricultural settings: A longitudinal examination of safety consciousness, dangerous risk taking, and safety knowledge. Journal of safety research, 34(3), 227-240.

21) de Castro, B. L., Gracia, F. J., Peiró, J. M., Pietrantoni, L., & Hernández, A. (2013). Testing the validity of the International Atomic Energy Agency (IAEA) safety culture model. Accident Analysis & Prevention, 60, 231-244.

22) 고용노동부 보도자료 2023. 12. 3. (일) 12:00

23) Choudhry, R. M., Fang, D., & Mohamed, S. (2007). Developing a model of construction safety culture. Journal of management in engineering, 23(4), 207-212.
24) 교육부 인재양성지원과(2019) 4단계 두뇌한국21 사업 기본계획(안)
25) 교육부 인재양성지원과(2024) 4단계 두뇌한국21 사업 수정 기본계획(안)
26) Fang, D., & Wu, H. (2013). Development of a Safety Culture Interaction (SCI) model for construction projects. Safety science, 57, 138-149.
27) Hopkins, A. (2006). What are we to make of safe behaviour programs?. Safety science, 44(7), 583-597.
28) Chhokar, J. S., & Wallin, J. A. (1984). Improving safety through applied behavior analysis. Journal of safety research, 15(4), 141-151.
29) Shirali, G.H.A., Motamedzade, M., Mohammadfam, I., Ebrahimipour, V. and Mog himbeigi, A. (2012) Challenges in Building Resilience Engineering (RE) and Adaptive Capacity: A Field Study in a Chemical Plant. Process Safety and Environmental Protection, 90, 83-90.
30) Woods, D. D. (2005). Creating foresight: lessons for enhancing resilience from Columbia. Organization at the limit: lessons from the Columbia disaster.
31) Reason, J. (1990). Human error. Cambridge university press.
32) Harvey, E. J., Waterson, P., & Dainty, A. R. (2019). Applying HRO and resilience engineering to construction: Barriers and opportunities. Safety science, 117, 523-533.
33) Pillay, M., Borys, D., Else, D., & Tuck, M. (2010). Safety culture and resilience engineering-exploring theory and application in improving gold mining safety. Gravity Gold, 21, e2.

Chapter 7 안전의 역설과 착각

1) Reason, J. (2000). Safety paradoxes and safety culture. Injury Control and Safety Promotion, 7(1), 3-14.

2) Radvanska, A. (2010). Accident losses elimination by means of safety pyramid analysis. Annals of faculty engineering Hunedoara. Int J Eng. 2010; 8 (1): 73, 6.

3) Rebbitt, D. (2014). Pyramid power: A new view of the great safety pyramid. Professional Safety, 59(09), 30-34.

4) Martin, D. K., & Black, A. (2015). Preventing serious injuries and fatalities: Study reveals precursors and paradigms. Professional Safety, 60(09), 35-43.

5) Manuele, F. A. (2008). Serious injuries & fatalities a call for a new focus on their prevention. Professional Safety, 53(12).

6) Perrow, C. (1999). Normal accidents: Living with high risk technologies. Princeton university press.

7) Kardas, M., & O'Brien, E. (2018). Easier seen than done: Merely watching others perform can foster an illusion of skill acquisition. Psychological science.

8) Kruger, J., & Dunning, D. (1999). Unskilled and unaware of it: how difficulties in recognizing one's own incompetence lead to inflated self-assessments. Journal of personality and social psychology, 77(6), 1121.

9) Svenson, O. (1981). Are we all less risky and more skillful than our fellow drivers?. Acta psychological, 47(2), 143-148.

10) Cross, K. P. (1977). Not can, but will college teaching be improved?. New Directions for Higher Education, 1977(17), 1-15.

11) Dunning, D. (2014). We are all confident idiots. Pacific Standard, 7, 46-54

12) Tversky, A., & Kahneman, D. (1992). Advances in prospect theory: Cumulative representation of uncertainty. Journal of Risk and uncertainty, 5, 297-323.

13) Blalock, G., Kadiyali, V., & Simon, D. H. (2009). Driving fatalities after 9/11: a hidden cost of terrorism. Applied Economics, 41(14), 1717-1729.

14) Grant, T., & Kooter, B. (2005). Comparing ooda & other models as operational view c2 architecture topic: C4isr/c2 architecture. ICCRTS2005, Jun.

15) Reason, J. (1995). Understanding adverse events: human factors. BMJ Quality & Safety, 4(2), 80-89.

16) Moghaddam, F. M., & Crystal, D. S. (1997). Revolutions, samurai, and reductons: The parodoxes of change and continuity in Iran and Japan. Political Psychology, 18(2), 355-384.

17) Schwartz, S. H., Bardi, A., & Bianchi, G. (2000). Value adaptation to the imposition and collapse of communist regimes in East-Central Europe. In Political psychology: cultural and crosscultural foundations (pp. 217-237). London: Palgrave Macmillan UK.

18) Putnam, R. D. (1994). Making democracy work: Civic traditions in modern Italy.

19) https://standards.nasa.gov/sites/default/files/standards/NASA/Baseline/1/nasa-hdbk-870924_with_change_1.pdf

Chapter 8 한국형 안전문화

1) Silver, L., Van Kessel, P., Huang, C., Clancy, L., & Gubbala, S. (2021). What makes life meaningful? Views from 17 advanced economies. Pew Research Center, 18.

2) LeDoux, J. (2012). Rethinking the emotional brain. Neuron, 73(4),

653-676.
3) Diener, E., Wirtz, D., Tov, W., Kim-Prieto, C., Choi, D. W., Oishi, S., & Biswas-Diener, R. (2010). New well-being measures: Short scales to assess flourishing and positive and negative feelings. Social indicators research, 97, 143-156.
4) Easterlin, R. A., McVey, L. A., Switek, M., Sawangfa, O., & Zweig, J. S. (2010). The happiness-income paradox revisited. Proceedings of the National Academy of Sciences, 107(52), 22463-22468.
5) Ma, Y. Z., & Zhang, Y. (2014). Resolution of the happiness-income paradox. Social Indicators Research, 119, 705-721.
6) Bem, D. J. (1972). Self-perception theory. Advances in experimental social psychology, 6.
7) Davis, R., Campbell, R., Hildon, Z., Hobbs, L., & Michie, S. (2015). Theories of behaviour and behaviour change across the social and behavioural sciences: a scoping review. Health psychology review, 9(3), 323-344.
8) Milgram, S. (1963). Behavioral study of obedience. The Journal of abnormal and social psychology,
9) https://en.wikipedia.org/wiki/Milgram_experiment
10) Asch, S. E. (1955). Opinions and social pressure. Scientific American, 193(5), 31-35.
11) https://en.wikipedia.org/wiki/Asch_conformity_experiments
12) Homman-Ludiye, J., & Bourne, J. A. (2019). The medial pulvinar: function, origin and association with neurodevelopmental disorders. Journal of anatomy, 235(3), 507-520.
13) Man, D., & Olchawa, R. (2018). Brain biophysics: perception, consciousness, creativity. Brain Computer Interface (BCI). In Biomedical Engineering and Neuroscience: Proceedings of the 3rd International Scientific Conference on Brain-Computer Interfaces,

BCI 2018, March 13–14, Opole, Poland (pp. 38–44). Springer International Publishing.

14) Taran, S., Gros, P., Gofton, T., Boyd, G., Briard, J. N., Chassé, M., & Singh, J. M. (2023). The reticular activating system: a narrative review of discovery, evolving understanding, and relevance to current formulations of brain death. Canadian Journal of Anesthesia/Journal canadien d'anesthésie, 70(4), 788–795.

15) Rock, D., & Schwartz, J. (2006). The neuroscience of leadership. Strategy Business, 43, 72-82.

안전문화, 당신의 뇌를 깨워라

초판발행 2025년 9월 6일

지은이 이상택 · 이철희
펴낸이 안종만 · 안상준

편 집 소다인
기획/마케팅 정성혁
표지디자인 BEN STORY
제 작 고철민 · 김원표

펴낸곳 (주) 박영사
서울특별시 금천구 가산디지털2로 53, 210호(가산동, 한라시그마밸리)
등록 1959. 3. 11. 제300-1959-1호(倫)
전 화 02)733-6771
f a x 02)736-4818
e-mail pys@pybook.co.kr
homepage www.pybook.co.kr
ISBN 979-11-303-2286-5 03530

정 가 18,000원